职业教育"十三五"规划教材·无人机应用技术

无人机遥感测绘技术及应用

官建军　李建明　苟胜国　刘东庆　编著

西北工业大学出版社

西安

【内容简介】 本书在系统归纳无人机测绘的基础理论和遥感的基本知识与方法的基础上,重点讲述了无人机遥感任务设备、无人机摄影测量制图技术和倾斜摄影测量技术,梳理了当前和未来无人机遥感的主要应用领域以及管理规范与技术标准等内容。本书内容深入浅出,层次清楚,体系完整,是一本理论与实践应用结合紧密的专业课教材。

本书可作为高等院校无人机应用技术、摄影测量与遥感、信息工程等专业的教材,也可作为测绘、遥感、地理信息系统、环境、电力、城市规划管理和军事等相关领域的教师、科研人员和工程技术人员学习参考。

图书在版编目(CIP)数据

无人机遥感测绘技术及应用 / 官建军等编著 . —西安:
西北工业大学出版社,2018.8(2024.2重印)
职业教育"十三五"规划教材·无人机应用技术
ISBN 978 - 7 - 5612 - 6115 - 6

Ⅰ.①无… Ⅱ.①官… Ⅲ.①无人驾驶飞机—测绘—
遥感技术—职业教育—教材 Ⅳ.①P237

中国版本图书馆 CIP 数据核字(2018)第 185402 号

WURENJI YAOGAN CEHUI JISHU JI YINGYONG
无人机遥感测绘技术及应用

策划编辑：杨 军
责任编辑：李阿盟 朱辰浩

出版发行：西北工业大学出版社
通信地址：西安市友谊西路 127 号 邮编：710072
电 话：(029)88493844 88491757
网 址：www.nwpup.com
印 刷 者：兴平市博闻印务有限公司
开 本：787 mm×1 092 mm 1/16
印 张：15.5
字 数：378 千字
版 次：2018 年 8 月第 1 版 2024 年 2 月第 8 次印刷
定 价：49.00 元

前　言

　　无人机遥感(Unmanned Aerial Vehicle Remote Sensing)，是以航空遥感为基础，利用先进的无人驾驶飞行器技术、遥感传感器技术、遥测遥控技术、通信技术、GPS 差分定位技术和遥感应用技术，实现自动化、智能化、专用化在灾害应急处理、基础测绘、土地利用调查、矿山开发监测和智慧城市建设等方面的应用，具有使用范围广、作业成本低、续航时间长、影像实时传输、高危地区探测、图像精细、机动灵活等优点，是卫星遥感与有人机航空遥感的有力补充，已经成为世界各国争相研究和发展的重要方向。

　　无人机遥感是我国目前获取厘米级超高分辨率、小时级即时响应遥感地球数据及环境信息的主要技术手段，是人工智能时代新的空间信息产业革命的关键技术。无人机遥感由于其快速反应、及时以及全方位覆盖的能力，正在被越来越多的行业或领域广泛应用。

　　当前和未来，在移动互联网、物联网背景下，面向超高分辨率地理空间数据和重点热点地区环境数据获取的国家重大需求条件下，无人机应用将渗透至国民经济建设各领域。汇同云计算与大数据技术，低空无人机将得到更为有限的管控，同时将给传统测绘技术带来新的创新和挑战。

　　本书共计 8 章，在系统归纳了无人机测绘、遥感的基础知识和方法的基础上，重点对无人机遥感任务设备、无人机摄影测量制图技术、倾斜摄影测量技术、无人机遥感影像处理软件、无人机遥感应用等相关技术和应用进行了深入探讨，比较全面地整理了国家现有的涉及无人机应用的管理规范与技术标准。第 1 章重点介绍测绘的基础知识和基本理论；第 2 章重点介绍遥感的基本理论和方法；第 3 章重点介绍遥感任务设备，归纳总结任务设备的发展方向；第 4 章研究基于航空摄影作业流程的无人机摄影测量制图技术和成果整理的理论和方法；第 5 章研究倾斜摄影技术以及基于无人机影像的地面模型三维重建技术，系统研究了三维模型的生产和加工技术；第 6 章系统介绍国内外常用的无人机遥感主流软件，着重介绍 Pix4Dmapper，ContextCapture 两款应用软件；第 7 章研究无人机在重大突发事件和自然灾害应急响应、国土、城市、海洋、农林、环保、科教文化、矿业、能源和交通等领域的应用以及在公共安全、互联网、移动通信和娱乐领域的应用，展望未来更多的其他新兴行业应用；第 8 章整理涉及无人机航空摄影以及测绘遥感方面的国家规范和技术标准。

　　本书是由西北工业大学出版社联合全国无人机教育联盟开发的无人机应用技术专业系列教材之一,为任课教师配有相应的教学课件。

　　本书由官建军负责设计全书结构、内容和统稿。刘东庆负责第1,8章的编写,苟胜国负责第2,4,6章的编写,李建明负责第3,7章的编写,官建军负责第5章的编写,PIX4D中国王德峰、陈傲博士也给予了大力支持,洪正、蔡亚波在资料收集方面做了大量工作,同时,本书在编写过程中参阅了相关文献资料,在此一并感谢。

　　由于水平有限,加之无人机发展日新月异,书中难免有不妥之处,恳请读者批评指正。

编　者

2018 年 5 月

目　录

第1章 测绘基础

1.1 测绘基础知识

1.1.1 测绘学概念、研究内容和作用

一、测绘学的基本概念

测绘学是以地球为研究对象,对其进行测定和描绘的科学。我们可以将测绘理解为利用测量仪器测定地球表面自然形态的地理要素和地表人工设施的形状、大小、空间位置及其属性等,然后根据观测到的这些数据通过地图制图的方法将地面的自然形态和人工设施等绘制成地图,通过图的形式建立并反映地球表面实地和地形图的相互对应关系这一系列的工作,如图1-1所示。在测绘范围较小区域,可不考虑地球曲率的影响而将地面当成平面;当测量范围是大区域,如一个地区、一个国家,甚至全球,由于地球表面不是平面,测绘工作和测绘学所要研究的问题就不像上面那样简单,而是变得复杂得多。此时,测绘学不仅研究地球表面的自然形态和人工设施的几何信息的获取和表述问题,而且还要把地球作为一个整体,研究获取和表述其几何信息之外的物理信息,如地球重力场的信息以及这些信息随时间的变化。随着科学技术的发展和社会

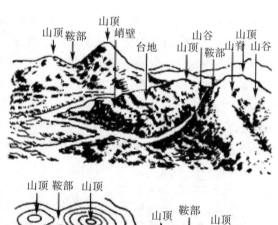

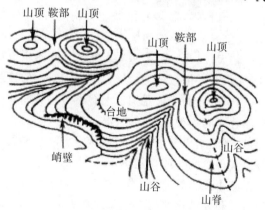

图1-1 实地和地形图的对应关系

的进步,测绘学的研究对象不仅是地球,还需要将其研究范围扩大到地球外层空间的各种自然和人造实体。因此,测绘学完整的基本概念是研究对实体(包括地球整体、表面以及外层空间各种自然和人造的物体)中与地理空间分布有关的各种几何、物理、人文及其随时间变化的信息的采集、处理、管理、更新和利用的科学与技术。就地球而言,测绘学就是研究测定和推算地面及其外层空间点的几何位置,确定地球形状和地球重力场,获取地球表面自然形态和人工设

施的几何分布以及与其属性有关的信息,编制全球或局部地区的各种比例尺的普通地图和专题地图,建立各种地理信息系统,为国民经济发展和国防建设以及地学研究服务。因此,测绘学主要研究地球多种时空关系的地理空间信息,与地球科学研究关系密切,可以说测绘学是地球科学的一个分支学科。

二、测绘学的研究内容

测绘学的研究内容很多,涉及许多方面。现仅就测绘地球来阐述其主要内容。

(1)根据研究和测定地球形状、大小及其重力场成果建立一个统一的地球坐标系统,用以表示地球表面及其外部空间任一点在这个地球坐标系中准确的几何位置。由于地球的外形接近一个椭球(称为地球椭球),地面上的任一点可用该点在地球椭球面上的经纬度和高程表示其几何位置。

(2)根据已知大量的地面点的坐标和高程,进行地表形态的测绘工作,包括地表的各种自然形态,如水系、地貌、土壤和植被的分布,也包括人类社会活动所产生的各种人工形态,如居民地、交通线和各种建筑物等。

(3)采用各种测量仪器和测量方法所获得的自然界和人类社会现象的空间分布、相互联系及其动态变化信息,并按照地图制图的方法和技术进行反映和展示出来的数据集即为地图测绘。对于小面积的地表形态测绘,可以利用普通测量仪器,通过平面测量和高程测量的方法直接测绘各种地图;对于大面积地表形态的测绘工作,先用传感器获取区域地表形态和人工设施空间分布的影像信息,再根据摄影测量理论和方法间接测绘各种地图。

(4)各种工程建设和国防建设的规划、设计、施工和建筑物建成后的运营管理中,都需要进行相应的测绘工作,并利用测绘资料引导工程建设的实施,监视建筑物的形变。这些测绘工程往往要根据具体工程的要求,采取专门的测量方法。对于一些特殊的工程,还需要特定的高精度测量或使用特种测量仪器去完成相应的测量任务。

(5)在海洋环境(包括江河湖泊)中进行测绘工作,同陆地测量有很大的区别。主要是测量内容综合性强,需多种仪器配合施测,同时完成多种观测项目,测区条件比较复杂,海面受潮汐、气象因素等影响起伏不定,大多数为动态作业,观测者不能用肉眼透视水域底部,精确测量难度较大,因此要研究海洋水域的特殊测量方法和仪器设备,如无线电导航系统、电磁波测距仪器、水声定位系统、卫星组合导航系统、惯性组合导航系统以及天文方法等。

(6)由于测量仪器构造上有不可避免的缺陷、观测者的技术水平和感觉器官的局限性以及自然环境的各种因素,如气温、气压、风力、透明度和大气折光等变化,对测量工作都会产生影响,给观测结果带来误差。虽然随着测绘科技的发展,测量仪器可以制造得越来越精密,甚至可以实现自动化或智能化;观测者的技术水平可以不断提高,能够非常熟练地进行观测,但也只能减小观测误差,将误差控制在一定范围内,而不能完全消除它们。因此,在测量工作中必须研究和处理这些带有误差的观测值,设法消除或削弱其误差,以便提高被观测量的质量,这就是测绘学中的测量数据处理和平差问题。它是依据一定的数学准则,如最小二乘准则,由一系列带有观测误差的测量数据,求定未知量的最佳估值及其精度的理论和方法。

(7)将承载各种信息的地图图形进行地图投影、综合、编制、整饰和制印,或者增加某些专门要素,形成各种比例尺的普通地图和专题地图。因此,传统地图学就是要研究地图制作的理论、技术和工艺。

(8)测绘学的研究和工作成果最终要服务于国民经济建设、国防建设以及科学研究,因此要研究测绘学在社会经济发展的各个相关领域中的应用。

三、测绘学的作用

(1)测绘学在科学研究中的作用。地球是人类和社会赖以生存和发展的唯一星球。经过古往今来人类的活动和自然变迁,如今的地球正变得越来越骚动不安,人类正面临一系列全球性或区域性的重大难题和挑战,测绘学在探索地球的奥秘和规律、深入认识和研究地球的各种问题中发挥着重要作用。由于现代测量技术已经或将要实现无人工干预自动连续观测和数据处理,可以提供几乎任意时域分辨率的观测序列,具有检测瞬时地学事件(如地壳运动、重力场的时空变化、地球的潮汐和自转变化等)的能力,这些观测成果可以用于地球内部物质结构和演化的研究,尤其是像大地测量观测结果在解决地球物理问题中可以起着某种佐证作用。

(2)测绘学在国民经济建设中的作用。测绘学在国民经济建设中具有广泛作用。在经济发展规划、土地资源调查和利用、海洋开发、农林牧渔业的发展、生态环境保护以及各种工程、矿山和城市建设等各个方面都必须进行相应的测量工作,编制各种地图和建立相应的地理信息系统,以供规划、设计、施工、管理和决策使用。如在城市化进程中,城市规划、乡镇建设和交通管理等都需要城市测绘数据、高分辨率卫星影像、三维景观模型、智能交通系统和城市地理信息系统等测绘高新技术的支持。在水利、交通、能源和通信设施的大规模、高难度工程建设中,不但需要精确勘测和大量现势性强的测绘资料,而且需要在工程全过程采用地理信息数据进行辅助决策。丰富的地理信息是国民经济和社会信息化的重要基础,对传统产业的改造、优化、升级与企业生产经营,发展精细农业,构建"数字中国"和"数字城市",发展现代物流配送系统和电子商务,实现金融、财税和贸易信息化等,都需要以测绘数据为基础的地理空间信息平台。

(3)测绘学在国防建设中的作用。在现代化战争中,武器的定位、发射和精确制导需要高精度的定位数据、高分辨率的地球重力场参数、数字地面模型和数字正射影像。以地理空间信息为基础的战场指挥系统,可持续、实时地提供虚拟数字化战场环境信息,为作战方案的优化、战场指挥和战场态势评估实现自动化、系统化和信息化提供测绘数据和基础地理信息保障。这里,测绘信息可以提高战场上的精确打击力,夺得战争胜利或主动。公安部门合理部署警力,有效预防和打击犯罪也需要电子地图、全球定位系统和地理信息系统的技术支持。为建立国家边界及国内行政界线,测绘空间数据库和多媒体地理信息系统不仅在实际疆界划定工作中起着基础信息的作用,而且对于边界谈判、缉私禁毒、边防建设与界线管理等均有重要的作用。尤其是测绘信息中的许多内容涉及国家主权和利益,决不可失其严肃性和严密性。

(4)测绘学在国民经济建设和社会发展中的作用。国民经济建设和社会发展的大多数活动是在广袤的地域空间进行的。政府部门或职能机构既要及时了解自然和社会经济要素的分布特征与资源环境条件,也要进行空间规划布局,还要掌握空间发展状态和政策的空间效应。但由于现代经济和社会的快速发展与自然关系的复杂性,使人们解决现代经济和社会问题的难度增加,因此,为实现政府管理和决策的科学化、民主化,要求提供广泛通用的地理空间信息平台,测绘数据是其基础。在此基础上,将大量经济和社会信息加载到这个平台上,形成符合真实世界的空间分布形式,建立空间决策系统,进行空间分析和管理决策,以及实施电子政务。当今人类正面临环境日趋恶化、自然灾害频繁、不可再生能源和矿产资源匮乏及人口膨胀等社会问题。社会、经济迅速发展和自然环境之间产生了巨大矛盾。要解决这些矛盾,维持社会的可持续发展,则必须了解地球的各种现象及其变化和相互关系,采取必要措施来约束和规范人类自身的活动,减少或防范全球变化向不利于人类社会的方面演变,指导人类合理利用和开发资源,有效地保护和改善环境,积极防治和抵御各种自然灾害,不断改善人类生存和生活环境质量。而在防灾减灾、资源开发和利用、生态建设与环境保护等影响社会可持续发展的种种因素方面,各种测绘和地理信息可用于规划、方案的制订,灾害、环境监测系统的建立,风险的分析,资源、环境调查与评估、可视化的显示以及决策指挥等。

1.1.2　测绘学的学科分类

随着测绘科学技术的发展和时间的推移,测绘学的学科分类有着多种不相同的分类方法,按传统方法可将测绘学分为下面几种学科。

一、大地测量学

大地测量学是一门量测和描绘地球表面的科学,是测绘学的一个分支。该学科主要是研究和测定地球形状、大小、地球重力场、整体与局部运动和地表面点的几何位置以及它们变化的理论和技术。在大地测量学中,测定地球的大小是指测定地球椭球的大小;研究地球形状是指研究大地水准面的形状(或地球椭球的扁率);测定地面点的几何位置是指测定以地球椭球面为参考面的地面点位置。将地面点沿椭球法线方向投影到地球椭球面上,用投影点在椭球面上的大地经纬度表示该点的水平位置,用地面至地球椭球面上投影点的法线距离表示该点的大地高程。在一般应用领域,例如水利工程,还需要以平均海水面(即大地水准面)为起算面的高度,即通常所称的海拔高。

大地测量学的基本内容包括①根据地球表面和外部空间的观测数据,确定地球形状和重力场,建立统一的大地测量坐标系;②测定并描述地壳运动、地极移动和潮汐变化等地球动力学现象;③建立国家大地水平控制网、精密水准网和海洋大地控制网,满足国家经济、国防建设的需要;④研究大规模、高精度和多类别的地面网、空间网和联合网的观测技术和数据处理理论与方法;⑤研究解决地球表面的投影变形及其他相应大地测量中的计算问题。

大地测量系统规定了大地测量的起算基准、尺度标准及其实现方式。由固定在地面上的点所构成的大地网或其他实体,按相应于大地测量系统的规定模式构建大地测量参考框架,大地测量参考框架是大地测量系统的具体应用形式。大地测量系统包括坐标系统、高程系统/深度基准和重力参考系统。

二、摄影测量学

摄影测量学是研究利用摄影或遥感的手段获取目标物的影像数据,从中提取几何的或物理的信息,并用图形、图像和数字形式表达测绘成果的学科。它的主要研究内容有获取目标物的影像,并对影像进行量测和处理,将所测得的成果用图形、图像或数字表示。摄影测量学包括航空摄影、航天摄影、航空航天摄影测量和地面摄影测量等。航空摄影是在飞机或其他航空飞行器上利用航摄机摄取地面景物影像的技术(见图1-2)。航天摄影是在航天飞行器(卫星、航天飞机、宇宙飞船)中利用摄影机或其他遥感探测器(传感器)获取地球的图像资料和有关数据的技术,它是航空摄影的扩充和发展(见图1-3)。航空航天摄影测量是根据在航空或航天飞行器上对地摄取的影像获取地面信息,测绘地形图。地面摄影测量是利用安置在地面上基线两端点处的专用摄影机拍摄的立体像对,对所摄目标物进行测绘的技术,又称为近景摄影测量。

图1-2　航空摄影

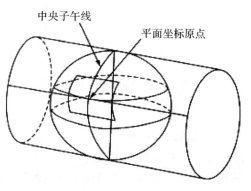

图1-3　航天摄影

三、地图制图学（地图学）

地图制图学是研究地图（包括模拟地图和数字地图）及其编制和应用的学科。主要研究内容包括地图设计，即通过研究、实验，制订新编地图内容、表现形式及其生产工艺程序的工作；地图投影，它是研究依据一定的数学原理将地球椭球面的经纬线网描绘在地图平面上相应的经纬线网的理论和方法，也就是研究把不可展曲面上的经纬线网描绘成平面上的图形所产生各种变形的特性和大小以及地图投影的方法等（见图1-4）；地图编制，它是研究制作地图的理论和技术，主要包括制图资料的分析和处理，地图原图的编绘以及图例、表示方法、色彩、图形和制印方案等编图过程的设计；地图制印，它是研究复制和印刷地图过程中各种工艺的理论和技术方法；地图应用，它是研究地图分析、地图评价、地图阅读、地图量算和图上作业等。

图1-4　地图投影

随着计算机技术的引入，出现了计算机地图制图技术。它是根据地图制图原理和地图编辑过程的要求，利用计算机输入、输出等设备，通过数据库技术和图形数字处理方法，实现地图数据的获取、处理、显示、存储和输出。此时地图是以数字形式存储在计算机中，称之为数字地图。有了数字地图就能生成在屏幕上显示的电子地图。计算机地图制图的实现，改变了地图的传统生产方式，节约了人力，缩短了成图周期，提高了生产效率和地图制作质量，使得地图手工生产方式逐渐被数字化地图生产所取代。

四、工程测量学

工程测量学主要是研究在工程建设和自然资源开发各个阶段进行测量工作的理论和技术，包括地形图测绘及工程有关的信息的采集和处理、施工放样及设备安装、变形监测分析和预报等，以及研究对与测量和工程有关的信息进行管理和使用。它是测绘学在国民经济建设和国防建设中的直接应用，包括规划设计阶段的测量、施工建设阶段的测量和运行管理阶段的测量。每个阶段测量工作的内容、重点和要求各不相同。

工程测量学的研究应用领域既有相对的稳定性，又是不断变化的。总的来说，它主要包括以工程建筑为对象的工程测量和以机器、设备为对象的工业测量两大部分。在技术方法上可划分为普通工程测量和精密工程测量。工程测量学的主要任务是为各种工程建设提供测绘保障，满足工程所提出的各种要求。精密工程测量代表着工程测量学的发展方向。

现代工程测量已经远远突破了为工程建设服务的狭窄概念,而向所谓的"广义工程测量学"发展,认为一切不属于地球测量、不属于国家地图集范畴的地形测量和不属于官方的测量,都属于工程测量。

五、海洋测绘学

海洋测绘学是研究以海洋及其邻近陆地和江河湖泊为对象所进行的测量和海图编制理论和方法的学科,主要包括海道测量、海洋大地测量、海底地形测量、海洋专题测量以及航海图、海底地形图、各种海洋专题图和海洋图集等图的编制。海道测量,是以保证航行安全为目的,对地球表面水域及毗邻陆地所进行的水深和岸线测量以及底质、障碍物的探测等工作。海洋大地测量是为测定海面地形、海底地形以及海洋重力及其变化所进行的大地测量工作。海底地形测量是测定海底起伏、沉积物结构和地物的测量工作。海洋专题测量是以海洋区域的地理专题要素为对象的测量工作。海图制图是设计、编绘、整饰和印刷海图的工作,同陆地地图编制基本一致。

1.1.3 测量的基准线和基准面

一、大地水准面

地球表面被陆地和海洋所覆盖,其中海洋面积约占 71%,陆地面积约占 29%,人们常把地球形状看作是被海水包围的球体。静止不流动水面称为水准面。水准面是物理面,水准面上的每一个分子各自均受到相等的重力作用,处处与重力方向(铅垂线)正交,同一水准面上的重力位相等,故此水准面也称重力等位面,水准面上任意一点的垂线方向均与水准面正交。地球表面十分复杂,难以用公式表达,设想海洋处于静止不动状态,以平均海水面代替海水静止时的水面,并向全球大陆内部延伸,使它形成连续不断的、封闭的曲面,这个特定的重力位水准面被称之为大地水准面。由大地水准面所包围的地球形体被称之为大地体,在测量学中用大地体表示地球形体。

地球空间的任意一质点,都受到地球引力和地球自转产生的离心力的作用,因此质点实际上所受到的力为地球引力和离心力的合力,即大家所熟知的重力(见图 1-5)。

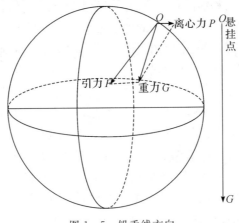

图 1-5 铅垂线方向

野外测量工作是以地球自然表面为依托面,通过测量仪器的水准器置平便可得到水准面;以细线悬挂垂球便可获知悬挂点 O 的重力方向,通常称为垂线或铅垂线;因而水准面和铅垂线便成为实际测绘工作的基准面与基准线,如图 1-6 所示。

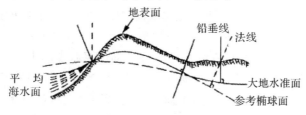

图 1-6　大地水准面

二、参考椭球面

大地测量学的基本任务之一就是建立统一的大地测量坐标系,精确测定地面点的位置。但是测量野外只能获得角度、长度和高差等观测元素,并不能直接得到点的坐标,为求解点的坐标成果,必须引入一个规则的数学曲面作为计算基准面,并通过该基准面建立起各观测元素之间以及观测元素与点的位置之间的数学关系。

地球自然表面十分复杂,不能作为计算基准面;大地水准面虽然比地球自然表面平滑许多,但由于地球引力大小与地球内部质量有关,而地球内部质量分布又不均匀,引起地面上各点垂线方向产生不规则变化,大地水准面实际上是一个有着微小起伏的不规则曲面,形状不规则,无法用数学公式精确表达为数学曲面,也不能作为计算基准面。

经过长期研究表明,地球形状极近似于一个两极稍扁的旋转椭球,即一个椭圆绕其短轴旋转而成的形体(见图 1-7)。而其旋转椭球面可以用较简单的数学公式准确地表达出来,所以测绘工作便取大小与大地体很接近的旋转椭球作为地球的参考形状和大小,一般称其外表面为参考椭球面(见图 1-8)。若对参考椭球面的数学式加入地球重力异常变化参数改正,便可得到与大地水准面较为接近的数学式,因此在测量工作中是用参考椭球面这样一个规则的曲面代替大地水准面作为测量计算的基准面的。

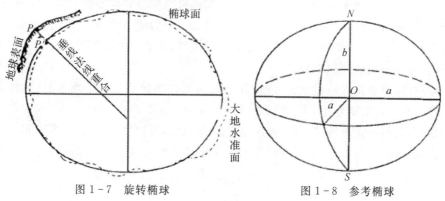

图 1-7　旋转椭球　　　　　　　　图 1-8　参考椭球

世界各国通常均采用旋转椭球代表地球的形状,并称其为"地球椭球"。测量中把与大地体最接近的地球椭球称为总地球椭球;把与某个区域如一个国家大地水准面最为密合的椭球称为参考椭球,其椭球面称为参考椭球面。由此可见,参考椭球有许多个,而总地球椭球只有一个。

椭球的形状和大小是由其基本元素决定的。椭球体的基本元素是长半轴 a、短半轴 b、扁率 $\alpha = \dfrac{a-b}{a}$。

我国 1980 西安坐标系(1980 年国家大地坐标系)采用了 1975 年国际椭球,该椭球的基本

元素为 $a=6\ 378\ 140\ \mathrm{m}$，$b=6\ 356\ 755.3\ \mathrm{m}$，$\alpha=1/298.257$。

根据一定的条件，确定参考椭球面与大地水准面的相对位置，所做的测量工作，称为参考椭球体的定位。在一个国家或一个区域中适当位置选择一个点 P 作为大地原点，假设大地水准面与参考椭球面相切，切点 P' 位于 P 点的铅垂线方向上，参考椭球面 P' 点的法线与该点对大地水准面的铅垂线重合，并使椭球的短轴与地球的自转轴平行，而且椭球面与这个国家范围内的大地水准面差距尽量地小，从而确定参考椭球面与大地水准面的相对位置关系，这就是椭球的定位工作。

我国"1980 年国家大地坐标系"大地原点位于陕西省泾阳县永乐镇，在大地原点上进行了精密天文测量和精密水准测量，获得了大地原点的平面起算数据。

由于参考椭球体的扁率很小，在普通测量中可把地球看作圆球体，其平均半径为

$$R=\frac{1}{3}(a+a+b)=6\ 371\ \mathrm{km}$$

参考椭球面在测绘工作中具有以下重要作用：

(1)它是一个代表地球的数学曲面；

(2)它是一个大地测量计算的基准面；

(3)它是研究大地水准面形状的参考面。我们知道，参考椭球面是规则的，大地水准面是不规则的，两者进行比较，即可将大地水准面的不规则部分(差距和垂线偏差)显示出来。将地球形状分离为规则和不规则两部分，分别进行研究，这是几何大地测量学的基本思想；

(4)在地图投影中，讨论两个数学曲面的对应关系时，也是用参考椭球面来代替地球表面。因此，参考椭球面是地图投影的参考面。

将地球表面、水准面、大地水准面和参考椭球面进行比较不难看出以下几点：

(1)地球表面是测量的依托面。它的形状复杂，不是数学表面，也不是等位面。

(2)水准面是液体的静止表面。它是重力等位面，不是数学表面，形状不规则。通过任一点都有一个水准面，因此水准面有无数个。水准面是野外测量的基准面。

(3)大地水准面是平均海水面及其在大陆的延伸。它具有一般水准面的特性。全球只有一个大地水准面。它是客观存在的，具有长期的稳定性，在整体上接近地球。大地水准面可以代表地球，并可作为高程的起算面。

(4)参考椭球面是具有一定参数、定位和定向的地球椭球面。它是数学曲面，没有物理意义。它的建立有一定的随意性。它可以在一定范围内与地球相当接近。参考椭球面是代表地球的数学曲面，是测量计算的基准面，同时又是研究地球形状和地图投影的参考面。

地球表面(地面)、水准面、大地水准面和参考椭球面的关系示意，如图 1-9 所示。

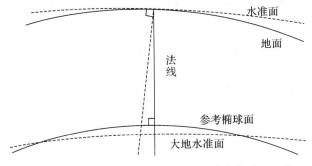

图 1-9　地面、水准面、大地水准面和参考椭球面关系

1.1.4　测量坐标系统和高程系统

坐标系是定义坐标如何实现的一套理论方法,包括定义原点、基本平面和坐标轴的指向等。

一、数学坐标系

常用的数学坐标系包括平面直角坐标系(二维)和空间直角坐标系(三维)。

(1)平面直角坐标系。在同一个平面上互相垂直且有公共原点的两条数轴构成平面直角坐标系,简称直角坐标系(Rectangular Coordinates),如图 1-10 所示。通常,两条数轴分别置于水平位置与垂直位置,取向右与向上的方向分别为两条数轴的正方向。水平的数轴叫作 X 轴(x-axis)或横轴,垂直的数轴叫作 Y 轴(y-axis)或纵轴,X 轴 Y 轴统称为坐标轴,它们的公共原点 O 称为直角坐标系的原点(origin),以点 O 为原点的平面直角坐标系记作平面直角坐标系 XOY。

(2)空间直角坐标系。空间任意选定一点 O,过点 O 作三条互相垂直的数轴 OX,OY,OZ,它们都以 O 为原点且具有相同的长度单位。这三条轴分别称作 X 轴(横轴)、Y 轴(纵轴)、Z 轴(竖轴),统称为坐标轴。它们的正方向符合右手规则,即以右手握住 Z 轴,当右手的四个手指从 X 轴的正向以 $90°$ 角度转向 Y 轴正向时,大拇指的指向就是 Z 轴的正向。这样就构成了一个空间直角坐标系,称为空间直角坐标系 $OXYZ$,如图 1-11 所示。定点 O 称为该坐标系的原点,与之相对应的是左手空间直角坐标系。一般在数学中更常用右手空间直角坐标系,在其他学科方面因应用方便而异。

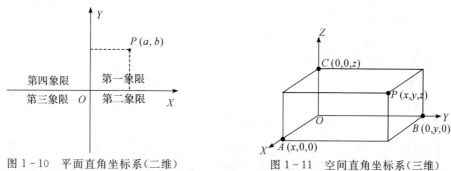

图 1-10　平面直角坐标系(二维)　　　图 1-11　空间直角坐标系(三维)

任意两条坐标轴确定一个平面,这样可确定三个互相垂直的平面,统称为坐标面。其中 X 轴与 Y 轴所确定的坐标面称为 XOY 面,类似地有 YOZ 面和 ZOX 面。三个坐标面把空间分成八个部分,每一部分称为一个卦限。如图 1-11 所示,八个卦限分别用字母 Ⅰ,Ⅱ,…,Ⅷ 表示,其中含 X 轴、Y 轴和 Z 轴正半轴的是第 Ⅰ 卦限,在 XOY 面上的其他三个卦限按逆时针方向排定,依次为第 Ⅱ,Ⅲ,Ⅳ 卦限;在 XOY 面下方与第 Ⅰ 卦限相邻的为第 Ⅴ 卦限,然后也按逆时针方向排定依次为第 Ⅵ,Ⅶ,Ⅷ 卦限。

二、测量坐标系统

测量坐标系统是供各种测绘地理信息工作使用的一类坐标系统,与数学坐标系统的最大区别在于 X 轴、Y 轴的指向互换,在使用时应引起重视。

本书描述的测量坐标系统均为地固坐标系。地固坐标系指坐标系统与地球固联在一起,与地球同步运动的坐标系统。与地固坐标系对应的是与地球自转无关的天球坐标系统或惯性坐标系统。原点在地心的地固坐标系称为地心地固坐标系。地固坐标系的分类方式有多种,常用分类方法如下。

(1)根据坐标原点位置的不同分为参心坐标系、地心坐标系、站心(测站中心)坐标系等。

参心坐标系是各个国家为了研究地球表面的形状,在使地面测量数据归算至椭球的各项改正数最小的原则下,选择和局部地区的大地水准面最为密合的椭球作为参考椭球建立的坐标系。"参心"指参考椭球的中心。由于参考椭球中心与地球质心不一致,参心坐标系又称为非地心坐标系、局部坐标系或相对坐标系。参心坐标系通常包括两种表现形式:参心空间直角坐标系(以 X,Y,Z 为坐标元素)和参心大地坐标系(以 B,L,H 为坐标元素)。

地心坐标系是以地球质量中心为原点的坐标系,其椭球中心与地球质心重合,且椭球定位与全球大地水准面最为密合。地心坐标系通常包括两种表现形式:地心空间直角坐标系和地心大地坐标系。

(2)根据坐标维数的不同分为二维坐标系、三维坐标系、多维坐标系等。

(3)按坐标表现形式的不同分为空间直角坐标系、空间大地坐标系、站心直角坐标系、极坐标系和曲线坐标系等。

为表达地球表面地面点相对地球椭球的空间位置,大地坐标系除采用地理坐标(大地经度 B 和纬度 L)外,还要使用大地高 H。地面点超出平均海水面的高程称为绝对高程或海拔高程,随起算面和计算方法的不同,还存在其他各种高程系统,例如以参考椭球面为高程起算面沿球面法线方向计算的大地高系统,以及以似大地水准面为高程起算面沿铅垂线方向计算的正常高系统等。

常见的高程系统有正高系统、正常高系统、力高系统以及大地高系统等。

对测量上确定地面点平面位置和高程常用的大地坐标、高斯直角坐标及平面直角坐标和正高系统、正常高系统等简要介绍如下。

(一)大地坐标系

地面上一点的平面位置在椭球面上通常用经度和纬度来表示,称为地理坐标。如图 1-12 所示。O 为地心,PP' 为旋转椭球体的旋转轴,又称地轴,它的两端点为北南两极。过地轴的平面称为子午面。子午面与旋转椭球体面的交线称为子午线或经线。过地轴中心且垂直于地轴的平面称为赤道面。赤道面与旋转椭球面的交线称为赤道。

图 1-12 大地坐标

世界各国统一将通过英国格林尼治天文台的子午面作为经度起算面,称为首子午面。首子午面与旋转椭球面的交线,称为首子午线。地面上某一点 M 的经度,就是过该点的子午面与首子午面的夹角,以 λ 表示。经度从首子午线起向东 $180°$ 称东经;向西 $180°$ 称西经。M 点的纬度,就是该点的法线与赤道平面的交角,以 φ 表示。纬度从赤道起,向北由 $0° \sim 90°$ 称北纬;向南由 $0° \sim 90°$ 称南纬。例如,北京的地理坐标,经度是东经 $116°28'$,纬度是北纬 $39°54'$。

(二)高斯平面直角坐标系

地理坐标只能用来确定地面点在旋转椭球面上的位置,但测量上的计算和绘图,要求最好在平面上进行。大家知道,旋转椭球面是个闭合曲面,如何建立一个平面直角坐标系统呢?主要应用各种投影方法。我国采用横切圆柱投影——高斯-克吕格投影的方法来建立平面直角坐标系统,称为高斯-克吕格直角坐标系,简称为高斯直角坐标系。如图 1-13(a)所示,高斯-克吕格投影就是设想用一个横椭圆柱面,套在旋转椭球体外面,并与旋转椭球体面上某一条子午线(如 POP')相切,同时使椭圆柱的轴位于赤道面内并通过椭圆体的中心,相切的子午线称为中央子午线。然后将中央子午线附近的旋转椭球面上的点、线投影至横切圆柱面上去,如将旋转椭球体面上的 M 点,投影到椭圆柱面上的 m 点,再顺着过极点的母线,将椭圆柱面剪开,展开成平面,如图 1-13(b)所示,这个平面称为高斯-克吕格投影平面,简称高斯投影平面。

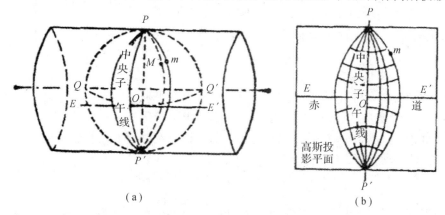

(a)　　　　　　　　　　　　　(b)

图 1-13　高斯-克吕格投影

高斯投影平面上的中央子午线投影为直线且长度不变,其余的子午线均为凹向中央子午线的曲线,其长度大于投影前的长度,离中央子午线越远长度变形越长,为了将长度变化限制在测图精度允许的范围内,通常采用 6°分带法,即从首子午线起每隔经度差 6°为一带。将旋转椭球体表面由西向东等分为六十带,即 0°～6°为第 1 带,3°线为第 1 带的中央子午线;6°～12°为第 2 带,9°线为第 2 带的中央子午线,以此类推……每一带单独进行投影,如图 1-14 所示。

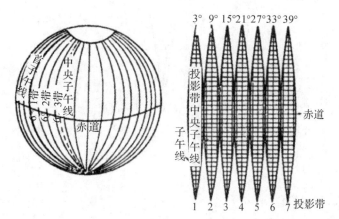

图 1-14　高斯平面投影分带

有了高斯投影平面后,怎样建立平面直角坐标系呢?如图 1-15 所示,测量上以每一带的中央子午线的投影为直角坐标系的纵轴 x,向上(北)为正,向下(南)为负;以赤道的投影为直角坐标系的横轴 y,向东为正,向西为负,两轴的交点 O 为坐标原点。由于我国领土全部位于赤道以北,因此,x 值均为正值,而 y 值则有正有负,为避免 y 值在计算中出现负值,故规定每

带的中央子午线各自西移 500 km，同时为了指示投影是哪一带，还规定在横坐标值前面要加上带号，如

$$x_m = 347\ 218.971\ \text{m}$$

$$y_m = 19\ 667\ 214.556\ \text{m}$$

上述 y_m 等号右边的 19，表示第十九带。

采用高斯直角坐标来表示地面上某点的位置时，需要通过比较复杂的数学（投影）计算才能求得该地面点在高斯投影平面上的坐标值。高斯直角坐标系一般都用于大面积的测区。

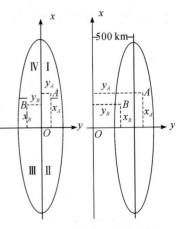

图 1-15　高斯平面直角坐标

（三）平面直角坐标系

当测区面积较小时，可不考虑地球曲率而将其当作平面看待。如图 1-16 所示，地面上 A，B 两点在球面 P 上的投影为 a，b。设球面 P 与水平面 P' 在 a 点相切，则 A，B 两点在球面上的投影长度 $ab = d$；在水平面上投影的水平距离 $ab' = t$，其差值：

$$\Delta d = t - d = R\tan\theta - R\theta = R(\tan\theta - \theta) \tag{1-1}$$

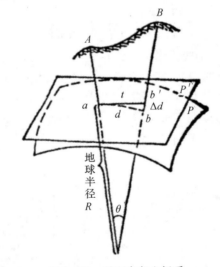

图 1-16　平面直角坐标系

用三角级数展开式（1-1）后取主项可得

$$\Delta d = R\left[\theta + \frac{1}{3}\theta^3 - \theta\right] = \frac{R\theta^3}{3} \tag{1-2}$$

因 $\theta = \dfrac{d}{R}$，代入式（1-1）有

$$\Delta d = \frac{d^3}{3R^2} \tag{1-3}$$

或

$$\frac{\Delta d}{d} = \frac{d^2}{3R^2} \tag{1-4}$$

以 $R = 6\ 371$ km 和不同的 d 值代入式（1-3）和式（1-4）可得表 1-1 中的数值。

表 1-1　地球曲率对距离变形的影响

地面距离 d/km	地球曲率引起的变形 $\Delta d/\mathrm{cm}$	$\Delta d/d$ 相对误差
10	0.82	1∶1 200 000
20	6.57	1∶304 000
50	102.65	1∶49 000

由表 1-1 可知当 $d=10\ \mathrm{km}$ 时,以切平面上的相应线段 t 代替,其误差不超过 1 cm,相对误差 1∶1 200 000,而目前最精密的距离丈量相对误差约为 1∶1 000 000,因此可以确认,在半径为 10 km 的圆面积范围内,可忽略地球曲率对距离的影响。

如果将地球表面上的小面积测区当作平面看待,就不必要进行复杂的投影计算,可以直接将地面点沿铅垂线投影到水平面上,用平面直角坐标来表示它的投影位置和推算点与点之间的关系。

平面直角坐标系(见图 1-17)的原点记为 O,规定纵坐标轴为 x 轴,与南北方向一致,自原点 O 起,指北者为正,指南者为负;横坐标轴为 y 轴,与东西方向一致,自原点起,指东者为正,指西者为负。象限Ⅰ,Ⅱ,Ⅲ,Ⅳ按顺时针方向排列。坐标原点可取用高斯直角坐标值,也可以根据实地情况安置,一般为使测区所有各点的纵横坐标值均为正值,坐标原点大都安置在测区的西南角,使测区全部落在第Ⅰ象限内。

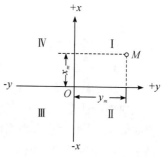

图 1-17　平面直角坐标

(四)高程系统

(1)正高系统。正高系统是以大地水准面为高程基准面,地面上任一点沿铅垂线方向到大地水准面的距离叫作正高,也就是通常所说的海拔高程。如图 1-18 所示 BC 为正高,以 $H_{正}^{B}$ 表示。

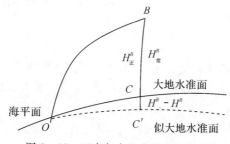

图 1-18　正高与大地水准面的关系

(2)正常高。正常高的基准面为似大地水准面,它是由地面点沿垂线向下量取正常高所得各点连接起来而形成的曲面。如图 1-18 所示 BC' 为正常高,以 $H_{常}^{B}$ 表示,似大地水准面和大地水准面极为接近,其差值即正常高和正高之差,在海洋面上为零,在平原地区只有几厘米,在山区最大值可达 4 米左右。

(3)大地高。地面点沿参考椭球面法线到参考椭球面的距离叫作大地高,用 $H_{大}$ 表示。

如图 1-19 所示为地面上任意点上的大地高 $H_{大}$ 与正常高 $H_{常}$ 以及正高 $H_{正}$ 之间的相互关系。

大地水准面与参考椭球面之间的高程差称为大地水准面差距,以 N 表示,似大地水准面与参考椭球面之间的高程差称为高程异常,以 ξ 表示,即

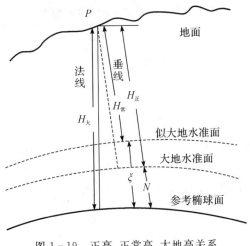

图 1-19 正高、正常高、大地高关系

$$H_大 = H_正 + N$$
$$H_大 = H_常 + \xi$$

这样,大地高 $H_大$ 与正常高 $H_常$ 或大地高 $H_大$ 与正高 $H_正$ 之间通过大地水准面差距 N 或高程异常 ξ 就取得了联系,可以相互换算。

地面上任意一点的正常高数值不随水准线路而异,是唯一的确定值,表示该点到似大地水准面的距离,由于似大地水准面同大地水准面十分接近,所以正常高同海拔高程即正高也相差很小。此外由于似大地水准面和参考椭球面间的距离(高程异常)可以利用天文水准或天文重力水准方法严格推求,通过正常高和高程异常即可精确地算出地面点到参考椭球的距离(大地高),从而可将地面上的观测元素精确地归算至参考椭球面上。正是由于正常高具有的这些优点,所以我国规定采用正常高系统作为我国计算高程的统一系统。

1.1.5 地图投影与分幅编号

一、地图的基本概念

(1)地图的特性。地图以特有的数学基础、图形符号和抽象概括法则表现地球或其他星球自然表面的时空现象,反映人类的政治、经济、文化和历史等人文现象的状态、联系和发展变化。它具有以下的特性。

1)可量测性。由于地图采用了地图投影、地图比例尺和地图定向等特殊数学法则,人们可以在地图上精确量测点的坐标、线的长度和方位、区域的面积、物体的体积和地面坡度等。

2)直观性。地图符号系统称为地图语言,它是表达地理事物的工具。地图符号系统由符号、色彩及相应的文字注记构成,它们能准确地表达地理事物的位置、范围、数量和质量特征、空间分布规律以及它们之间的相互联系和动态变化。用图者可以直观、准确地获得地图信息。

3)一览性。地图是缩小了的地图表象,不可能表达出地面上所有的地理事物,需要通过取舍和概括的方法表示出重要的物体,舍去次要的物体,这就是制图综合。制图综合能使地面上任意大的区域缩小成图,正确表达出读者感兴趣的重要内容,使读者能一览无遗。

(2)地图的内容。地图的内容由数学要素、地理要素和辅助要素构成。

1)数学要素。它包括地图的坐标网、控制点、比例尺和定向等内容。

2)地理要素。根据地理现象的性质,地理要素大致可以区分为自然要素、社会经济要素和环境要素等。自然要素包括地质、地球物理、地势、地貌、气象、土壤、植物、动物等现象或物体；社会经济要素包括政治行政、人口、城市、历史、文化、经济等现象或物体；环境要素包括自然灾害、自然保护、污染与保护、疾病与医疗等。

3）辅助要素。辅助要素是指为阅读和使用地图者提供的具有一定参考意义的说明性内容或工具性内容，主要包括图名、图号、接图表、图廓、分度带、图例、坡度尺、附图、资料及成图说明等。

（3）地图的分类。地图分类的标准很多，主要有按地图的内容、比例尺、制图区域范围和使用方式等分类标准。

1）按内容分类。地图按内容可分为普通地图和专题地图两大类。

普通地图（见图1-20）是以相对平衡的详细程度表示水系、地貌、土质植被、居民地、交通网和境界等基本地理要素。

图1-20　普通地图

专题地图是根据需要突出反映一种或几种主题要素或现象的地图。如图1-21所示为某旅游地图的局部。

图1-21　专题地图

2）按比例尺分类。地图按比例尺分类是一种习惯上的做法。在普通地图中，按比例尺可分为以下三类：

大比例尺地图：比例尺≥1∶10万的地图；

中比例尺地图：比例尺1∶10万～1∶100万之间的地图；

小比例尺地图：比例尺≤1∶100万的地图。

3）按制图区域范围分类。

按自然区地图可划分为世界地图、大陆地图和洲地图等。

按政治行政区地图可划分为国家地图、省（区）地图、市地图和县地图等。

4）按使用方式分类。

桌面用图：能在明视距离阅读的地图，如地形图、地图集等。

挂图：包括近距离阅读的一般挂图和远距离阅读的教学挂图。

随身携带地图：通常包括小图册或折叠地图（如旅游地图）。

二、地图投影

(一)地图投影的基本概念

将地球椭球面上的点投影到平面上的方法称为地图投影。按照一定的数学法则,使地面点的地理坐标(λ,φ)与地图上相对应的点的平面直角坐标(x,y)建立函数关系:

$$x=f_1(\lambda,\varphi)$$
$$y=f_2(\lambda,\varphi)$$

当给定不同的具体条件时,就可得到不同种类的投影公式。根据公式将一系列的经纬线交点(λ,φ)计算成平面直角坐标(x,y),并展绘于平面上,即可建立经纬线平面表象,构成地图的数学基础。

(二)地图投影变形

由于地球椭球面是一个不可展的曲面,将它投影到平面上,必然会产生变形。这种变形表现在形状和大小两方面。从实质上讲,是由长度变形、方向变形引起的。

(三)地图投影分类

(1)按变形性质分类。按变形性质地图投影可分为等角投影、等面积投影和任意投影。

1)等角投影。它是指地面上的微分线段组成的角度投影保持不变,因此适用于交通图、洋流图和风向图等。

2)等面积投影。它是指投影平面上的地物轮廓图形面积保持与实地的相等,因此适用于对面积精度要求较高的自然社会经济地图。

3)任意投影。它是指投影地图上既有长度变形,又有面积变形。在任意投影中,有一种常见投影即等距离投影。该投影只在某些特定方向上没有变形,一般沿经线方向保持不变形。任意投影适用于一般参考图和中小学教学用图。

(2)按构成方法分类。

1)几何投影。以几何特征为依据,将地球椭球面上的经纬网投影到平面、圆锥表面和圆柱表面等几何面上,从而构成方位投影、圆锥投影和圆柱投影。

方位投影:以平面作为投影面的投影。根据投影面和地球体的位置关系不同,有正方位、斜方位和横方位几种不同的投影。

圆锥投影:以圆锥面作为投影面的投影。在圆锥投影中,有正圆锥、斜圆锥和横圆锥几种不同的投影。

圆柱投影:以圆柱面作为投影面的投影。在圆柱投影中,有正圆柱、斜圆柱和横圆柱几种不同的投影。

2)非几何投影。根据制图的某些特定要求,选用合适的投影条件,用数学解析方法确定平面与球面点间的函数关系。按经纬线形状,可将其分为伪方位投影、伪圆锥投影、伪圆柱投影和多圆锥投影。

(四)双标准纬线正等角割圆锥投影

我国1∶100万地形图采用双标准纬线正等角割圆锥投影。它假设圆锥轴和地球椭球体旋转轴重合,圆锥面与地球椭球面相割,将经纬网投影于圆锥面上展开而成(见图1-22)。圆锥面与椭球面相割的两条纬线,称为标准纬线。我国1∶100万地形图的投影是按纬度划分的原则,从0°开始,纬差4°一幅,共有15个投影带,每幅经差为6°。因此,每个投影带只需计算其中一幅的投影成果即可。

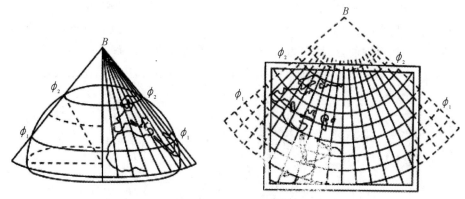

图 1-22 双标准纬线正等角割圆锥投影

（五）高斯-克吕格投影

我国除 1:100 万地形图外均采用高斯-克吕格投影。我国采用横切圆柱投影——高斯-克吕格投影的方法来建立平面直角坐标系统，称为高斯-克吕格直角坐标系，简称为高斯直角坐标系。高斯-克吕格投影即等角横切圆柱投影，简称高斯投影，如图 1-23(a)所示，高斯-克吕格投影的基本思想是就是设想采用一个横椭圆柱面，套在旋转椭球体外面，并与旋转椭球体面上某一条子午线相切（相切的子午线称为中央子午线），同时使椭圆柱的轴位于赤道面内并通过椭圆体的中心，圆柱的中心线通过地球的中心并在赤道上；然后依据规定的等角条件，将位于中央子午线东、西两侧各一定经差范围内的经纬线交点投影到圆柱面上，如将旋转椭球体面上的 M 点，投影到椭圆柱面上的 m 点，再顺着过极点的母线，最后将椭圆柱面剪开，展开成平面，如图 1-23(b)所示，这个平面称为高斯-克吕格投影平面，简称高斯投影平面。

高斯投影条件归纳起来有三点：①中央子午线和赤道投影后成为相互垂直的直线，前者作为 X 轴，后者作为 Y 轴，交点作为坐标原点（高斯平面直角坐标系）；②以等角投影为条件，投影后无角度变形；③中央子午线投影无长度变形。

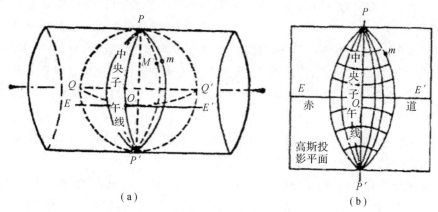

图 1-23 高斯-克吕格投影

高斯-克吕格投影方法将地球分成若干范围不大的带进行投影，带的宽度一般分为经差 6°、3° 和 1.5° 等几种，简称 6° 带、3° 带、1.5° 带。6° 带是这样划分的：它从 0° 子午线算起，以经差 6° 为一带，第一个 6° 带的中央子午线经度为东经 3°；对于 3° 带来说，它从东经 1°30′ 开始每隔 3°

为一个投影带,其第一带的中央子午线是东经 3°;如图 1-24 所示投影带划分以后,若将圆柱沿母线切开并展平后,在柱面上(即投影面上)形成两条互相正交的直线,所形成的坐标系是经高斯创意并由克吕格改进的,故称之为高斯-克吕格平面直角坐标系,如图 1-25 所示坐标系既是平面直角坐标又与大地坐标的经纬度发生联系,对大范围的测量工作也就适用了。

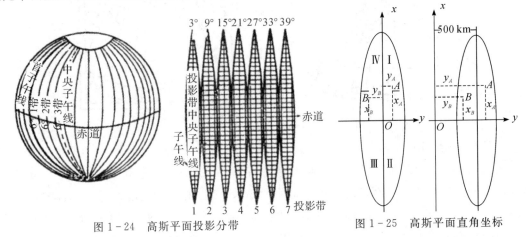

图 1-24 高斯平面投影分带   图 1-25 高斯平面直角坐标

我国位于北半球,x 坐标均为正值,而 y 坐标则有正有负。为避免 y 坐标出现负值,规定将每带的中央子午线各自西移 500 km,即将所有点的 y 坐标均加上 500 km,同时为了区别某点位于投影带的哪一带,还规定在横坐标值(y 坐标值)前面要加上带号(坐标的通用值)。

采用高斯直角坐标来表示地面上某点的位置时,需要通过比较复杂的数学(投影)计算才能求得该地面点在高斯投影平面上的坐标值。

三、地形图的分幅与编号

我国国土面积有 960 万 km^2,这样辽阔的范围包含数以万计的地形图图幅,如果没有科学的分幅与编号方法,就不便于有计划地组织地形图的生产,也不便于地形图的发放、保管和使用。为此,需要将大面积的地形图进行统一分幅、编号。地形图的分幅可分两大类,一类是按经纬线分幅的梯形分幅法,另一类是按统一的直角坐标格网划分的正方形分幅和矩形分幅法。

(1)1:1 000 000 地形图的梯形分幅和编号。为了使全球地图统一,1:1 000 000 地图的分幅大小和编号是国际统一规定的,按一定的经差和纬差来划分图幅范围。每幅 1:1 000 000 的地形图范围是经差 6°、纬差 4°;纬度 60°~76°之间为经差 12°、纬差 4°;纬度 76°~88°之间为经差 24°、纬差 4°。

1:1 000 000 地形图的编号采用国际 1:1 000 000 地图编号标准。从赤道算起,每纬差 4°为一行,至南、北纬 88°各分为 22 行,依次用大写拉丁字母(字符码)A,B,C,…,V 表示其相应行号;从 180°经线起算,自西向东每经差 6°为一列,全球分为 60 列,依次用阿拉伯数字(数字码)1,2,3,…,60 表示其相应列号。由经线和纬线所围成的每一个梯形小格为一幅 1:1 000 000 地形图,它们的编号由该图所在的行号与列号组合而成。同时 1:1 000 000 地形图编号第一位表示南、北半球,用"N"表示北半球,用"S"表示南半球。北半球东侧 1:1 000 000 地图国际分幅和编号如图 1-26 所示。

我国范围全部位于东半球赤道以北,我国范围内 1:1 000 000 地形图的编号省略国际

1:1 000 000 地图编号中用来标志北半球的字母代码 N;图幅范围在经度 72°～138°、纬度 0°～56°内,包括行号为 A,B,C,…,N 的 14 行、列号为 43,44,…,53 的 11 列。我国 1:1 000 000 地形图编号如图 1-27 所示。

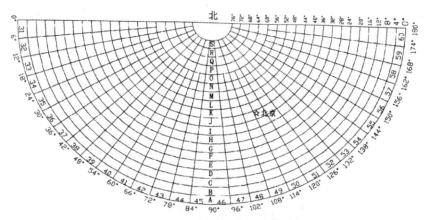

图 1-26　北半球东侧 1:1 000 000 地形图国际分幅与编号

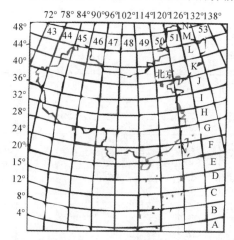

图 1-27　我国 1:1 000 000 地形图国际分幅与编号

(2)1:500 000～1:5 000 地形图分幅。1:500 000～1:5 000 地形图均以 1:1 000 000 地形图为基础,按规定经差和纬差划分图幅。1:500 000～1:5 000 地形图图幅范围、行列数量和图幅数量见表 1-2。

(3)1:2 000,1:1 000 和 1:500 地形图分幅。

1)经、纬度分幅。1:2 000～1:5 000 地形图宜以 1:1 000 000 地形图为基础,按规定的经差和纬差划分图幅。1:2 000～1:500 地形图的图幅范围、行列数量和图幅数量见表 1-2。

2)正方形分幅和矩形分幅。1:2 000,1:1 000 和 1:500 地形图也可根据需要采用 50 cm×50 cm 正方形分幅和 50 cm×40 cm 矩形分幅。

(4)1:500 000～1:5 000 地形图的编号。

1)比例尺代码。1:500 000～1:5 000 各种比例尺地形图分别采用不同的字符作为其比例尺代码,详见表 1-3。

表 1-2　1:1 000 000～1:500 地形图的图幅范围、行列数量和图幅数量关系

比例尺		1:1 000 000	1:500 000	1:250 000	1:100 000	1:50 000	1:25 000	1:10 000	1:5 000	1:2 000	1:1 000	1:500
图幅范围	经差	6°	3°	1°30′	30′	15′	7′30″	3′45″	1′52.5″	37.5″	18.75″	9.375″
	纬差	4°	2°	1°	20′	10′	5′	2′30″	1′15″	25″	12.5″	6.25″
行列数量关系	行数	1	2	4	12	24	48	96	192	576	1 152	2 304
	列数	1	2	4	12	24	48	96	192	576	1 152	2 304
图幅数量关系 图幅数量＝（行数×列数）		1	4 (2×2)	16 (4×4)	144 (12×12)	576 (24×24)	2 304 (48×48)	9 216 (96×96)	36 864 (192×192)	331 776 (576×576)	1 327 104 (1 152×1 152)	5 308 416 (2 304×2 304)
			1	4 (2×2)	36 (6×6)	144 (12×12)	576 (24×24)	2 304 (48×48)	9 216 (96×96)	82 944 (288×288)	331 776 (576×576)	1 327 104 (1 152×1 152)
				1	9 (3×3)	36 (6×6)	144 (12×12)	576 (24×24)	2 304 (48×48)	20 736 (144×144)	82 944 (288×288)	331 776 (576×576)
					1	4 (2×2)	16 (4×4)	64 (8×8)	256 (16×16)	2 304 (48×48)	9 216 (96×96)	36 864 (192×192)
						1	4 (2×2)	16 (4×4)	64 (8×8)	576 (24×24)	2 304 (48×48)	9 216 (96×96)
							1	4 (2×2)	16 (4×4)	144 (12×12)	576 (24×24)	2 304 (48×48)
								1	4 (2×2)	36 (6×6)	144 (12×12)	576 (24×24)
									1	9 (3×3)	36 (6×6)	144 (12×12)
										1	4 (2×2)	16 (4×4)
											1	4 (2×2)
												1

表 1 - 3　1:500 000～1:500 地形图的比例尺代码

比例尺	1:500 000	1:250 000	1:100 000	1:50 000	1:25 000	1:10 000	1:5 000	1:2 000	1:1 000	1:500
代码	B	C	D	E	F	G	H	I	J	K

2)图幅编号方法。1:500 000～1:5 000 地形图的编号均以 1:1 000 000 地形图编号为基础,采用行列编号法。1:500 000～1:5 000 地形图的编号均由其所在 1:1 000 000 地形图的图号、比例尺代码和各图幅的行列号共 10 位码组成。1:500 000～1:5 000 地形图的编号的组成如图 1 - 28 所示。

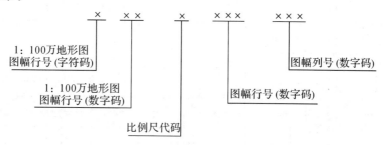

图 1 - 28　1:500 000～1:5 000 地形图图幅编号的组成

3)行、列编号。1:500 000～1:5 000 地形图的行、列编号是将 1:1 000 000 地形图所含各比例尺地形图的经差和纬差划分成若干行和列,横行从上至下、纵列从左至右按顺序分别用三位阿拉伯数字(数字码)表示,不足三位者前面补零,取行号在前、列号在后的形式标记。1:500 000～1:5 000 地形图的行列号如图 1 - 29 所示。

(5)1:2 000,1:1 000 和 1:500 地形图的编号。

1)经、纬度分幅编号。1:2 000,1:1 000 和 1:500 地形图的比例尺代码见表 1 - 3,1:2 000 地形图经、纬度分幅的图幅编号方法和 1:500 000～1:5 000 编号方法相同,也可根据需要以 1:5 000 地形图编号加短线,再加 1,2,…,9 表示;1:1 000 和 1:500 地形图分幅编号均以 1:1 000 000 地形图编号为基础,采用行列编号法,与 1:500 000 至 1:5 000 编号方法相似,由于 1:1 000 和 1:500 划分每幅 1:1 000 000 地形图行列增至 4 位数,故 1:1 000 和 1:500 地形图经、纬度分幅编号由 12 位码组成,如图 1 - 28 所示的图幅行号和图幅列号各增加一位。

2)正方形分幅和矩形分幅的图幅编号。采用正方形和矩形分幅的 1:2 000,1:1 000 和 1:500 地形图,其图幅编号一般采用坐标编号法,也可采用流水编号法和行列编号法。

坐标编号法。采用以千米为单位的所在图幅西南角坐标进行编号,北坐标在前,东坐标在后。编号时以坐标值取位,1:2 000,1:1 000 地形图取至 0.1 km,1:500 地形图取至 0.01 km。

流水编号法。带状测区或小面积测区可按测区统一顺序编号,一般从左到右、从上到下用以阿拉伯数字为 1,2,3,…编定,如 XX - 11(XX 为测区代号,11 为图幅编号)。

行列编号法。一般采用以字母(如 A,B,C,D,…)为代号的横行从上到下排列,以阿拉伯数字为代号的纵列从左到右排列来编定,先行后列,如 A - 4。

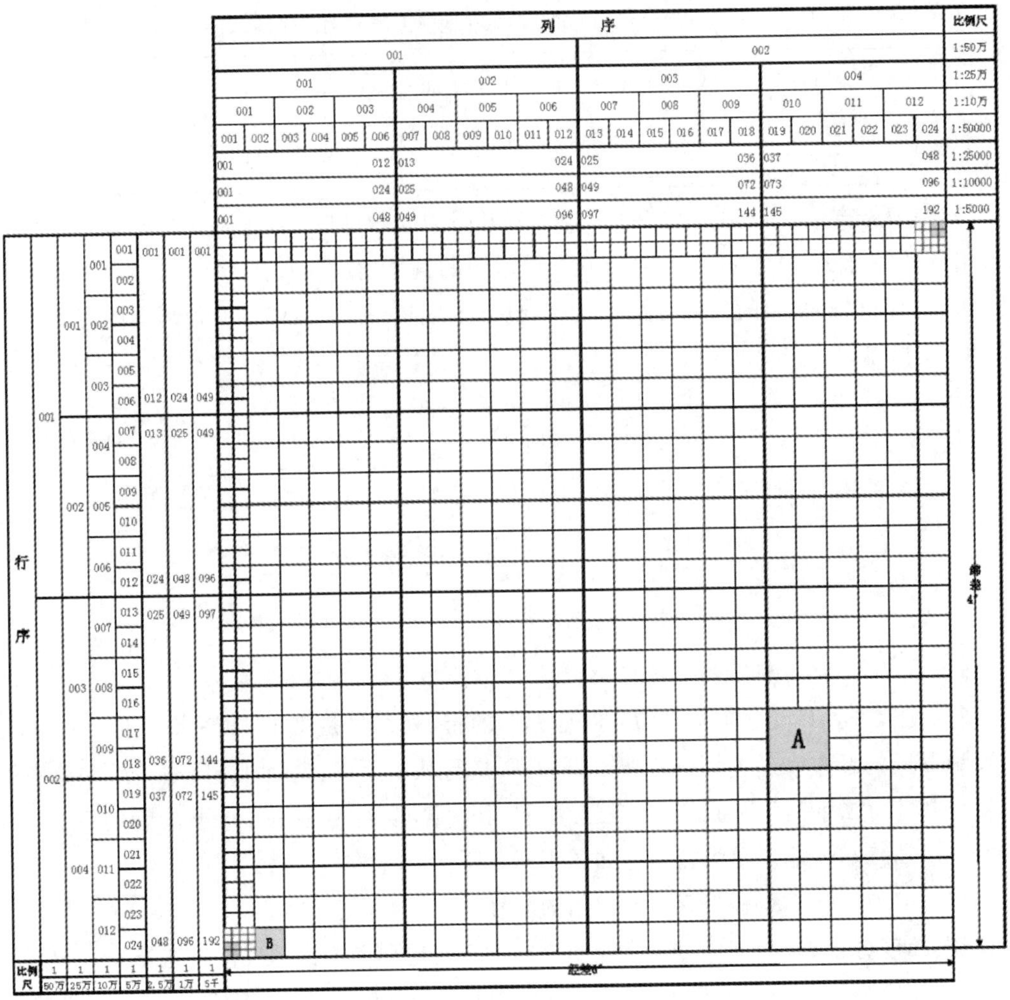

列　序				比例尺
001		002		1:50万
001	002	003	004	1:25万
001 002 003	004 005 006	007 008 009	010 011 012	1:10万
001 002 003 004 005 006	007 008 009 010 011 012	013 014 015 016 017 018	019 020 021 022 023 024	1:50000
001	012 013	024 025	036 037	048	1:25000
001	024 025	048 049	072 073	096	1:10000
001	048 049	096 097	144 145	192	1:5000

图 1-29 1:500 000～1:5 000 地形图的行列编号

1.2 测绘基准、测绘系统和测量标志

1.2.1 测绘基准

一、测绘基准的概念

测绘基准是指一个国家的整个测绘的起算依据和各种测绘系统的基础,测绘基准包括所选用的各种大地测量参数、统一的起算面、起算基准点、起算方位以及有关的地点、设施和名称等。测绘基准主要包括大地基准、高程基准、深度基准和重力基准。

(1)大地基准。大地基准是建立大地坐标系统和测量空间点点位的大地坐标的基本依据。我国目前大多数地区采用的大地基准是 1980 西安坐标系。其大地测量常数采用国际大地测量学与地球物理学联合会第 16 届大会(1975 年)推荐值,大地原点设在陕西省径阳县永乐镇。2008 年 7 月 1 日,经国务院批准,我国正式开始启用 2000 国家大地坐标系,2000 国家大地坐标系是全球地心坐标系在我国的具体体现。

（2）高程基准。高程基准是建立高程系统和测量空间点高程的基本依据。我国目前采用的高程基准为 1985 国家高程基准。

（3）深度基准。深度基准是海洋深度测量和海图上图载水深的基本依据。我国目前采用的深度基准因海区不同而有所不同。中国海区从 1956 年采用理论最低潮面（即理论深度基准面）作为深度基准。内河、湖泊采用最低水位、平均地水位或设计水位作为深度基准。

（4）重力基准。重力基准是建立重力测量系统和测量空间点的重力值的基本依据。我国先后使用了 57 重力测量系统、85 重力测量系统和 2000 重力测量系统。我国目前采用的重力基准为 2000 国家重力基准。

二、测绘基准的特征

（1）科学性。任何测绘基准都是依靠严密的科学理论、科学手段和方法经过严密的演算和施测建立起来的，其形成的数学基础和物理结构都必须符合科学理论和方法的要求，从而使测绘基准具有科学性特点。

（2）统一性。为保证测绘成果的科学性、系统性和可靠性，满足科学研究、经济建设和国防建设的需要，一个国家和地区的测绘基准必须是严格统一的。测绘基准不统一，不仅使测绘成果不具有可比性和衔接性，也会对国家安全和城市建设以及社会管理带来不良的后果。

（3）法定性。测绘基准由国家最高行政机关国务院批准，测绘基准数据由国务院测绘行政主管部门负责审核，测绘基准的设立必须符合国家的有关规范和要求，使用测绘基准由国家法律规定，从而使测绘基准具有法定性特征。

（4）稳定性。测绘基准是一切测绘活动和测绘成果的基础和依据，测绘基准一经建立，便具有相对稳定性，在一定时期内不能轻易改变。

三、测绘基准管理

每个国家对测绘基准管理非常严格，我国《测绘法》对测绘基准进行规定，主要体现在以下几个方面。

（1）国家规定测绘基准。测绘基准是国家整个测绘工作的基础和起算依据，包括大地基准、高程基准、深度基准和重力基准。测绘基准的作业保证国家测绘成果的整体性、系统性和科学性，实现测绘成果起算依据的统一，保障测绘事业为国家经济建设、国防建设和社会发展服务。《测绘法》明确规定从事测绘活动，应当使用国家规定的测绘基准和测绘系统，执行国家规定的测绘技术规范和标准。

国家对测绘基准的规定非常严格，主要体现在两个方面：一是测绘基准的数据由国务院测绘行政主管部门审核后，还必须与国务院其他有关部门、军队测绘主管部门进行会商，充分听取各相关部门的意见；二是测绘基准的数据经相关部门审核后，必须经过国务院批准后才能实施，各项测绘基准数据经国务院批准后，便成为所有测绘活动的起算依据。

（2）国家要求使用统一的测绘基准。我国《测绘法》规定从事测绘活动应当使用国家规定的测绘基准和测绘系统。从事测绘活动使用国家规定的测绘基准是从事测绘活动的基本技术原则和前提，不使用国家规定的测绘基准，要依法承担相应的法律责任。

1.2.2　测绘系统

一、测绘系统的概念

测绘系统是指由测绘基准延伸，在一定范围内布设的各种测量控制网，它们是各类测绘成果的依据,包括大地坐标系统、平面坐标系统、高程系统、地心坐标系统和重力测量系统。

(1)大地坐标系统。大地坐标系统是用来表述地球点的位置的一种地球坐标系统,它采用一个接近地球整体形状的椭球作为点的位置及其相互关系的数学基础,大地坐标系统的三个坐标是大地经度、大地纬度和大地高。我国先后采用的 1954 北京坐标系、1980 西安坐标系和 2000 国家大地坐标系,是我国在不同时期采用的大地坐标系统。

(2)平面坐标系统。平面坐标系统是指确定地面点的平面位置所采用的一种坐标系统。大地坐标系统是建立在椭球面上的,而地图绘制的坐标则是平面上的,因此,必须通过地图投影把椭球面上的点的大地坐标科学地转换成展绘在平面上的平面坐标。平面坐标用平面上两轴相交成直角的纵、横坐标表示。我国在陆地上的国家统一的平面坐标系统是采用"高斯-克吕格平面直角坐标系"。它是利用高斯-克吕格投影将不可平展的地球椭球面转换成平面而建立的一种平面直角坐标系。

(3)高程系统。高程系统是用以传算全国高程测量控制网中各点高程所采用的统一系统。我国规定采用的高程系统是正常高系统,我国在不同时期采用的法定高程系统主要包括 1956 黄海高程系和 1988 年国家高程基准。

(4)地心坐标系统。地心坐标系统是以坐标原点与地球质心重合的大地坐标系统或空间直角坐标系统。我国目前采用的 2000 国家大地坐标系是全球地心坐标系,其原点为包括海洋和大气的整个地球的质量中心。

国家测绘局在 2008 年发布的 2 号公告中指出,2000 国家大地坐标系与现行国家大地坐标系转换、衔接的过渡期为 8~10 年。现有各类测绘成果在过渡期内可沿用现行国家大地坐标系;2008 年 7 月 1 日后新生产的各类测绘成果应采用 2000 国家大地坐标系。

(5)重力测量系统。重力测量系统是指重力测量施测与计算所依据的重力测量基准和计算重力异常所采用的正常重力公式的总称。我国曾先后采用的 57 重力测量系统、85 重力测量系统和 2000 重力测量系统,即为我国在不同时期的重力测量系统。

二、测绘系统管理

我国《测绘法》对测绘系统管理进行了明确的规定,并设立了严格的测绘法律责任。

(1)测绘系统管理的基本法律规定。

1)从事测绘活动要使用国家规定的测绘系统。

2)国家建立全国统一的大地坐标系统、平面坐标系统、高程系统、地心坐标系统和重力测量系统,确定国家大地测量等级和精度。《测绘法》第九条对国家建立统一的测绘系统进行了规定,并明确测绘系统的具体规范和要求由国务院测绘行政主管部门会同国务院其他有关部门、军队测绘主管部门制定。

3)采用国际坐标系统和建立相对独立的平面坐标系统要依法经过批准。《测绘法》明确规定采用国际坐标系统,在不妨碍国家安全的前提下,必须经国务院测绘行政主管部门会同军队测绘主管部门批准。因建设、城市规划和科学研究的需要,大城市和国家重大工程项目确需建立相对独立的平面坐标系统的,由国务院测绘行政主管部门批准;其他确需建立相对独立的平面坐标系统的,由省、自治区、直辖市人民政府测绘行政主管部门批准。

4)未经批准擅自采用国际坐标系统和建立相对独立的平面坐标系统的,应当承担相应的法律责任。

(2)测绘系统管理的职责。

1)国务院测绘行政主管部门的职责。

a)负责建立全国统一的大地坐标系统、平面坐标系统、高程系统、地心坐标系统和重力测量系统。

b)会同国务院其他有关部门、军队测绘主管部门制定国家大地测量等级和精度以及国家基本比例尺地图的系列和基本精度的具体规范和要求。

c)会同军队测绘主管部门审批国际坐标系统。

d)负责因建设、城市规划和科学研究的需要,大城市和国家重大工程项目确需建立相对独立的平面坐标系统的审批。

e)负责全国测绘系统的维护和统一监督管理。

2)省级测绘行政主管部门的职责。

a)建立本省行政区域内与国家测绘系统相统一的大地控制网和高程控制网。

b)负责因建设、城市规划和科学研究的需要,除大城市和国家重大工程项目以外确需建立相对独立的平面坐标系统的审批。

c)负责本省行政区域内全国统一的测绘系统的维护和统一监督管理。

3)市、县级测绘行政主管部门的职责。

a)建立本行政区域内与国家测绘系统相统一的大地控制网和高程控制网的加密网。

b)负责测绘系统的维护和统一监督管理。

三、国际坐标系统管理

(1)国际坐标系统的概念。国际坐标系统是指全球性的坐标系统,或者国际区域性的坐标系统,或者其他国家建立的坐标系统。随着全球卫星定位技术的广泛应用,在中华人民共和国领域和管辖的其他海域采用国际坐标系统比较方便,便于交流,但与现行坐标系统不一致,考虑到维护国家安全等因素,《测绘法》规定在不妨碍国家安全的情况下,确有必要采用国际坐标系统的,必须经国务院测绘行政主管部门会同军队测绘主管部门批准。

(2)采用国际坐标系统的条件。按照测绘法规定,采用国际坐标系统,必须坚持三个原则:一是在我国采用国际坐标系统必须以不妨碍国家安全为原则,对于妨碍国家安全的,不允许其采用国际坐标系统;二是采用国际坐标系统必须以确有必要为原则;三是采用国际坐标系统,必须以经国务院测绘行政主管部门会同军队测绘主管部门审批为原则。按照上述原则,申请采用国际坐标系统,必须符合下列条件:

1)国家现有坐标系统不能满足需要,而采用国际坐标系统的;

2)采用国际坐标系统后的资料,将为社会公众提供的;

3)在较大区域范围内采用国际坐标系统的;

4)其他确有必要采用国际坐标系统的;

5)独立的法人单位或者政府相关部门;

6)有健全的测绘成果及资料档案管理制度。

(3)申请采用国际坐标系统需要提交的材料。

1)采用国家坐标系统申请书;

2)采用国际坐标系统的理由;

3)申请人企业法人营业执照或机关、事业单位法人证书;

4)能够反映申请单位的测绘成果与资料档案管理制度的证明文件。

申请采用国际坐标系统的单位,应当按照《采用国际坐标系统审批程序规定》的要求,经国家测绘地理信息局准予许可后,方可采用国际坐标系统。

四、相对独立的平面坐标系统管理

(1)相对独立的平面坐标系统的概念。相对独立的平面坐标系统,是指为满足在局部地区进行大比例尺测图和工程测量的需要,以任意点和方向起算建立的平面坐标系统或者在全国统一的坐标系统基础上,进行中央子午线投影变换以及平移、旋转等而建立的平面坐标系统。相对独立的平面坐标系统是一种非国家统一的,但与国家统一坐标系统相联系的平面坐标系统。这种独立的平面坐标系统通过与国家坐标系统之间的联测,确定两种坐标系统之间的数学转换关系,即称之为相对独立的平面坐标系统与国家坐标系统相联系。

(2)建立相对独立的平面坐标系统的原则。建立相对独立的平面坐标系统的,必须坚持以下原则:一是必须是因建设、城市规划和科学研究的需要,如果不是满足建设、城市规划和科学研究的需要,必须按照国家规定采用全国统一的测绘系统;二是确实需要建立,建立相对独立的平面坐标系统必须有明确的目的和理由,不建设就会对工程建设、城市规划等造成严重影响的;三是必须经过批准,未按照规定程序经省级以上测绘行政主管部门批准,任何单位都不得建立相对独立的平面坐标系统;四是应当与国家坐标系统相联系,建立的相对独立的平面坐标系统必须与国家统一的测量控制网点进行联测,建立与国家坐标系统之间的联系。

(3)建立相对独立的平面坐标系统的审批。建立相对独立的平面坐标系统的审批是一项有数量限制的行政许可。为保障城市建设的顺利进行,保持测绘成果的连续性、稳定性和系统性,维护国家安全和地区稳定,一个城市只能建设一个相对独立的平面坐标系统。为加强对建立相对独立的平面坐标系统的管理,国家测绘局于2007年颁布了《建立相对独立的平面坐标系统管理办法》,对建立相对独立的平面坐标系统的审批权限进行了详细规定。

1)国家测绘地理信息局的审批职责。

a)50万人口以上的城市;

b)列入国家计划的国家重大工程项目;

c)其他确需国家测绘地理信息局审批的。

2)省级测绘行政主管部门的审批职责。

a)50万人口以下的城市;

b)列入省级计划的大型工程项目;

c)其他确需省级测绘行政主管部门审批的。

3)申请建立相对独立的平面坐标系统应提交的材料。

a)建立相对独立的平面坐标系统申请书;

b)属工程项目的申请人的有效身份证明;

c)立项批准文件;

d)能够反映建设单位测绘成果及资料档案管理设施和制度的证明文件;

e)建立城市相对独立的平面坐标系统的,应当提供该市人民政府同意建立的文件;

f)建立相对独立的平面坐标系统的城市市政府同意的文件,应当提交原件。

4)不予批准的情形。依据《建立相对独立的平面坐标系统管理办法》的规定,有以下情况之一的,对建立相对独立的平面坐标系统的申请不予批准。

a)申请材料内容虚假的;

b)国家坐标系统能够满足需要的；

c)已依法建有相关的相对独立的平面坐标系统的；

d)测绘行政主管部门依法认定的应当不予批准的其他情形。

(4)建立相对独立的平面坐标系统的法律责任。测绘法对未经批准,擅自建立相对独立的平面坐标系统的,设定了严格的法律责任,主要包括给予警告,责令改正,可以并处 10 万元以下的罚款；构成犯罪的,依法追究刑事责任；尚不够刑事处罚的,对负有直接责任的主管人员和其他直接责任人员,依法给予行政处分。

新中国成立以来,我国已经建立了全国统一的测绘基准和测绘系统,并不断得到完善和精化,其中包括天文大地网、平面控制网、高程控制网和重力控制网等,为不同时期国家的经济建设、国防建设、科学研究和社会发展提供了有力的基准保障。近年来,国家十分重视测绘基准和测绘系统建设,不断加大对测绘基准和测绘系统建设的投入力度,加强国家现代测绘基准体系基础设施建设,积极开展现代测绘基准体系建设关键技术研究,现代测绘基准体系建设取得了重要进展,逐步使我国的测绘基准和测绘系统建设处于世界领先行列。

1.2.3　测量标志

测量标志是国家重要的基础设施,是国家经济建设、国防建设、科学研究和社会发展的重要基础。长期以来,我国在陆地和海洋边界内布设了大量的用于标定测量控制点空间地理位置的永久性测量标志,包括各等级的三角点、基线点、导线点、军用控制点、重力点、天文点、水准点和卫星定位点的木质规标和标石标志、GPS 卫星地面跟踪站以及海底大地点设施等,这些标志在我国各个时期的国民经济建设和国防建设中都发挥了巨大的作用,是国家一笔十分宝贵的财富。

一、测量标志的概念

测量标志是指在陆地和海洋标定测量控制点位置的标石、规标以及其他标记的总称。标石一般是指埋设于地下一定深度,用于测量和标定不同类型控制点的地理坐标、高程、重力、方位和长度等要素的固定标志；钢标是指建在地面上或者建筑物顶部的测量专用标架,作为观测照准目标和提升仪器高度的基础设施。根据使用用途和时间期限,测量标志可分为永久性测量标志和临时性测量标志两种。

(1)永久性测量标志。永久性测量标志是指设有固定标志物以供测量标志使用单位长期使用的需要永久保存的测量标志,包括国家各等级的三角点、基线点、导线点、军用控制点、重力点、天文点、水准点和卫星定位点的木质规标、钢质规标和标石标志,以及用于地形测图、工程测量和形变测量等的固定标志和海底大地点设施等。

(2)临时性测量标志。临时性测量标志是指测绘单位在测量过程中临时设立和使用的,不需要长期保存的标志和标记。如测站点的木桩、活动规标、测旗、测杆、航空摄影的地面标志以及描绘在地面或者建筑物上的标记等,都属于临时性测量标志。

二、测量标志管理体制

国家对测量标志保护和管理历来都十分重视。1955 年 12 月 29 日,周恩来总理签署了《关于长期保护测量标志的命令》。1981 年 9 月 12 日,国务院和中央军委联合发布了《关于长期保护测量标志的通告》。1984 年 1 月 7 日,国务院公布了《测量标志保护条例》。1992 年 12月 28 日,全国人大第二十九次会议审议通过了我国第一部《测绘法》,对测量标志保护的基本原则和要求进行了规定。1996年9月4日，国务院重新修订发布了《中华人民共和国测量标志保护条例》，使测量保护制度进一步得到完善。2002年8月29日，全国人大重新修订出台的《测绘法》，建立了统一监督管理的测绘行政管理体制，进一步强化了各级人民政府的测量标志管理职责。

三、测量标志建设

测量标志建设，是指测绘单位或者工程项目建设单位为满足测绘工作的需要而建造、设立固定标志的活动。关于测量标志建设，《测绘法》和《测量标志保护条例》都有明确的规定，主要体现在以下几个方面。

（1）使用国家规定的测绘基准和测绘标准。

（2）选择有利于测量标志长期保护和管理的点位。

（3）设置永久性测量标志的，应当对永久性测量标志设立明显标记；设置基础性测量标志的，还应当设立由国务院测绘行政主管部门统一监制的专门标牌。

（4）设置永久性测量标志，需要依法使用土地或者在建筑物上建设永久性测量标志的，有关单位和个人不得干扰和阻挠。建设永久性测量标志需要占用土地的，地面标志占用土地的范围为 $36\sim100\ m^2$，地下标志占用土地的范围为 $16\sim36\ m^2$。

（5）设置永久性测量标志的部门应当将永久性测量标志委托测量标志设置地的有关单位或者人员负责保管，签订测量标志委托保管书，明确委托方和被委托方的权利和义务，并由委托方将委托保管书抄送乡级人民政府和县级以上地方人民政府管理测绘工作的部门备案。

（6）符合法律、法规规定的其他要求。

四、测量标志保管与维护

（1）测量标志保管。

1）设立明显标记。永久性测量标志是建立在地面或者地下的固定标志。为了防止永久性测量标志遭到破坏，必须设立明显的标记，使人们能够很方便地识别测量标志，并委托当地有关单位指派专人负责保管，进而达到保护的目的。

2）实行委托保管制度。测量标志分布面广，数量巨大，保护测量标志必须充分依靠当地的人民群众。《测量标志保护条例》规定：设置永久性测量标志的部门应当将永久性测量标志委托测量标志设置地的有关单位或者人员负责保管，签订测量标志委托保管书，明确委托方和被委托方的权利和义务，并由委托力将委托保管书抄送乡级人民政府和县级以上人民政府管理测绘工作的部门备案。

测量标志保管人员的职责，主要包括①经常检查测量标志的使用情况，查验永久性测量标志使用后的完好状况；②发现永久性测量标志有移动或者损毁的情况，及时向当地乡级人民政府报告；③制止、检举和控告移动、损毁和盗窃永久性测量标志的行为；④查询使用永久性测量标志的测绘人员的有关情况。

根据《测量标志保护条例》的规定，国务院其他有关部门按照国务院规定的职责分工，负责管理本部门专用的测量标志保护工作。军队测绘主管部门负责管理军事部门测量标志保护工作，并按照国务院、中央军事委员会规定的职责分工负责管理海洋基础测量标志保护工作。

3）工程建设要避开永久性测量标志。工程建设避开永久性测量标志，是指在两个相邻测量标志之间建设建筑物不能影响相邻标志之间相互通视，在测量标志附近建设建筑物不能影响卫星定位设备接受卫星传送信号，工程建设不得造成测量标志沉降或者位移，在测量标志附近建设微波站、广播电视台站、雷达站和架设线路等,要避免受到电磁干扰影响测量仪器正常使用等。为合理保护测量标志,避免工程建设损毁测量标志,《测绘法》明确规定进行工程建设,应当避开永久性测量标志。

4)拆迁永久性测量标志要经过批准,并支付拆迁费用。工程建设要尽量避开永久性测量标志,但实际工作中无法避开永久性测量标志的工程项目非常多,如涉及国家重大投资的工程项目、城市规划布局调整等,在大型工程项目实施过程中,造成测量标志损毁或者移动是不可避免的。《测绘法》规定:确实无法避开的,需要拆迁永久性测量标志或者使永久性测量标志失去效能的,应当经国务院测绘行政主管部门或者省、自治区、直辖市人民政府测绘行政主管部门批准,涉及军用控制点的,应当征得军队测绘主管部门的同意。所需迁建费用由工程建设单位承担,以用于永久性测量标志的恢复重建。

5)使用测量标志应当持有测绘作业证件,并保证测量标志的完好。永久性测量标志作为测绘基础设施,承载着十分精确的数据信息,是从事测绘活动的基础。非测绘人员随意使用永久性测量标志很容易造成测量标志损坏或者使测量标志失去使用效能。为此,《测绘法》规定测绘人员使用永久性测量标志,必须持有测绘作业证件,并保证测量标志的完好。《测量标志保护条例》规定违反测绘操作规程进行测绘,使永久性测量标志受到损坏的,无证使用永久性测量标志并且拒绝县级以上人民政府管理测绘工作的部门监督和负责保管测量标志的单位和人员查询的,要依法承担相应的法律责任。

6)定期组织开展测量标志普查和维护。定期开展测量标志普查和维护工作是保护测量标志的重要措施和手段。设置永久性测量标志的部门应当按照国家有关的测量标志维修规程,对永久性测量标志定期组织维修,保证测量标志正常使用。通过定期组织开展测量标志普查,发现测量标志损毁或者将失去使用效能的,应当及时进行维护,确保测量标志完好。

(2)测量标志拆迁审批职责。

1)国务院测绘行政主管部门审批职责。

a)国家一、二等三角点(含同等级的大地点)、水准点(含同等级的水准点);

b)国家天文点、重力点(包括地壳形变监测点等具有物理因素的点)、GPS点(B级精度以上);

c)国家明确规定需要重点保护的其他永久性测量标志等。

2)省级测绘行政主管部门审批职责。

a)国家三、四等三角点(含同等级的大地点)、水准点(含同等级的水准点);

b)省级测绘行政主管部门建立的不同等级的三角点、水准点、GPS点等;

c)省级测绘行政主管部门明确需要重点保护的其他永久性测量标志。

3)市、县级测绘行政主管部门的审批职责。

a)国家平面控制网、高程控制网和空间定位网的加密网点;

b)市、县测绘行政主管部门自行建造的其他不同等级的三角点、水准点和GPS点。

(3)测量标志维护。测量标志维护是指测绘行政主管部门或者测量标志建设单位采用物理加固、设立警示牌等手段确保测量标志完好、能够正常使用的活动。测量标志维护是各级测绘行政主管部门的一项重要职责。

1)开展测量标志普查。开展测量标志普查工作是做好测量标志维护的基础,测量标志维护要在准确掌握测量标志完好状况的前提下进行。各级测绘行政主管部门通过开展测量标普查,及时了解测量标志损毁程度和分布区域及特点,做到心中有数,为科学编制测量标志维修规划和计划打下基础。

2)制定测量标志维修规划和计划。《测量标志保护条例》第十七条规定:测量标志保护工作应当执行维修规划和计划。全国测量标志维修规划,由国务院测绘行政主管部门会同国务院其他有关部门制定。省、自治区、直辖市人民政府管理测绘工作的部门应当组织同级有关部门,根据全国测量标志维修规划,制定本行政区域内的测量标志维修计划,并组织协调有关部门和单位统一实施。制定测量标志维修规划和计划是保障测量标志有序维护的重要保障,对于科学维护、分类管理和强化责任,具有十分重要的意义。

3)按照测量标志维修规程进行维修。《测量标志保护条例》第十八条规定:设置永久性测量标志的部门应当按照国家有关的测量标志维修规程,对永久性测量标志定期组织维修,保证测量标志正常使用。按照测量标志维修规程,通过筑设加固井、设立防护墙、加设警示牌等方式,修复或者维护测量标志,从而保证测量标志能够正常使用。

五、测量标志的使用

(1)测量标志使用的基本规定。测量标志使用是指测绘单位在测绘活动中使用测量标志测定地面点空间地理位置的活动。我国现行《测绘法》《测量标志保护条例》对测绘人员使用永久性测量标志的法律规定,主要包括以下内容。

1)测绘人员使用永久性测量标志,应当持有测绘作业证件,接受县级以上人民政府管理测绘工作的部门的监督和负责保管测量标志的单位和人员的查询,并按照操作规程进行测绘,保证测量标志的完好。

2)国家对测量标志实行有偿使用,但是使用测量标志从事军事测绘任务的除外。测量标志有偿使用的收入应当用于测量标志的维护、维修,不得挪作他用。

(2)测绘人员的义务。

1)测绘人员使用永久性测量标志,必须持有测绘作业证件,并保证测量标志的完好;

2)测绘人员根据测绘项目开展情况建立永久性测量标志,应当按照国家有关的技术规定执行,并设立明显的标记;

3)接受县级以上测绘行政主管部门的监督和测量标志保管人员的查询;

4)依法交纳测绘基础设施使用费;

5)积极宣传测量标志保护的法律、法规和相关政策。

六、法律责任

《测绘法》及《测量标志保护条例》对违反测量标志保护法律、行政法规的行为,设定了严格的法律责任,有下列行为之一的,给予警告,责令改正,可以并处五万元以下的罚款;造成损失的,依法承担赔偿责任;构成犯罪的,依法追究刑事责任;尚不够刑事处罚的,对负有直接责任的主管人员和其他直接责任人员,依法给予行政处分:

(1)损毁或者擅自移动永久性测量标志和正在使用中的临时性测量标志的;

(2)侵占永久性测量标志用地的;

(3)在永久性测量标志安全控制范围内从事危害测量标志安全和使用效能的活动的;

(4)在测量标志占地范围内,建设影响测量标志使用效能的建筑物的;

(5)擅自拆除永久性测量标志或者使永久性测量标志失去使用效能,或者拒绝支付迁建费用的;

(6)违反操作规程使用永久性测量标志,造成永久性测量标志毁损的;

(7)无证使用永久性测量标志并且拒绝县级以上人民政府管理测绘工作的部门监督和负责保管测量标志的单位和人员查询的;

(8)干扰或者阻挠测量标志建设单位依法使用土地或者在建筑物上建设永久性测量标志的。

1.2.4 我国常用坐标系统

1954 年以前我国曾建立过南京坐标系、佘山坐标系、长春坐标系,但未普遍开展大地测量工作,也没有得到广泛应用。新中国成立后,我国大地测量工作进入了全面发展时期,在全国范围内开展了正规的、全面的大地测量工作。目前我国常用的坐标系统有 1954 年北京坐标系、1980 西安坐标系、新 1954 年北京坐标系、WGS-84 世界大地坐标系与 CGCS2000 国家大地坐标系,前面三种坐标系为参心坐标系,后两者则为地心坐标系。

一、1954 年北京坐标系

新中国成立后,为了迅速开展我国的测绘事业,鉴于当时的实际情况,将我国一等三角锁与原苏联远东一等三角锁相连接,然后以连接处呼玛、吉拉宁和东宁三个基线网扩大边端点,以苏联 1942 年普尔柯夫坐标系的坐标为起算数据,局部平差我国东北及东部区一等三角锁,随后扩展、加密而遍及全国;高程异常以苏联 1955 年大地水准面重新平差结果为起算数据,按我国天文水准路线推算而得;高程基准为 1956 年青岛验潮站求出的黄海平均海水面,这样传算过来的坐标系定名为 1954 年北京坐标系,我国根据这个坐标系建成了全国天文大地网。1954 年北京坐标系诞生后,逐步推向全国,成为国家大地坐标系。

1954 年北京坐标系为参心大地坐标系,大地上的一点可用经度 L、纬度 B 和大地高 H 定位,它是以克拉索夫斯基椭球为基础,经局部平差后产生的坐标系,1954 年北京坐标系可以认为是苏联 1942 年坐标系的延伸,但也不能完全说就是该系统。因为高程异常是以苏联 1955 年大地水准面重新平差的结果为起算值,按我国天文水准路线推算出来的。而高程又是以 1956 年青岛验潮站的黄海平均海水面为基准。

因此,1954 年北京坐标系可归结为以下几点。

(1)属参心大地坐标系;

(2)采用克拉索夫斯基椭球的两个几何参数;

(3)大地原点在苏联的普尔柯夫;

(4)采用多点定位法进行椭球定位;

(5)高程基准为 1956 年青岛验潮站求出的黄海平均海水面;

(6)高程异常以苏联 1955 年大地水准面重新平差结果为起算数据,按我国天文水准路线推算而得。

1954 年北京坐标系采用克拉索夫斯基椭球体的椭圆几何参数见表 1-4。

表 1-4 克拉索夫斯基椭球体的椭圆几何参数

椭圆几何参数	参数值
椭圆长半轴 a	6 378 245(m)
椭圆扁率 α	1/298.3

但是,随着科学技术的发展,1954 北京坐标系统先天弱点越来越不适应现代国防及经济建设的需要,这主要表现在以下几方面:

(1)克拉索夫斯基椭球参数同现代精确的椭球参数相比,误差较大。长半轴大约 105~109 m。这不仅对研究地球几何形状有影响,特别是该椭球参数只有两个几何参数,不包含表示地球物理特性的参数,因而对理论和实际工作也带来许多不便,对于发展空间技术也带来不便;

(2)椭球定向不十分明确。既不指向国际通用的 CIO 极,更不指向目前我国使用的 JYD 极,椭球的定位实质上是位于今俄罗斯圣彼得堡(列宁格勒)市郊的普尔科夫,椭球面与我国大地水准面呈西高东低的系统性倾斜。全国平均高程异常为 29 m,东部高程异常最大达 67 m,而我国东部地势平坦,经济发达,工程建设要求椭球面与大地水准面有较好的符合;

(3)该坐标系统的大地点坐标是经局部平差逐次得到的,全国天文大地控制点坐标实际上连不成一个统一的整体。区与区之间有较大的隙距,如有的结合部,同一点在不同区的坐标分量相差 1~2 m,各不同区的尺度差异也很大,而且坐标传递是从东北至西北西南,后一区均是以前一区的最弱部作为坐标起算点,因而一等锁有明显的坐标积累误差。这种情况,对于发展我国空间技术和国防尖端技术十分不利,也不利于我国大规模经济建设;

(4)名实不符,引起一些误解。如有些文献认为 1954 年北京坐标系原点在北京,有些文献又没有交代清楚,致使产生概念上的混乱。应该认为 1954 年北京坐标系和苏联 1942 年坐标系既有一定的关系,又有一定的差异。

二、1980 西安坐标系

1980 西安坐标系是为进行全国天文大地网整体平差而建立的。根据椭球定位的基本原理,在建立 1980 西安坐标系时有以下先决条件:

(1)大地原点在我国中部,具体地点是陕西省径阳县的永乐镇(见图 1-30);

图 1-30　中华人民共和国大地原点

(2)1980 西安坐标系是参心坐标系,椭球短轴 Z 轴平行于地球质心指向地极原点方向,大地起始子午面平行于格林尼治平均天文台子午面;X 轴在大地起始子午面内与 Z 轴垂直指向经度 0 方向;Y 轴与 Z,X 轴成右手坐标系;

(3)椭球参数采用 IUGG 1975 年大会推荐的参数。因而可得 1980 西安坐标系椭球几个最常用的几何参数为

长半轴 $a = 6\ 378\ 140 \pm 5$(m)

短半轴 $b = 6\ 356\ 755.288\ 2(\text{m})$

扁　率 $\alpha = 1/298.257$

地心引力常数 $GM = 3.986\ 005 \times 10^{14}\ \text{m}^3 \cdot \text{s}^{-2}$

地球自转角速度 $\omega = 7.292\ 115 \times 10^{-5}\ \text{rad} \cdot \text{s}^{-1}$

椭球定位时按我国范围内高程异常值平方和最小为原则求解参数;

(4)采用多点定位;

(5)大地高程以 1956 年青岛验潮站求出的黄海平均水面为基准。

1975 年国际椭球体的椭圆几何参数见表 1-5。

表 1-5　1975 年国际椭球体的椭圆几何参数

椭圆几何参数	参数值
椭圆长半轴 a	6 378 140 m
椭圆短半轴 b	6 356 755.288 157 528 7 m
极点处子午线曲率半径 c	6 399 596.651 988 010 5 m
椭圆扁率 α	1/298.257
椭圆第一偏心率 e^2	0.006 694 384 999 588
椭圆第二偏心率 e'^2	0.006 739 501 819 473

1980 西安坐标系具有以下特点:

(1)采用严密平差,大地点的精度大大提高,最大点位误差在 1 m 以内,边长相对误差约为二十万分之一;

(2)在全国范围内,参考椭球面和大地水准面符合很好,高程异常为零的两条等值线穿过我国东部和西部,大部分地区高程异常值在 20 m 以内,它对距离的影响小于三十万分之一;

(3)控制网平差后提供的大地点成果属于 1980 西安坐标系(地心坐标系),所有点与原 1954 年北京坐标系(参心坐标系)成果不同。产生差异的原因主要有两点:一是使用不同参考椭球(椭球参数不一致,坐标原点不同),同一点在不同椭球上的三维坐标值不一致;二是平差方法不一致,1980 西安坐标系采用整体平差,1954 年北京坐标系采用局部平差;

(4)不同坐标系统的控制点坐标可以通过一定数量的共同点,采用数学拟合模型,在一定的精度范围内进行互相转换。

三、新 1954 年北京坐标系

因 1980 国家大地坐标系属天文大地网整体平差,而 1954 年北京大地坐标系属局部平差,使两系统存在局部性系统差,这一差异使地形图图廓线位置发生变化,两系统下分别施测的地形图在接边处产生裂隙,给实际工作带来不便。新 1954 年北京坐标系是在 1980 西安坐标系的基础上,将基于 IUGG 1975 年椭球的 1980 西安坐标系平差成果整体转换为基于克拉索夫斯基椭球的坐标值,并将 1980 西安坐标系坐标原点空间平移建立起来的。

新 1954 年北京坐标系是综合 1980 西安坐标系和 1954 年北京坐标系而建的;采用多点定位,定向明确。与 1980 西安坐标系平行;但椭球面与大地水准面在我国境内不是最佳密合;大地原点与 1980 西安坐标系相同,但大地起算数据不同;与 1954 年北京坐标系相比,所采用的椭球参数相同,定位相近,但定向不同;1954 年北京坐标系是局部平差,新 1954 年北京坐标系是 1980 西安坐标系整体平差结果的转换值,因此,新 1954 年北京坐标系与 1954 年北京坐标系之间并无全国范围内统一的转换参数,只能进行局部转换。

四、WGS-84 坐标系

WGS-84 坐标系(World Geodetic System)是一种国际上采用的地心坐标系。坐标原点为地球质心,其地心空间直角坐标系的 Z 轴指向国际时间局(BIH)1984.0 定义的协议地极(CTP)方向,X 轴指向 BIH 1984.0 的协议子午面和 CTP 赤道的交点,Y 轴与 Z 轴、X 轴垂直构成右手坐标系,称为 1984 年世界大地坐标系。这是一个国际协议地球参考系统(ITRS),是目前国际上统一采用的大地坐标系。

WGS-84 坐标系采用的椭球称为 WGS-84 椭球,其常数为国际大地测量与地球物理学联合会(IUGG)第 17 届大会的推荐值,WGS-84 椭球体的椭圆几何参数见表 1-6。

表 1-6 WGS-84 椭球体的椭圆几何参数

椭圆几何参数	参数值
椭圆长半轴 a	6 378 137 m
椭圆短半轴 b	6 356 752.314 2 m
极点处子午线曲率半径 c	6 399 593.625 8 m
椭圆扁率 α	1/298.257 223 563
椭圆第一偏心率 e^2	0.006 694 379 990 13
椭圆第二偏心率 e'^2	0.006 739 496 742 27

五、CGCS2000 国家大地坐标系

(1)CGCS2000 国家大地坐标系的建立。CGCS2000 国家大地坐标系是为适应新世纪的发展和建设的需要而建立的地心坐标系,国务院批准自 2008 年 7 月 1 日启用 2000 国家大地坐标系。

2000 国家大地坐标系的原点为包括海洋和大气的整个地球的质量中心;2000 国家大地坐标系的 Z 轴由原点指向历元 2000.0 的地球参考极的方向,该历元的指向由国际时间局给定的历元 1984.0 作为初始指向来推算,定向的时间演化保证相对于地壳不产生残余的全球旋转;X 轴由原点指向格林尼治参考子午线与地球赤道面(历元 2000.0)的交点;Y 轴与 Z 轴、X 轴构成右手正交坐标系。2000 国家大地坐标系的尺度为在引力相对论意义下的局部地球框架下的尺度。

2000 国家大地坐标系的框架由 2000 国家大地控制网点组成。包括 2000 国家 GPS 大地控制网,2000 国家大地坐标系下的近 5 万个一、二等天文大地网点,近 10 万个三、四等天文大地网点。

按精度不同可划分为三个层次。

1)2000 国家 GPS 大地控制网中的连续运行观测站,其精度为毫米级。

2)国家测绘局 GPS A 级和 B 级网、总参测绘局 GPS 一级和二级网以及由中国地震局、总参测绘局、中国科学院和国家测绘局共建的中国地壳运动观测网,还有其他地壳形变 GPS 监测网等中除了 CORS 站以外的所有站。2000 国家 GPS 大地网提供的地心坐标的精度平均优于±3 cm。

3)2000 国家大地坐标系下的一、二、三、四等天文大地网点。一、二等 48 919 个天文大地网点的高精度地心坐标,平均点位精度达到±0.11 m。

"2000 国家大地控制网"是国家大地测量的重大科学工程项目。其主要特点有以下几方面:

1)涉及多个学科,如经典和空间大地测量学、天文测量学、重力测量学以及近代数据处理理论和技术等;

2)处理的数据量大、种类多,如 2000 国家 GPS 大地控制网有 2 600 多个测点,46 000 多条独立基线,天文大地网与 2000 国家 GPS 大地控制网联合平差所需解算的未知数多达 15 万个;处理的数据几乎包含了三角测量、导线测量、天文测量、重力测量和 GPS 测量等各类测量的成果;

3)所处理数据的施测时间跨度长,如 2000 国家 GPS 大地控制网中三个子网的施测时间各不相同,前后从 1988 年到 2000 年,历时 12 年,而天文大地网的施测时间是在 20 世纪的 50 至 70 年代;

4)处理数据所覆盖的国土面积大,2000 国家 GPS 大地控制网及天文大地网覆盖了我国整个大陆及部分沿海岛屿,而 2000 国家重力基本网则扩展到香港、澳门以及南沙等地区;

5)处理数据需顾及的因素多,如需分析近 70 年来我国大陆板块运动、板内运动、局部地壳运动和新旧大地测量基准、新旧天文系统和不同历元对上述这些大地测量观测数据的影响及其统一归算。

（2）主要技术创新点有以下四个方面:

1)首次将我国不同部门、不同时期施测的多个平面(2 维)和高程(1 维)分离的大地控制网通过空间大地测量和数据处理技术,科学地整合为全国统一的整体的国家三维大地控制网,将原来大地测量中所采用分离的几何与物理参数,进行了科学的统一的整合;

2)首次将我国非地心大地坐标框架整体地科学地转换为地心大地坐标框架;

3)首次将我国大地坐标框架的地心坐标精度由 ± 5 m 提高 15 倍,达到了 ± 0.3 m;将我国重力基本点的精度由 $\pm 25 \times 10^{-8}$ ms^{-2} 提高近 4 倍,达到了 $\pm 7 \times 10^{-8}$ ms^{-2};

4)首次将海量数据由原来采用的最小二乘平差经典数据处理技术提高为最小二乘平差、抗差估计和方差分量估计相结合的现代数据处理技术,提高了成果的精度和可靠性。

（3）2000 中国大地坐标系(CGCS2000)椭球体的椭圆几何参数见表 1-7。

表 1-7　CGCS2000 椭球体的椭圆几何参数

椭圆几何参数	参数值
椭圆长半轴 a	6 378 137 m
椭圆短半轴 b	6 356 752.314 m
极点处子午线曲率半径 c	6 399 593.625 9 m
椭圆扁率 α	1/298.257 222 101
椭圆第一偏心率 e^2	0.006 694 380 022 90
椭圆第二偏心率 e'^2	0.006 739 496 775 48

（4）2000 国家大地坐标系网点精度。

1)2000 国家 GPS 大地控制网中的连续运行观测站,其精度为毫米级;

2)国家测绘局 A,B 级网、总参测绘局一、二级网以及由中国地震局、总参测绘局、中国科学院和国家测绘局共建的中国地壳运动观测网地心坐标的精度平均优于 ± 3 cm;

3)2000 国家大地坐标系下一、二等天文大地网点的高精度地心坐标,平均点位精度达到 ± 0.11 m。

1.2.5 我国常用高程基准

一、1956 年黄海高程系统

20 世纪 50 年代，为统一建立国家高程基准，对我国沿海具有 1 年以上验潮资料的坎门、吴淞、青岛、大连和葫芦岛等验潮站进行实地调查和综合分析。1957 年确定青岛验潮站为我国的基本验潮站，并以该站 1950—1956 年间的验潮资料推求的平均海水面作为我国高程系统的起算基准面，命名为"1956 年黄海平均海面"。

为将"1956 年黄海平均海面"以实体形式固定下来，1955 年总参谋部测绘局在青岛观象山稳定基岩上设置水准原点 1 座，如图 1-31 所示为中华人民共和国水准原点。为检验其稳定性，建立了包括 5 座辅点组成的水准原点网，并定期对水准原点网进行复测，从已完成的观测成果资料分析，原点与辅点之间相对稳定。以"1956 年黄海平均海面"为零点，依据 1955 年 5 月测定结果，经 1957 年严密平差，推算出的水准原点高程为 72.289 m。将此高程基准面和水准原点推算的国家水准点高程，在工程、国防和国家基础建设应用中称为"1956 年黄海高程系统"。

图 1-31 中华人民共和国水准原点

二、1985 国家高程基准

"1956 年黄海高程系统"的启用结束了中国高程系统混乱的局面，在很长的一段时间内，对统一全国高程基准有着重要的历史意义和现实作用。

但随着科学技术的进步和验潮资料的不断积累，该高程基准存在的缺陷及不足逐渐显现。仅采用青岛验潮站 7 年的验潮资料，观测时间太短，获得的潮汐数据量太少，因而无法消除长周期潮汐变化的影响，导致计算的平均海面不稳定；1950 年和 1951 年这两年测定的平均海水面比其他年测定的平均海水面偏低约 20 cm，与此同时，我国的其他验潮站没有出现这样的现象，表明这两年的数据质量不可靠；以及对我国沿海海面状况尚缺乏深入了解，没有测定各地平均海面和黄海平均海面的差值，无法确定我国沿海海面存在的南高北低的具体量级，也就无法顾及我国海面存在的倾斜问题。为解决这些问题，需要采用更完善的周期资料来确定全国统一的国家高程基准。

原则上应采用长期平均海面定义高程基准，至少要顾及因交点潮影响引起的平均海面年际周期变化。这就要求作为高程起算面的平均海面观测时间应不短于 19 年，而这样的时间长度，根据其稳定性分析，在青岛附近即便包含着交点潮影响，置信概率指标为 95%，可达到 1 cm 的精度。

1985 国家高程基准建立采用了 1952—1979 年共 28 年的数据（其中 1950 年、1951 年数据因水尺变动原因而不使用）。具体计算则是采用 10 组 19 年数据滑动平均，最后取 10 组滑动平均值的总平均值。国家水准原点在该基准面上,原点高程为 72.260 m。即"1985 国家高程基准"仅高出"1956 年黄海高程系统"0.029 m,这也反映出青岛附近的年平均海面是足够稳定的。经国务院批准,从 1988 年 1 月 1 日起启用新的国家高程基准:1985 国家高程基准。

三、其他高程基准

由于历史的原因,1949 年以前我国的高程基准面比较混乱,高程系统长期得不到统一,采用的基准面有十多个,常见的有大沽零点、吴淞零点、罗星塔零点、珠江基面、大连基面和坎门基面等。这些基准面有的是验潮站的平均海面,而有的是采用某港口的深度基准面。直到 1956 年黄海高程系统建成为止,高程系统的混乱局面方得到有效控制,但是受以往长期积累下来的水准点高程、技术档案、图纸资料以及行业部门习惯等客观原因影响,在小范围内仍存在沿用原有高程系统的现象。原有高程系统建立及使用情况见表 1-8。

表 1-8　原有高程系统建立及使用情况

高程系统	建立情况	使用情况
吴淞系统	1860 年在黄浦江张华浜设置吴淞信号站,树立水尺和信号杆,1883 年在水尺旁设基准标石,利用 1871 至 1900 年水位观测记录,以较当时最低水位略低的高程作为"吴淞零点"。1921 年在吴淞口立自记潮位站,1944 年在潮位站旁设永久性水准基石,名为"吴淞水准基点"	整个长江流域,北到郑州,西北到天水,西南到康定和云南部分地区,南到岭南的水利、水文、航运等部门,都使用该系统。中华人民共和国成立后,水利部门曾作为平行系统在水文等工作中沿用
大沽系统	1902 年建,基准面为大沽口验潮站 7 天的验潮资料所计算的最低潮水位。该系统历史上曾重建过,故有新、旧两系统	在河北、山东以及其他黄河中下游各省的水利、水文部门,天津市城市建设部门,京包铁路单位等使用。中华人民共和国成立后,黄河水利委员会仍作为平行系统在水文等工作中沿用
珠江系统	清朝两广督练公所参谋处测绘科于 1908 年建,以广州西濠口珠江边验潮记录平均海面作为基准面。以后水准测量时,在香山县(现中山市)乌达洲出现负高程,乃将原点高程加上 5 m。该系统实际上是个假定高程系统	在珠江流域,以及云南、贵州各省的水利水文部门使用。中华人民共和国成立后,珠江流域水利部门及广东省航道部门仍作为平行系统在水文等工作中沿用
废黄河系统	江淮水利局 1912 年建,以 11 月 11 日下午 5 时的废黄河口低水位为基准面。因原点毁坏而重建过,前后相差 1 m 左右	在淮河流域水利等部门使用。中华人民共和国成立后,水利部门作为平行系统在部分工作中沿用
坎门系统	南京国民党政府陆地测量总局于 1933 年建,基准面为坎门验潮站的平均海面	南京国民党政府陆地测量总局于 1933 年建,基准面为坎门验潮站的平均海面在水文等工作中沿用
大连系统	侵华日军建于 1933 年(一说 1934 年),基准面为大连港的平均海面	侵华日军和"满洲国"傀儡政权使用于中国东北地区,但所用的起算高程并不一致,该系统实际上并未成为东北地区的统一系统

1.2.6 国外和区域性测量基准

一、各国参心大地坐标系统

19 世纪以来,世界各国建立和使用的参心大地坐标系统有 100 余种,在社会和经济发展中发挥了重要的作用。参心大地坐标系统建立在地球参考椭球定位定向的基础上。参考椭球是传统地面大地测量计算、大地坐标转换和地图投影变换的基本参考面。表 1-9 给出了该时期世界范围内使用的地球参考椭球几何参数。

表 1-9 地球参考椭球几何参数

名　称	年份/年	长轴/m	短轴/m	备　注
艾里(Airy)椭球	1830	6 377 563.4	6 356 256.9	英国
贝塞尔(Bessel)椭球	1841	6 377 397.2	6 356 079.0	欧洲、智利、印度、美国
克拉克(Clarke)椭球	1866	6 378 206.4	6 356 583.8	美国、菲律宾
克拉克(Clarke)椭球	1880	6 378 388.0	6 356 514.9	非洲、法国
1942 国际椭球	1924	6 378 249.1	6 356 911.9	世界多国
克拉索夫斯基(Krasovsky)椭球	1940	6 378 245	6 356 863	俄罗斯、中国
澳大利亚椭球	1965	6 378 160.0	6 356 774.7	澳大利亚
WGS-72 椭球	1972	6 378 135.0	6 356 750.5	美国
1975 国际椭球	1975	6 378 140	6 356 755	世界多国
GRS80 椭球	1980	6 378 137.0	6 356 752.3	世界多国

印度在 1880 年完成了其天文大地网平差。该网一等三角锁总长度超过 20 000 km,平均边长约 45 km,基线间距 700~1 200 km。

美国在 1911—1935 年施测了其天文大地网,全网一等三角锁总长 70 000 km,基线平均间距达 400 km,天文点间平均间距 150 km,拉普拉斯(Laplace)点平均间距 250 km。

苏联在 1924—1950 年施测了其天文大地网,全网一等三角锁总长 75 000 km,在一等锁交叉处测量了起始边及天文经度、纬度和方位角。

二、国外和区域地心坐标系统

(一)区域地心坐标系统及坐标框架

区域地心参考框架主要有北美参考框架、欧洲参考框架、澳大利亚参考框架、北美洲参考框架、中南美洲参考框架、东南亚和太平洋参考框架、非洲参考框架,主要为用户提供新的参考框架产品(几何和重力测量组合成果,如大地水准面产品、电离层产品等)。

(1)北美地心坐标系统。美国和加拿大、墨西哥、丹麦(格陵兰岛)通过地面控制网和空间测量网(多普勒数据、甚长基线干涉测量数据)联合平差,建立了北美坐标系统(North American Datum of 1983,NAD83)。NAD83 采用 GRS80 参考椭球,参考椭球的原心与地球质心重合。1989 年,NAD83 正式成为美国和加拿大测绘、制图和海航等应用的法定基准。

NAD83 第 2 个版本增加了 GPS、甚长基线干涉测量和卫星激光测距观测信息。1994 年,NAD83 第 3 版考虑了 ITRF89 的观测成果。随着 ITRF 新版本的发布,NAD83 与 ITRF 的联系通过相似变换实现。

(2)澳大利亚坐标系统与坐标框架。为建立新的三维地心坐标系统,澳大利亚于 1991—1993 年布设了基准网和国家网。1994 年,澳大利亚基于 ITRF92 对基准网和国家网进行了平差,建立了 1994 年澳大利亚地心坐标基准(Geocentric Datum of Australia 1994,GDA94)。该坐标基准已于 2000 年 1 月 1 日在澳大利亚正式启用,其原点定义为地球质量中心(包括海洋和大气),尺度为广义相对论意义下地球局部尺度,椭球参数采用 GRS80 椭球。

GDA94 是通过澳大利亚 GPS 网与 IGS 站联测,将 ITRF 引入澳大利亚实现的。也就是说,GDA94 是 ITRF92 的澳大利亚的扩展或加密。

(3)北美洲参考框架。北美洲参考框架主要由最初定义的北美参考框架和稳定的北美参考框架组成。

北美参考框架。北美参考框架是在北美地区对 ITRF 和 IGS 全球网的加密。2004 年,框架点数目为 400 多个,测站数目前已超过 800 个。北美参考框架提供北美地区基准站的周解。2003 年以来,北美参考框架将 560 个美国连续运行站数据的区域解进行了联合处理。由麻省理工学院提供 180 多个板块边界地区连续运行站的官方日解。

稳定的北美参考框架。建立稳定的北美参考框架是一项面向全球的科学工程,其目标是定义一个毫米级北美参考框架,用于该区域地球动力学研究。该框架采用了 GPS 速度场和冰后回弹地球物理模型有机结合的新技术,可实现板块水平运动和垂直运动建模。2005 年,该参考框架发布了第一个版本。2007 年,基于改进的 GPS 速度场和 ITRF2005,该参考框架更新了版本,其产品包括测站坐标和速度场值、冰后回弹调整模型等。

(4)欧洲参考框架。欧洲参考框架(European Reference Frame,EUREF)自 1987 开始实施。2003—2007 年,共有 70 个 GPS 连续运行站并入欧洲参考网永久站网,使测站数目超过了 200 个。EUREF 作为 ITRF 的区域加密网,参与 ITRF 计算。

欧洲参考系统(European Terrestrial Reference System 1989,ETRS89)目前已经被许多欧洲国家和相关组织所采用。

(5)中南美洲参考框架。2003 年,官方发布了在 ITRF2000 框架下中南美洲参考框架会战得到的 184 个 GPS 站的坐标和协方差信息(历元为 2000.4),并利用最小二乘配置和有限元解,发布了南美速度场模型。

自 2007 年 10 月起,该框架在阿根廷、巴西、哥伦比亚和墨西哥等分别建立了数据处理中心,并开始处理该地区 GNSS 站连续观测数据。

(6)非洲参考框架。非洲参考框架(African Reference Frame,AFREF)的主框架由间距大约 1 000 km 的连续运行基准站(Continuously Operating Reference Station,CORS)构成。这些测站与全球 IGS 站统一解算,建立与 ITRF 一致的非洲大陆参考系统,为非洲各国提供三维地心基准。

AFREF 实质是一个基准网,今后还将进行局部加密。在非洲各国、国际大地测量协会、IGS,以及非洲国家和地区制图组织的合作下,AFREF 目前正在稳步发展。

(二)东南亚和太平洋参考框架

东南亚和太平洋参考框架是在亚太区域大地测量合作的基础上建立的区域高精度地心坐标参考框架。该参考框架从中亚地区延伸到太平洋地区,基于多次 GPS 会战实现,如 2004 年、2005 年和 2006 年开展的三次会战。会战数据处理工作由澳大利亚地球科学局(Geoscience Australia,GA)完成。

三、国外常用高程基准

20 世纪以来,随着精密水准设备的出现和不断完善,大规模水准网建设开始在世界各国或地区陆续全面开展。北欧 11 个国家建立了欧洲统一水准网,美国、加拿大和墨西哥等共同布设了北美水准网,澳大利亚布设了覆盖其大陆大部分地区的水准网,经平差计算建成了不同国家或地区的高程基准。

(1)加拿大垂直基准。加拿大水准网的水准线路主要分布在加拿大南部地区,全长近 15 万千米,沿公路布设。以位于南大西洋、太平洋和圣劳伦斯河沿岸的 5 个长期验潮站测得的多年平均海面为高程基准面,水准原点位于美国纽约州的劳西斯波因特。由此建立的高程基准称为 1928 加拿大垂直基准(Canadian Geodetic Vertical Datum of 1928,CGVD28),并沿用至今。CGVD28 采用类正高系统,即水准高差改正一般用正常重力代替,但采用正高高差改正公式实现。加拿大水准网相对于(CGVD28)高程基准面存在系统性倾斜,东部地区为 -0.65 m,西部地区为 0.35 m。

(2)北美垂直基准。1991 年,美国大地测量局为更新美国国家垂直基准(National Geodetic Vertical Datum of 1929,NGVD29)和海面基准(Sea Level Datum of 1929,SLD29),建成北美垂直基准(the North American Vertical Datum of 1988,NAVD88),其基本验潮站位于加拿大魁北克省圣劳伦斯河入口的里姆斯基市,水准原点相对于当地平均海面的高差为 6.271 m。NAVD88 高程控制网由覆盖加拿大、美国和墨西哥的水准线路组合而成,经分析挑选后的水准线路总长度超过 81 500 km,参与计算的美国境内一等水准网大都进行了复测。水准高差改正综合了实测重力数据,高程成果采用赫尔默特(Helmert)正高系统。

NAVD88 通过基本验潮站实现了与国际大湖基准(International Great Lakes Datum of 1985,IGLD85)的统一,NAVD88 和 IGLD85 水准点重力位数相同。NAVD88 高程成果相对于其高程基准面,从大西洋海岸到太平洋海岸存在 1.5 m 的系统性倾斜。

(3)澳大利亚垂直基准。1971 年,澳大利亚以大陆沿岸 30 个长期验潮站的平均海面作为高程基准面,对覆盖澳大利亚大陆大部分区域的 161 000 km 三等以上的水准网进行平差,建成了澳大利亚高程基准(Australian Height Datum,AHD)。1995—1998 年,澳大利亚开展了大量的精密水准复测工作,并对境内的 32 个长期验潮站进行了精密水准连测。澳大利亚高程的水准网成果与高程基准面相比,也存在系统性倾斜,北部地区约为 $+0.5$ m,南部地区约为 -0.5 m。

(4)欧洲统一水准网。2000 年以前,欧洲各国仍采用三种不同的高程系统:正常高、正高和类正高系统。比利时、丹麦、芬兰、意大利和瑞士采用正高系统,法国、德国、瑞典和东欧的大多数国家采用正常高系统。这些欧洲国家高程基准的基本验潮站分布在不同的外海和内陆海,包括波罗的海、北海、地中海、黑海和大西洋,不同国家高程系统的基准面之间差异可达数十厘米。

1994 年,国际大地测量协会欧洲大陆网分设委员会在欧洲统一水准网(Unified European Leveling Network,UELN)基础上,提出了欧洲统一水准网扩展及平差方案,项目命名为"UELN-95"。欧洲统一水准网采用两种方法进行扩展:一种是在 UELN-73/86 统一水准网基础上进行新的水准测量,改善现有网形,替换旧的水准数据;另一种是在中欧和东欧国家建立新的水准网,称为中东欧联合精密水准网,加入"UELN-95"中。

2000 年,欧洲统一水准网完成国家间的水准联测,并将项目命名调整为"UELN-95/

98"。"UELN‐95/98"网采用方差分量估计方法对水准节点的重力位数定权,以自由网平差的方式将超过 3 000 个节点连接到 UELN‐73 阿姆斯特丹水准原点。此后的 10 年时间里,欧洲统一水准网得到不断扩展和更新,到 2007 年,除爱尔兰岛和冰岛外,欧洲统一水准网基本覆盖了欧洲大陆。

1.3 测量误差基础

1.3.1 测量误差概述

在测量工作中,无论测量仪器多精密,观测多仔细,测量结果总是存在着差异。例如,对某段距离进行多次丈量,或反复观测同一角度,发现每次观测结果往往不一致。又如观测三角形的三个内角,其和并不等于理论值 180°。这种观测值之间或观测值与理论值之间存在差异的现象,说明观测结果存在着各种测量误差。此外,在测量过程中还可能出现错误,如读错、记错等。

(1)测量误差产生的原因。导致测量误差产生的原因概括起来有下列几种。

1)观测者。由于观测者的感觉器官的鉴别能力的局限性,在仪器安置、照准和读数等工作中都会产生误差。同时,观测者的技术水平及工作态度也会对观测结果产生影响。

2)测量仪器。测量工作所使用的测量仪器都具有一定的精密度,从而使观测结果的精度受到限制。另外,仪器本身构造上的缺陷,也会使观测结果产生误差。

3)外界观测条件。外界观测条件是指野外观测过程中,外界条件的因素,如天气的变化、植被的不同、地面土质松紧的差异、地形的起伏、周围建筑物的状况,以及太阳光线的强弱、照射的角度大小等。

有风会使测量仪器不稳,地面松软可使测量仪器下沉,强烈阳光照射会使水准管变形,太阳的高度角、地形和地面植被决定了地面大气温度梯度,观测视线穿过不同温度梯度的大气介质或靠近反光物体,都会使视线弯曲,产生折光现象。因此,外界观测条件是保证野外测量质量的一个重要因素。

观测者、测量仪器和观测时的外界条件是引起观测误差的主要因素,通常称为观测条件。观测条件相同的各次观测,称为等精度观测。观测条件不同的各次观测,称为非等精度观测。任何观测都不可避免地要产生误差。为了获得观测值的正确结果,就必须对误差进行分析研究,以便采取适当的措施来消除或削弱其影响。

(2)测量误差的分类。测量误差按其性质,可分为系统误差、偶然误差和粗差。

1)系统误差。由仪器制造或校正不完善、观测员生理习性、测量时外界条件或仪器检定时不一致等原因引起。在同一条件下获得的观测列中,其数据、符号或保持不变,或按一定的规律变化。在观测成果中具有累计性,对成果质量影响显著,应在观测中采取相应措施予以消除。

2)偶然误差。它的产生取决于观测进行中的一系列不可能严格控制的因素(如湿度、温度和空气振动等)的随机扰动。在同一条件下获得的观测列中,其数值、符号不定,表面看没有规律性,实际上是服从一定的统计规律的。随机误差又可分两种:一种是误差的数学期望不为零称为"随机性系统误差";另一种是误差的数学期望为零,称为偶然误差。这两种随机误差经常同时发生,须根据最小二乘法原理加以处理。

3)粗差。是一些不确定因素引起的误差,国内外学者在粗差的认识上还未有统一的看法,目前的观点主要有几类:一类是将粗差看作与偶然误差具有相同的方差,但期望值不同;另一类是将粗差看作与偶然误差具有相同的期望值,但其方差十分巨大;还有一类是认为偶然误差与粗差具有相同的统计性质,但有正态与病态的不同。以上的理论均是把偶然误差和粗差视为属于连续型随机变量的范畴。还有一些学者认为粗差属于离散型随机变量。

当观测值中剔除了粗差,排除了系统误差的影响,或者与偶然误差相比系统误差处于次要地位后,占主导地位的偶然误差就成了我们研究的主要对象。从单个偶然误差来看,其出现的符号和大小没有一定的规律性,但对大量的偶然误差进行统计分析,就能发现其规律性,误差个数越多,规律性越明显。这样在观测成果中可以认为主要是存在偶然误差,研究偶然误差占主导地位的一系列观测值中求未知量的最或然值以及评定观测值的精度等是误差理论要解决的主要问题。

(3)偶然误差的统计特性。由于观测结果主要存在着偶然误差,因此,为了评定观测结果的质量,必须对偶然误差的性质做进一步分析。下面以一个测量实例来分析偶然误差的特性。

例如,在相同的观测条件下,对358个三角形的内角进行了观测。由于观测值含有偶然误差,致使每个三角形的内角和不等于180°。设三角形内角和的真值为X,观测值为L,其观测值与真值之差为真误差Δ。用下式表示为

$$\Delta = L_i - X \qquad\qquad (1-5)$$

式中,i 为 $1, 2, \cdots, 358$。

由式(1-5)计算出358个三角形内角和的真误差,并取误差区间为0.2″,以误差的大小和正负号,分别统计出它们在各误差区间内的个数V和频率V/n,结果列于表1-10。

表 1-10　偶然误差的区间分布

误差区间 $d\Delta/''$	正 误 差		负 误 差		合 计	
	个数 V	频率 V/n	个数 V	频率 V/n	个数 V	频率 V/n
0.0～0.2	45	0.126	46	0.128	91	0.254
0.2～0.4	40	0.112	41	0.115	81	0.226
0.4～0.6	33	0.092	33	0.092	66	0.184
0.6～0.8	23	0.064	21	0.059	44	0.123
0.8～1.0	17	0.047	16	0.045	33	0.092
1.0～1.2	13	0.036	13	0.036	26	0.073
1.2～1.4	6	0.017	5	0.014	11	0.031
1.4～1.6	4	0.011	2	0.006	6	0.017
1.6 以上	0	0	0	0	0	0
	181	0.505	177	0.495	358	1.000

从表1-10中可看出,最大误差不超过1.6″,小误差比大误差出现的频率高,绝对值相等的正、负误差出现的个数近于相等。通过大量实验统计结果证明了偶然误差具有如下特性:

1)在一定的观测条件下,偶然误差的绝对值不会超过一定的限度;

2)绝对值小的误差比绝对值大的误差出现的可能性大;

3)绝对值相等的正误差与负误差出现的机会相等；

4)当观测次数无限增多时,偶然误差的算术平均值趋近于零。即

$$\lim_{n \to \infty} \frac{\Delta_1 + \Delta_2 + \cdots + \Delta_n}{n} = \lim_{n \to \infty} \frac{[\Delta]}{n} = 0 \tag{1-6}$$

上述第四个特性说明,偶然误差具有抵偿性,它是由第三个特性导出的。

如果将表 1-10 中所列数据用图 1-32 表示,可以更直观地看出偶然误差的分布情况。图中横坐标表示误差的大小,纵坐标表示各区间误差出现的频率除以区间的间隔值。当误差个数足够多时,误差出现在各区间的频率就趋向于稳定。可以想象,当 n 趋近 ∞ 时,如果把区间 $d\Delta$ 无限缩小,图 1-32 中各小长方形的顶边折线就会变成图 1-33 所示的一条光滑的曲线,该曲线称为误差分布曲线,又称正态分布曲线。

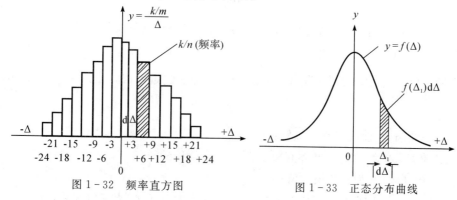

图 1-32　频率直方图　　　　　　图 1-33　正态分布曲线

描绘这种分布曲线的函数为

$$y = f(\Delta) = \frac{1}{\sigma \sqrt{2\pi}} e^{\frac{\Delta^2}{2\sigma^2}} \tag{1-7}$$

式中,参数 σ^2 为

$$\sigma^2 = \lim_{n \to \infty} \frac{[\Delta^2]}{n} \tag{1-8}$$

σ 是观测误差的标准差或均方差,σ^2 称为方差,Δ 是某量的真误差,在测量中 n 为有限值。

掌握了偶然误差的特性,就能根据带有偶然误差的观测值求出未知量的最可靠值,并衡量其精度。同时,也可应用误差理论来研究最合理的测量工作方案和观测方法。

1.3.2　衡量精度的指标

(1)精度的含义。在一定的观测条件下进行的一组观测,它对应着一定的误差分布。观测条件好,误差分布就密集,则表示观测结果的质量就高;反之观测条件差,误差分布就松散,观测成果的质量就低。因此,精度就是指一组误差分布的密集与离散的程度,即离散度的大小。显然,为了衡量观测值的精度高低,可以通过绘出误差频率直方图或画出误差分布曲线的方法进行比较。如图 1-34 所示为两组不同观测条件下的误差分布曲线 Ⅰ,Ⅱ,观测条件好的一组其误差分布曲线 Ⅰ 较陡峭,说明该组误差更加密集在 $\Delta = 0$ 附近,即绝对值小的误差出现较多,表示该组观测值的质量较高;另一组观测条件差,误差分布曲线较平缓,说明该组观测误差分布离散,表示该组观测值的质量较低。但在实际工作中,采用绘误差分布曲线的方法来比较观测结果的质量好坏很不方便,而且缺乏一个简单的关于精度的数值概念。下面引入精度的

数值概念,这种能反映误差分布密集或离散程度的数值称之为精度指标。

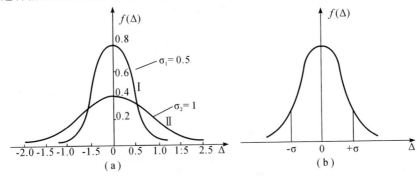

图 1-34 误差分布曲线

(2)衡量精度的指标。衡量精度的指标有多种,这里介绍几种常用的精度指标。

1)中误差。由误差分布的密度函数式(1-7)可知,Δ 越小,$f(\Delta)$ 越大。当 $\Delta=0$ 时,函数 $f(\Delta)$ 达到最大值 $\dfrac{1}{\sigma\sqrt{2\pi}}$;反之,$\Delta$ 越大,$f(\Delta)$ 越小。当 Δ 趋近 ∞ 时,$f(\Delta)=0$。一维分布密度函数有如下性质:

a)$f(\Delta)$ 为偶函数,曲线对称于纵轴;

b)$f(\Delta)$ 随着误差绝对值的增大而减小,当 $\Delta \to \infty$,$f(\Delta) \to 0$;

c)当 $\Delta=0$ 时,$f(0)$ 为函数最大值;

d)误差曲线拐点的横坐标为中误差,即 $\Delta = \pm\sigma$,这可由 $f(\Delta)$ 求二阶导数得出。

误差分布曲线在纵轴两边各一个转向点称为拐点,如图 1-34(b)所示。偶然误差的一维正态分布密度函数公式中的标准差 σ 决定了曲线的形状,σ 越小曲线越陡峭,即误差分布越密集;而 σ 越大时曲线越平缓,即误差分布越离散。由此可见,误差分布曲线形态充分反映了观测质量的好坏,而误差分布曲线又可以用具体的数值 σ 予以表达,因此衡量精度的主要指标为方差 σ^2 或标准差 σ。由式(1-8)得观测值的标准差定义式为

$$\sigma = \sqrt{\lim_{n \to \infty} \frac{[\Delta^2]}{n}} \qquad (1-9)$$

由定义式(1-9)可知,标准差是在 $n \to \infty$ 时的理论精度指标。在测量工作中,观测次数 n 总是有限的,为了评定精度,只能用有限个真误差求取标准差的估值,测量中通常称标准差的估值为中误差,用 m 表示,即

$$m = \pm\sqrt{\frac{[\Delta^2]}{n}} \qquad (1-10)$$

式(1-10)可以是同一个量观测值的真误差,也可以是不同量观测值的真误差,但必须都是等精度的同类观测值的真误差。由中误差公式可知,中误差是代表一组等精度真误差的某种平均值,其值越小,即表示该组观测中绝对值较小的误差越多,则该组观测值的精度越高。

例:设有两组等精度观测列,其真误差分别为

第一组 $-3''$,$+3''$,$-1''$,$-3''$,$+4''$,$+2''$,$-1''$,$-4''$;

第二组 $+1''$,$-5''$,$-1''$,$+6''$,$-4''$,$0''$,$+3''$,$-1''$。

试求这两组观测值的中误差,由式(1-10)计算结果如下:

$$m_1 = \pm\sqrt{\frac{9+9+1+9+16+4+1+16}{8}} = \pm 2.9''$$

$$m_2 = \pm\sqrt{\frac{1+25+1+36+16+0+9+1}{8}} = \pm 3.3''$$

比较 m_1 和 m_2 可知,第一组观测值的精度要比第二组高。

必须指出,在相同的观测条件下所进行的一组观测,由于它们对应着同一种误差分布,因此,对于这一组中的每一个观测值,虽然各真误差彼此并不相等,有的甚至相差很大,但它们的精度均相同,即都为同精度观测值。

2)极限误差。偶然误差的第一特性表明,在一定的观测条件下偶然误差的绝对值不会超过一定的限值,这个限值就是极限误差。由概率论可知,在等精度观测的一组偶然误差中,误差出现在 $[-\sigma,+\sigma]$ $[-2\sigma,+2\sigma]$ $[-3\sigma,+3\sigma]$ 区间内的概率分别为

$$P(-\sigma < \Delta \leqslant +\sigma) \approx 68.3\%$$

$$P(-2\sigma < \Delta \leqslant +2\sigma) \approx 95.5\%$$

$$P(-3\sigma < \Delta \leqslant +3\sigma) \approx 99.7\%$$

即是说,绝对值大于两倍标准差的偶然误差出现的概率为 4.5%;而绝对值大于 3 倍标准差的偶然误差出现的概率仅为 0.3%,这实际上是接近于零的小概率事件,在有限次观测中不太可能发生。因此,在测量工作中通常规定 2 倍或 3 倍中误差作为偶然误差的限值,称为极限误差或容许误差:$\Delta_容 = 2\sigma \approx 2m$ 或 $\Delta_容 = 3\sigma \approx 3m$,前者要求较严,后者要求较宽,如果观测值中出现大于容许误差的偶然误差,则认为该观测值不可靠,相应的观测值应进行重测、补测或舍去不用。

3)相对误差。对评定精度来说,有时只用中误差还不能完全表达测量结果的精度高低,例如,分别丈量了 100 m 和 200 m 两段距离,中误差均为 ±0.02 m。虽然两者的中误差相同,但就单位长度而言,两者精度并不相同,后者显然优于前者。为了客观反映实际精度,常采用相对误差。

观测值中误差 m 的绝对值与相应观测值 S 的比值称为相对中误差。它是一个无名数,常用分子为 1 的分数表示,即

$$K = \frac{|m|}{S} = \frac{1}{\frac{S}{|m|}} \tag{1-11}$$

上例中前者的相对中误差为 1/5 000,后者为 1/10 000,表明后者精度高于前者。

对于真误差或容许误差,有时也用相对误差来表示。例如,距离测量中的往返测较差与距离值之比就是所谓的相对真误差,即

$$\frac{|D_往 - D_近|}{D_{平均}} = \frac{1}{\frac{D_{平均}}{\Delta D}} \tag{1-12}$$

与相对误差对应,真误差、中误差和容许误差都是绝对误差。

1.3.3　误差传播定律

当对某量进行了一系列的观测后,观测值的精度可用中误差来衡量。但在实际工作中,往往会遇到某些量的大小并不是直接测定的,而是由观测值通过一定的函数关系间接计算出来

的。例如,水准测量中,在一测站上测得后、前视读数分别为 a,b,则高差 $h=a-b$,这时高差 h 就是直接观测值 a,b 的函数。当 a,b 存在误差时,h 也受其影响而产生误差,这就是所谓的误差传播。阐述观测值中误差与观测值函数中误差之间关系的定律称为误差传播定律。

本节就以下四种常见的函数来讨论误差传播的情况。

一、倍数函数

设有函数

$$Z=kx \tag{1-13}$$

式中,k 为常数,x 为直接观测值,其中观测值误差为 m_x,现在求观测值函数 Z 的中误差 m_Z。

设 x 和 Z 的真误差分别为 Δ_x 和 Δ_Z,由式(1-13)知它们之间的关系为

$$\Delta_Z=k\Delta_x$$

若对 x 共观测了 n 次,则

$$\Delta_{Z_i}=k\Delta_{x_i}\ (i=1,2,\cdots,n)$$

将上式两端平方后相加,并除以 n,得

$$\frac{[\Delta_Z^2]}{n}=k^2\frac{[\Delta_x^2]}{n} \tag{1-14}$$

按中误差定义可知

$$m_Z^2=\frac{[\Delta_Z^2]}{n}$$

$$m_x^2=\frac{[\Delta_x^2]}{n}$$

所以式(1-14)可写成

$$m_Z^2=k^2m_x^2$$

故此

$$m_Z=km_x \tag{1-15}$$

即观测值倍数函数的中误差,等于观测值中误差乘倍数(常数)。

例如:用水平视距公式 $D=k\times L$ 求平距,已知观测视距间隔的中误差 $m_L=\pm1$ cm,$k=100$,则平距的中误差 $m_D=100\times m_L=\pm1$ m。

二、和差函数

设有函数

$$z=x\pm y \tag{1-16}$$

式中,x,y 为独立观测值,它们的中误差分别为 m_x 和 m_y,设真误差分别为 Δ_x 和 Δ_y,由式(1-16)可得

$$\Delta_z=\Delta_x\pm\Delta_y$$

若对 x,y 均观测了 n 次,则

$$\Delta_{z_i}=\Delta_{x_i}\pm\Delta_{y_i}\ (i=1,2,\cdots,n)$$

将上式两端平方后相加,并除以 n 得

$$\frac{[\Delta_z^2]}{n}=\frac{[\Delta_x^2]}{n}+\frac{[\Delta_y^2]}{n}+\frac{[\Delta_x\Delta_y]}{n}$$

根据偶然误差的特性,当 n 越大时,式中最后一项将趋近于零,于是上式可写成

$$\frac{\left[\Delta_z^2\right]}{n} = \frac{\left[\Delta_x^2\right]}{n} + \frac{\left[\Delta_y^2\right]}{n} \tag{1-17}$$

根据中误差定义，可得

$$m_z^2 = m_x^2 + m_y^2 \tag{1-18}$$

即观测值和差函数的中误差平方，等于两观测值中误差的平方和。

例如：在 $\triangle ABC$ 中，$\angle C = 180° - \angle A - \angle B$，$\angle A$ 和 $\angle B$ 的观测中误差分别为 $3''$ 和 $4''$，则 $\angle C$ 的中误差 $m_C = \pm\sqrt{m_A^2 + m_B^2} = \pm 5''$。

三、线性函数

设有线性函数

$$Z = k_1 x_1 + k_2 x_2 + \cdots + k_n x_n \tag{1-19}$$

式中，$x_1, x_2, \cdots, x_n$ 为独立观测值，$k_1, k_2, \cdots, k_n$ 为常数，则综合式(1-15)和式(1-18)可得

$$m_Z^2 = (k_1 m_1)^2 + (k_2 m_2)^2 + \cdots + (k_n m_n)^2 \tag{1-20}$$

例如：有一函数 $Z = 2x_1 + x_2 + 3x_3$，其中 x_1, x_2, x_3 的中误差分别为 ± 3 mm，± 2 mm，± 1 mm，则 $m_Z = \pm\sqrt{6^2 + 2^2 + 3^2} = \pm 7.0$ mm。

四、一般函数

设有一般函数

$$Z = f(x_1, x_2, \cdots, x_n) \tag{1-21}$$

式中，$x_1, x_2, \cdots, x_n$ 为独立观测值，已知其中误差为 $m_i(i = 1, 2, \cdots, n)$。

当 x_i 具有真误差 Δ_i 时，函数 Z 则产生相应的真误差 Δ_Z，因为真误差 Δ 是一微小量，故将式(1-21)取全微分，将其化为线性函数，并以真误差符号"Δ"代替微分符号"d"，得

$$\Delta_Z = \frac{\partial f}{\partial x_1}\Delta x_1 + \frac{\partial f}{\partial x_2}\Delta x_2 + \cdots + \frac{\partial f}{\partial x_n}\Delta x_n$$

式中，$\frac{\partial f}{\partial x_i}$ 是函数对 x_i 取的偏导数并用观测值代入算出的数值，它们是常数，因此，上式变成了线性函数，按式(1-20)得

$$m_Z^2 = \left(\frac{\partial f}{\partial x_1}\right)^2 m_1^2 + \left(\frac{\partial f}{\partial x_2}\right)^2 m_2^2 + \cdots + \left(\frac{\partial f}{\partial x_n}\right)^2 m_n^2 \tag{1-22}$$

上式是误差传播定律的一般形式。前述的式(1-15)(1-18)(1-20)都可看作是上式的特例。

例如：某一斜距 $S = 106.28$ m，斜距的竖角 $\delta = 8°30'$，中误差 $m_s = \pm 5$ cm，$m_\delta = \pm 20''$，求改算后的平距的中误差 m_D。

解

$$D = S\cos\delta$$

全微分化成线性函数，用"Δ"代替"d"，得

$$\Delta_D = \cos\delta\Delta_s - S\sin\delta\,\Delta_\delta$$

应用式(1-22)后，得

$$m_D^2 = \cos^2\delta m_s^2 + (S\sin\delta)^2\left(\frac{m_\delta}{\rho''}\right)^2 =$$

$$(0.989)^2(\pm 5)^2 + (1\,570.918)^2\left(\frac{20}{206\,265}\right)^2$$

最终计算得出：$m_D = 4.9$ cm。在上式中，单位统一为 cm，$\left(\frac{m_\delta}{\rho''}\right)$ 是将角值的单位由秒化

为弧度。

1.3.4　算术平均值及中误差

设在相同的观测条件下对某量进行了 n 次等精度观测,观测值分别为 $L_1,L_2,\cdots,L_n$,其真值为 X,真误差为 $\Delta_1,\Delta_2,\cdots,\Delta_n$。由式(1-5)可写出观测值的真误差公式为

$$\Delta_i = L_i - X \,(i=1,2,\cdots,n)$$

将上式相加后,得 $[\Delta]=[L]-nX$,故有下式

$$X=\frac{[L]}{n}-\frac{[\Delta]}{n}$$

若以 x 表示上式中右边第一项的观测值的算术平均值,即

$$x=\frac{[L]}{n}$$

则

$$X=x-\frac{[\Delta]}{n} \qquad (1-23)$$

上式右边第二项是真误差的算术平均值。由偶然误差的第四特性可知,当观测次数 n 无限增多时,$\frac{[\Delta]}{n}\to 0$,则 $x\to X$,即算术平均值就是观测量的真值。

在实际测量中,观测次数总是有限的。根据有限个观测值求出的算术平均值 x 与其真值 X 仅差一微小量 $\frac{[\Delta]}{n}$。故算术平均值是观测量的最可靠值,通常也称为最或是值。

由于观测值的真值 X 一般无法知道,故真误差 Δ 也无法求得。所以不能直接应用式(1-10)求观测值的中误差,而是利用观测值的最或是值 x 与各观测值之差 V 来计算中误差,V 被称为改正数,即

$$V=x-L \qquad (1-24)$$

实际工作中利用改正数计算观测值中误差的实用公式称为白塞尔公式。即

$$m=\pm\sqrt{\frac{[VV]}{n-1}} \qquad (1-25)$$

利用 $[V]=0,[VV]=[LV]$ 检核式,可作计算正确性的检核。

在求出观测值的中误差 m 后,就可应用误差传播定律求观测值算术平均值的中误差 M,推导如下:

$$x=\frac{[L]}{n}=\frac{L_1}{n}+\frac{L_2}{n}+\cdots+\frac{L_n}{n}$$

应用误差传播定律有

$$M_x^2=\frac{1}{n^2}m^2+\frac{1}{n^2}m^2+\cdots+\frac{1}{n^2}m^2=n\times\frac{1}{n^2}m^2=\frac{1}{n}m^2$$

$$M_x=\pm\frac{m}{\sqrt{n}} \qquad (1-26)$$

由上式可知,增加观测次数能削弱偶然误差对算术平均值的影响,提高其精度。但因观测次数与算术平均值中误差并不是线性比例关系,所以,当观测次数达到一定数目后,即使再增加观测次数,精度却提高得很少。因此,除适当增加观测次数外,还应选用适当的观测仪器和

观测方法,选择良好的外界环境,才能有效地提高精度。

例如:对某段距离进行了 5 次等精度观测,观测结果列于表 1-11,试求该段距离的最或是值、观测值中误差及最或是值中误差。计算见表 1-11。

表 1-11　等精度观测计算

序号	L/m	V/cm	VV/cm	精度评定
1	251.52	-3	9	
2	251.46	$+3$	9	$m = \pm\sqrt{\dfrac{20}{4}} = \pm 2.2\ cm$
3	251.49	0	0	
4	251.48	-1	1	$M = \pm\dfrac{m}{\sqrt{n}} = \pm\sqrt{\dfrac{[VV]}{n(n-1)}} = \pm\sqrt{\dfrac{20}{5\times4}} = \pm 1\ cm$
5	251.50	$+1$	1	
	$x = \dfrac{[L]}{n} = 251.49$	$[V]=0$	$[VV]=20$	

最后结果可写成 $x = 251.49 \pm 0.01 (m)$。

1.3.5　加权平均值及中误差

此时当各观测量的精度不相同时,不能按算术平均值式(1-23)和中误差式(1-25)及式(1-26)来计算观测值的最或是值和评定其精度。计算观测量的最或然值应考虑到各观测值的质量和可靠程度,显然对精度较高的观测值,在计算最或然值时应占有较大的比例,反之,精度较低的应占较小的比例,为此的各个观测值要给定一个数值来比较它们的可靠程度,这个数值在测量计算中被称为观测值的权。显然,观测值的精度越高,中误差就越小,权就越大,反之亦然。

在测量计算中,给出了用中误差求权的定义公式

$$P_i = \frac{\mu^2}{m_i^2} \qquad i = 1, 2, \cdots, n \qquad (1-27)$$

式中,P 为观测值的权,μ 为任意常数,m 为各观测值对应的中误差。在用上式求一组观测值的权 P_i 时,必须采用同一 μ 值。

当取 $P=1$ 时,μ 就等于 m,即 $\mu=m$,通常称数字为 1 的权为单位权,单位权对应的观测值为单位权观测值。单位权观测值对应的中误差 μ 为单位权中误差。

当已知一组非等精度观测值的中误差时,可以先设定 μ 值,然后按式(1-27)计算各观测值的权。

例如:已知三个角度观测值的中误差分别为 $m_1 = \pm 3''$,$m_2 = \pm 4''$,$m_3 = \pm 5''$,设定不同单位权计算各角度的权,计算结果见表 1-12。

表 1-12　各角度权的计算

假设	$P_1 = \mu^2/m_1^2$	$P_2 = \mu^2/m_2^2$	$P_3 = \mu^2/m_3^2$
$\mu = \pm 3''$	$P_1 = 1$	$P_2 = 9/16$	$P_3 = 9/25$
$\mu = \pm 1''$	$P_1' = 1/9$	$P_2' = 1/16$	$P_3' = 1/25$
通过计算可知:$P_1:P_2:P_3 = P_1':P_2':P_3' = 1:0.56:0.36$			

可见,μ 值取得不同,权值也不同,但不影响各权之间的比例关系。当 $\mu = \pm 3''$ 时,P_1 就是

该问题中的单位权，$m_1=\pm 3''$ 就是单位权中误差。

中误差是用来反映观测值的绝对精度，而权是用来比较各观测值相互之间的精度高低。因此，权的意义在于它们之间所存在的比例关系，而不在于它本身数值的大小。

对某量进行了 n 次非等精度观测，观测值分别为 $L_1,L_2,\cdots,L_n$，相应的权为 $P_1,P_2,\cdots,P_n$，则加权平均值 x 就是非等精度观测值的最或是值，计算公式为

$$x=\frac{P_1L_1+P_2L_2+\cdots+P_nL_n}{P_1+P_2+\cdots+P_n}=\frac{[PL]}{[P]} \qquad (1-28)$$

显然，当各观测值为等精度时，其权为 $P_1=P_2=\cdots=P_n=1$，上式就与求算术平均值的式（1-23）一致。

设 $L_1\cdots L_n$ 的中误差为 $m_1\cdots m_n$，则根据误差传播定律，由式（1-28）可导出加权平均值的中误差为

$$M_x^2=\frac{P_1^2}{[P]^2}m_1^2+\frac{P_2^2}{[P]^2}m_2^2+\cdots+\frac{P_n^2}{[P]^2}m_n^2 \qquad (1-29)$$

而 $m_i^2=\dfrac{M^2}{P_i}$，

由式（1-27），有 $P_im_i^2=\mu^2$，代入上式得

$$M_x^2=\frac{\mu^2}{[P]^2}(P_1+P_2+\cdots+P_n)=\frac{\mu^2}{[P]}$$

$$M_x=\pm\frac{\mu}{\sqrt{[P]}} \qquad (1-30)$$

实际计算时，上式中的单位权中误差 μ 一般用观测值的改正数来计算，其公式为

$$\mu=\pm\frac{\sqrt{[PVV]}}{n-1} \qquad (1-31)$$

示例：如图1-35所示，从已知水准点 A,B,C 经三条水准路线，测得 E 点的观测高程 H_i 及水准路线长度 S_i。求 E 点的最或是高程及其中误差。

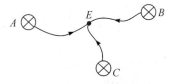

图1-35　E 点水准观测路线

计算见表1-13，计算中的定权公式为 $P_i=1/S_i$。

表1-13　非等精度观测平差计算

路线	E点高程 H /m	路线长 /km	$P=\frac{1}{S}$	V/mm	PVV	精度评定
1	527.459	4.5	0.22	10	22.00	$\mu=\pm\sqrt{\frac{122}{2}}=\pm 7.81\text{ mm}$
2	527.484	3.2	0.31	-15	69.75	
3	527.458	4.0	0.25	11	30.25	$M_F=\pm\frac{7.81}{\sqrt{0.78}}=\pm 8.84\text{ mm}$
	$x=527.469$		0.78		122	

最后结果可写成 $H_E=527.469\pm 0.009$ m。

思考与练习

1. 简述测绘学的基本概念,并按传统方法将测绘学进行学科分类。

2. 我国常用坐标系统有哪些? 我国目前采用的是哪种高程系统? 其原点高程是多少?

3. 简述国家控制网的布设原则和工程控制网的质量指标。

4. 测量误差的主要来源有哪些? 偶然误差具有哪些特性?

5. 对某一距离进行了 6 次等精度观测,其结果分别为:398.772 m,398.784 m,398.776 m,398.781 m,398.802 m,398.779 m。试求其算术平均值、一次丈量中误差、算术平均值中误差和相对中误差。

第2章 遥感基础

遥感技术是指非接触的、远距离获取其反射、辐射或散射的电磁波信息（如电场、磁场、电磁波和地震波等信息），并进行提取、判定、加工处理、分析与应用的一门探测科学和技术。一般指运用传感器/遥感器对物体的电磁波的辐射、反射特性进行探测，从而对目标进行判定和识别，判定地球环境和资源的类型、数量。遥感技术在 20 世纪 60 年代兴起后，由于其具有大范围、快速和多种高度应用等优点，广泛应用于军事和国民经济等各个方面，在当前社会中得到广泛应用，并且在今后有很大的发展空间和前景。

2.1 遥感概述

2.1.1 遥感基本概念

遥感，从字面上来看，可以简单理解为遥远的感知，泛指一切无接触的远距离的探测；从现代技术层面来看，"遥感"是一种应用探测仪器。

遥感是指一切无接触的远距离的探测技术。运用现代化的运载工具和传感器，从远距离获取目标物体的电磁波特性，通过该信息的传输、贮存、卫星、修正和识别目标物体，最终实现其功能（定时、定位、定性和定量）。

广义理解，遥感泛指一切无接触的远距离探测，包括对电磁场、力场和机械波（声波、地震波）等的探测。自然现象中的遥感有蝙蝠、响尾蛇、人眼人耳……

狭义理解，遥感是指从不同高度的平台上，使用各种传感器，接收来自地球表层的各种电磁波信息，并对这些信息进行加工处理，从而对不同的地物及其特性进行远距离探测和识别的综合技术。

由于任何事物所拥有的不同的电磁辐射特性，或称为光谱特性，都可以对光谱进行吸收、反射以及辐射，而不同的物体在以上各方面的光谱反应都有所区别，甚至同一物体在不同时间也会有不同的反应。通过对这些特性进行记录便可以此为依据进行分析、判断和识别。

遥感是以航空摄影技术为基础，在 20 世纪 60 年代初发展起来的一门新兴技术。开始为航空遥感，自 1972 年美国发射了第一颗陆地卫星后，就标志着航天遥感时代的开始。经过几十年的迅速发展，遥感已成为一门实用、先进的空间探测技术。

2.1.2 遥感系统组成

遥感是一门对地观测综合性技术，实施遥感是一项复杂的系统工程，既需要一整套技术装备,又需要多种学科参与和配合。遥感系统主要由以下四大部分组成。

(1)信息源。信息源是遥感需要对其进行探测的目标物。任何目标物都具有反射、吸收、透射及辐射电磁波的特性,当目标物与电磁波发生相互作用时会形成目标物的电磁波特性,这就为遥感探测提供了获取信息的依据。

(2)信息获取。信息获取是指运用遥感技术装备接收、记录目标物电磁波特性的探测过程。信息获取所采用的遥感技术装备主要包括遥感平台和传感器。其中遥感平台是用来搭载传感器的运载工具,常用的有气球、飞机和人造卫星等;传感器是用来探测目标物电磁波特性的仪器设备,常用的有照相机、扫描仪和成像雷达等。

(3)信息处理。信息处理是指运用光学仪器和计算机设备对所获取的遥感信息进行校正、分析和解译处理的技术过程。信息处理的作用是通过对遥感信息的校正、分析和解译处理,掌握或清除遥感原始信息的误差,梳理、归纳出被探测目标物的影像特征,然后依据特征从遥感信息中识别并提取所需的有用信息。

(4)信息应用。信息应用是指专业人员按不同目的将遥感信息应用于各业务领域的使用过程。信息应用的基本方法是将遥感信息作为地理信息系统的数据源,供人们对其进行查询、统计和分析利用。遥感的应用领域十分广泛,最主要的应用有军事、地质矿产勘探、自然资源调查、地图测绘、环境监测以及城市建设和管理等。

2.1.3 遥感技术特点

遥感作为一门对地观测综合性科学,与其他技术手段相比具有如下特点。

(1)大面积同步观测(范围广)。遥感探测能在较短的时间内,从空中乃至宇宙空间对大范围地区进行对地观测,并从中获取有价值的遥感数据。这些数据拓展了人们的视觉空间,例如,一张陆地卫星图像,其覆盖面积可达 3 万多平方千米。这种展示宏观景象的图像,对地球资源和环境分析极为重要。

(2)时效性、周期性。获取信息速度快,周期短。由于卫星围绕地球运转,从而能及时获取所经地区的各种自然现象的最新资料,以便更新原有资料,或根据新旧资料变化进行动态监测,是人工实地测量和航空摄影测量无法比拟的。例如,陆地卫星 4,5,每 16 天可覆盖地球一遍,NOAA 气象卫星每天能收到两次图像,Meteosat 气象卫星每 30 分钟能获得同一地区的图像。

(3)数据综合性和可比性、约束性。能动态反映地面事物的变化。遥感探测能周期性、重复地对同一地区进行对地观测,有助于人们通过所获取的遥感数据,发现并动态地跟踪地球上许多事物的变化。同时,研究自然界的变化规律,尤其是在监视天气状况、自然灾害、环境污染甚至军事目标等方面,遥感的运用就显得格外重要。

获取的数据具有综合性。遥感探测所获取的是同一时段、覆盖大范围地区的遥感数据,这些数据综合地展现了地球上许多自然与人文现象,宏观地反映了地球上各种事物的形态与分布,真实地体现了地质、地貌、土壤、植被、水文和人工构筑物等地物的特征,全面地揭示了地理事物之间的关联性,并且这些数据在时间上具有相同的现势性。

获取信息的手段多,信息量大。根据不同的任务,遥感技术可选用不同波段和遥感仪器来获取信息。例如可采用可见光探测物体,也可采用紫外线、红外线和微波探测物体。利用不同波段对物体不同的穿透性,还可获取地物内部信息。例如,地面深层、水的下层、冰层下的水体和沙漠下面的地物特性等,微波段还可以全天候的工作。

(4)经济社会效益。获取信息受条件限制少。在地球上有很多地方,自然条件极为恶劣,人类难以到达,如沙漠、沼泽和高山峻岭等。采用不受地面条件限制的遥感技术,特别是航天遥感可方便及时地获取各种宝贵资料。

(5)局限性。目前,遥感技术所利用的电磁波还很有限,仅是其中的几个波段范围。在电磁波谱中,尚有许多谱段的资源有待进一步开发。此外,已经被利用的电磁波谱段对许多地物的某些特征还不能准确反映,还需要发展高光谱分辨率遥感以及遥感以外的其他手段相配合,特别是地面调查和验证尚不可缺少。

2.1.4 遥感技术分类

根据不同的分类标准,遥感可以有不同的分类,简单介绍如下。

(1)按遥感平台分:

1)地面遥感:传感器设置于地面平台上,如车载、船载、手持、固定或活动高架平台等;

2)航空遥感:传感器设置于航空器上,主要是飞机、气球或飞艇等;

3)航天遥感:传感器设置于环地球的航天器上,如人造地球卫星、航天飞机、空间站或火箭等;

4)航宇遥感:传感器设置于星际飞船上,指对地月系统外的目标的探测。

(2)按传感器探测波段分:

1)紫外遥感:探测波段在 $0.05 \sim 0.38~\mu m$ 之间;

2)可见光遥感:探测波段在 $0.38 \sim 0.76~\mu m$ 之间;

3)红外遥感:探测波段在 $0.76 \sim 1~000~\mu m$ 之间;

4)微波遥感:探测波段在 $1 \sim 1~000~mm$ 之间;

5)多波段遥感:探测波段在可见光波段和红外波段范围内,再分成若干窄波段来探测目标。

(3)按工作方式分:

1)主动遥感:由探测器主动发射一定电磁波能量并接收目标的后向散射值量;

2)被动遥感:传感器不向目标发射电磁波,仅被动接收目标物的自身发射和对自然辐射源的发射能量。

(4)按是否成像分:

1)成像遥感:将探测到的强弱不同的地物电磁波辐射(反射或发射),转换成深浅不同的(黑白)色调构成直观图像的遥感资料形式,如航空影像、卫星影像等;

2)非成像遥感:将探测到的电磁辐射(发射或发射)转换成相应的模拟信号(如电压或电流信号)或数字化输出,或记录在磁带上而构成非成像方式的遥感资料,如陆地卫星 CCT 磁带等。

(5)按应用领域分:

1)从宏观研究领域可分为外层空间遥感、大气层遥感、陆地遥感和海洋遥感等;

2)从具体应用领域可分为资源遥感、环境遥感、农业遥感、林业遥感、渔业遥感、地质遥感和气象遥感等。

2.2 遥感数字图像处理基础知识

地物的光谱特性一般以图像的形式记录下来。地面反射或发射的电磁波信息经过地球大气到达遥感传感器,传感器根据地物对电磁波的反射强度以不同的亮度表示在遥感图像上。遥感传感器记录地物电磁波的形式有两种:一是以胶片或其他的光学成像载体的形式,另一种是以数字形式记录下来,也就是以所谓的光学图像和数字图像的方式记录地物的遥感信息。

与光学图像处理相比,数字图像处理简捷、快速,并且可以完成一些光学处理方法所无法完成的各种特殊处理,随着数字图像处理设备的成本越来越低,数字图像处理变得越来越普遍。本节主要讨论遥感数字图像处理的基础知识。

2.2.1 遥感图像表示形式

遥感图像表示可以采用空间域和频率域等表示形式。从空间域来说,图像的表示形式主要有光学图像和数字图像两种形式。

(1)光学图像。光学图像(如像片或透明正片、负片等)是一个二维的连续的光密度(或透过率)函数。

(2)数字图像。数字图像是一个二维的离散的光密度(或亮度)函数。相对光学图像,它在空间坐标(x,y)和密度上都已离散化,空间坐标(x,y)仅取离散值:

$$\left.\begin{array}{l} x = x_0 + m\Delta x \\ y = y_0 + m\Delta y \end{array}\right\} \tag{2-1}$$

式中,$m = 0,1,2,\cdots,m-1$;Δx,Δy为离散化的坐标间隔。同时$f(x,y)$也仅取离散值,一般取值区间为$0,1,2,\cdots,127$或$0,1,2,\cdots,255$等。

数字图像可用一个二维矩阵表示,即

$$f(x,y) = \begin{bmatrix} f(0,0) & f(0,1) & \cdots & f(0,n-1) \\ f(1,0) & f(1,1) & \cdots & f(1,n-1) \\ \vdots & \vdots & & \vdots \\ f(m-1,0) & f(0,1) & \cdots & f(m-1,n-1) \end{bmatrix} \tag{2-2}$$

矩阵中每个元素称为像元。图 2-1 直观地表示了一幅数字图像,实际上是由每个像元的密度值排列而成的一个数字矩阵。

(3)光学图像与数字图像的转换。

1)光学图像转换为数字图像。光学图像变换成数字图像就是把一个连续的光密度函数变成一个离散的光密度函数。图像函数$f(x,y)$不仅在空间坐标上并且在幅度(光密度)上都要离散化,其离散后的每个像元的值用数字表示,整个过程叫作图像数字化。图像空间坐标(x,y)的数字化称为图像采样,幅度(光密度)数字化则称为灰度级量化。图像数字化一般可用测微密度计(或者图像扫描仪、胶片扫描仪等)进行,为了得到数字形式的数字化数据,并与计算机接口,要配以模/数变换器,还应与驱动马达、接口装置等组合成一个数字化器。

2)数字图像转换为光学图像。数字图像转换为光学图像一般有两种方式:一种是通过显示终端设备(包括显示器、电子束或激光束成像记录仪等)显示出来,其基本原理是通过数模转换设备将数字信号以模拟方式表现;另一种是通过照相或打印的方式输出,如早期的屏幕照像设备和目前的彩色打印机等。

	0	1	2	3	4	5	6	⋯	⋯	⋯	⋯	⋯	n-1	
0	16	14	10	8	2	3	1	⋯	30	22	24	18	15	→x
1	16	16	6	12	8	6	4	⋯	32	32	40	45	45	
2	16	16	14	14	11	15	17	⋯	24	24	32	34	38	
3	16	16	16	16	14	14	8	⋯	16	22	24	28	36	
4	15	9	4	16	15	17	17	⋯	14	12	10	12	22	
5	13	7	12	15	16	19	18	⋯	16		16	14	18	
6	12	10	11	14	13	8	7	⋯	16	10	8	14	26	
⋮	⋮	⋮	⋮	⋮	⋮	⋮	⋮		⋮	⋮	⋮	⋮	⋮	
⋮	36	30	28	28	30	30	30	⋯	16	16	26	24	8	
⋮	34	36	32	24	22	22	22	⋯	28		28	20	6	
m-1	36	32	20	20	26	28	26	⋯	26	22	24	20	22	

↓
y

图 2-1　数字图像存储示例

(4)图像的频谱表示。图像也可以使用频率域形式来表示,这时图像是频率坐标 v_x, v_y 的函数,用 $F(v_x, v_y)$ 表示,通常将图像从空间域变入频域是采用傅里叶变换,反之,则采用傅里叶逆变换。

2.2.2　遥感数字图像存储介质

无论是直接由遥感传感器获取,还是由扫描设备将光学影像扫描而得,遥感数字图像总是按照一定的格式存储在一定的介质(主要包括磁带、磁盘和光盘等)上。

(1)磁带。磁带是一种顺序存储介质,要读取磁带上特定位置的记录需要通过该点以前的全部记录数据,数据处理起来较慢,所以通常只将它作为数据存储之用,处理时需将其存储的数据读入磁盘或内存中进行处理。磁带是早期遥感图像存储的主要介质,目前基本已不使用。

遥感中常用的 CCT 磁带一般每卷的长度为 731.52 m,磁带宽 12.7 mm,厚 0.05 mm,磁道为 9 道,其中 8 位数据加 1 位奇偶校检位。

(2)磁盘。磁盘是随机存储介质,一个完整的图像行是作为一个完整的记录存储在磁盘的一个位置上,而组成一幅完整的图像的记录必须是邻接的。磁盘分为硬盘、软盘和固态硬盘。

硬盘的盘片一般是金属制成,存储密度大,随机访问速度快,容量大,价格便宜;软盘的盘片为塑料制品,存储容量较小,访问速度相对硬盘较慢,目前已很少使用;固态硬盘(SSD,Solid State Drives),简称固盘,是用固态电子存储芯片阵列制成的硬盘,由控制单元和存储单元(FLASH 芯片、DRAM 芯片)组成。固态硬盘在接口的规范和定义、功能及使用方法上与普通硬盘的完全相同,在产品外形和尺寸上也完全与普通硬盘一致;相对于硬盘来说,固态硬盘存储速度快,但容量较小、价格高。磁盘相对磁带来说,读取或存储速度较快,可以快速地随机地在磁盘上定位一个记录,而不必像磁带,必须顺序绕过该记录以前的数据。

(3)光盘。光盘是以光信息作为存储载体并用来存储数据的一种存储介质,是目前迅速发展的一种辅助存储器,利用激光原理进行读、写,可以存放各种文字、声音、图形、图像和动画等多媒体数字信息。光盘可以分为不可擦写光盘(如 CD - ROM,DVD - ROM 等)和可擦写光盘(如 CD - RW,DVD - RAM 等)。

光盘的特性与磁盘相似,但其存储原理与磁盘不同。磁盘在盘片的表面涂有一层磁性材料,存储时,按照数据的不同对磁盘表面的磁性物质进行不同程度的磁化。读取时,根据磁化的程度不同用不同的数据进行表达,这样完成了存储和读取数据的工作;而光盘表面涂有一层反光材料,利用激光束对反光材料进行"蚀刻",数据不同,"蚀刻"的程度也不一样,达到记录数据的目的,相反就可以进行数据的读取。光盘是随机存储介质,访问数据速度较快,抗磁性比磁盘好,但受温度的变化影响较大。

2.2.3　遥感数字图像存储格式

遥感数字图像必须以一定的格式存储,才能有效果地进行分发和利用。遥感技术被应用以来,遥感数据采用过很多格式,目前主要采用 LTWG 格式(世界标准格式)、TIFF 格式和BMP 格式。

(1)LTWG 格式。LTWG 格式(世界标准格式)由 Working Group 提出,是目前世界各地遥感数据主要采用的格式,包括美国陆地卫星、法国 SPOT 卫星等卫星遥感数据都采用 LT-WG 格式。LTWG 格式有 BSQ(Band Sequential)格式和 BIL(Band Interleaved by Line)格式两种类型。

1)BSQ 格式:即一种按波段记载数据的文件格式,陆地卫星 4,5 号 CCT 的格式就是 BSQ格式。在这种格式的 CCT 磁带中,每一个文件记载的是某一个波段的图像数据。

2)BIL 格式:是一种按照波段顺序交叉排列的遥感数据格式,与 BSQ 格式相似。

(2)TIFF 格式。标签化图像文件格式(TIFF)是 Aldus 公司与微软公司合作开发的一个多用途可扩展的用于存储栅格图像的文件格式。TIFF 不仅能很好地处理黑白、灰度和彩色图像,而且还支持对图像像素值的许多数据压缩方案。

TIFF 用标签化字段保存信息。文件以一个文件头和至少一个图像文件目录(IFD)开始。IFD 中有许多 12 byte 的目录索引项,每条索引都是一个标签化字段中的相关信息。它带一个标签(标签是一个整型数值),一个表示数据类型的常量,数据的长度和一个用来表示字段数据的位置与文件起始处之间的偏移的量。

(3)BMP 格式。现在多数遥感图像处理系统均是基于 Windows 操作系统开发的。BMP格式是 Windows 的图像标准格式,并且内含了一套支持 BMP 图像处理的 API 函数。BMP格式一般由两大部分组成:文件头和实际图像信息。其结构如图 2 - 2 所示。

位图文件头结构	BITMAPFILEHEADER
位图信息头结构	BITMAPINFOHEADER
位图颜色表	RGBQUAD
位图像素数据	

图 2 - 2　BMP 文件结构

2.2.4　遥感数字图像处理硬件系统

一个完整的遥感数字图像处理系统包括硬件和软件两个部分。硬件指进行遥感数字图像处理所必备的硬件设备,软件指进行遥感数字图像处理所编制的各种程序。

遥感数字图像处理硬件系统主要由输入设备、输出设备、计算机及存储设备系统等组成。

(1)输入设备:主要完成遥感数据输入计算机的功能,常用的输入设备包括磁带机、磁盘机(含光驱)、胶片扫描仪、影像扫描仪和数字化仪等。对于直接获取的数字遥感影像可以省去输入设备。

(2)输出设备:主要完成遥感数据在计算机上显示、存储或输出为硬拷贝图像的功能,常用的输出设备包括显示器、磁带机、磁盘机(含光驱)、胶片拷贝机、绘图仪和打印机等。

(3)计算机:计算机是遥感数字图像处理系统的心脏,主要完成遥感数字图像的各种处理工作,其性能高低决定了处理的速度与效果,传统的操作台已被键盘、鼠标代替融入计算机系统。

(4)存储设备:主要完成原始的遥感数字图像、遥感数字图像处理的过程数据和成果数据的存储功能,常用的存储设备包括数据存储设备(磁带、硬盘、固态硬盘和光盘等)和硬拷贝设备(如胶片拷贝机、绘图仪和打印机)等。

2.2.5　遥感数字图像处理软件系统

遥感数字图像处理的软件系统是建立在一定操作系统(包括 Unix,Windows,Linux 系统)上的应用软件。

(一)遥感数字图像处理软件系统基本功能

各种遥感图像处理软件的功能有比较大的区别,但都包含一些基本的、常用的功能。不同之处在于,不同的系统实现方式各异,功能也不相同。大型的软件系统,如 PCI,ER Mapper,ERDAS 等,不仅能完成通常的各种遥感处理,还提供与 GIS 的集成,与数字摄影测量系统的集成,功能非常强大。

遥感数字图像处理软件系统通用的基础功能主要包括以下几个方面。

(1)图像文件管理包括各种格式的遥感图像或其他格式的输入、输出、存储以及图像文件管理等功能。

(2)图像处理包括影像增强、图像滤波及空间域滤波、纹理分析及目标检测等。

1)影像增强,如分段线性拉伸、对数变换、指数变换、直方图均衡、直方图规定化和正态化等。

2)图像滤波及空间域滤波,如锐化、平滑等;频域滤波、带通滤波、高通滤波和低通滤波等。

3)纹理分析及目标检测,如纹理能量提取、基于边缘信息的纹理特征提取、线性算子检测、霍夫曼变换等。

(3)图像校正包括辐射校正和几何校正。

1)辐射校正包括太阳高度角照度变化校正、大气校正和传感器成像误差校正等。

2)几何校正包括粗纠正和针对各种传感器的精纠正、图像匹配和图像镶嵌等。

(4)多影像处理包括图像运算、图像变换以及信息融合。

1)图像运算包括逻辑运算、逻辑比较运算和代数运算等。

2)图像变换包括傅里叶变换、傅里叶逆变换、彩色变换及逆变换、主分量变换、穗帽变换、阿达玛变换和生物量指标变换等。

3)信息融合包括加权融合、HIS 变换融合等。

(5)图像信息获取包括图像直方图统计、多波段图像的相关系数矩阵、协方差矩阵、特征值和特征向量的计算、图像分类的特征统计、多波段图像的信息量及最佳波段组合分析等。

(6)图像分类包括分类前的样区分析、训练样区合并以及非监督分类(如 ISODATA 聚类法、K-均值聚类法等)和监督分类(最大似然法、最小距离法等)方法,分类后处理(类别合并、类别统计、面积统计和边缘跟踪等)等。

(7)遥感专题图制作:如黑白正射影像图、彩色正射影像图、基于影像的线划图制作、真实感三维景观图和其他类型的遥感专题图(土地利用分类图、植被分布图、洪水淹没状况图和水土保持状况图等)。

(8)与 GIS 系统的接口。GIS 数据的输入及输出、栅格-矢量转换、GIS 图形层数据与影像的叠加等。

现在的遥感软件功能越来越强大,除包含以上所列的功能外,还包含与 DEM 结合分析等。

(二)常见遥感数字图像处理软件系统介绍

常见的遥感数字图像处理软件系统主要包括国外的 ERDAS Imagine,PCI Geomatica,ENVI 以及国内的 CASM ImageInfo 等。下面分别进行简单介绍。

(1)ERDAS Imagine。ERDAS Imagine 是美国 ERDAS 公司开发的遥感图像处理与地理信息系统软件。其图像处理技术先进,用户界面和操作方式友好、灵活,产品模块面向领域广阔,服务于不同层次用户的模型开发工具以及高度 RS/GIS(遥感图像处理和地理信息系统)集成功能,为遥感及相关领域的用户提供了内容丰富、功能强大的图像处理工具。

ERDAS Imagine 是以模块化的方式提供给用户的,可根据用户自己的应用要求、资金情况合理选择不同功能模块及其不同组合,对系统进行剪裁,充分利用软件硬件资源,并最大限度地满足用户的专业应用要求。ERDAS Imagine 分为低、中、高三档产品架构,分别为 Imagine Essentials,Imagine Advantage,Imagine Professional。

(2)PCI Geomatica。PCI Geomatica 是地理空间信息领域世界级的专业公司加拿大 PCI 公司的旗舰产品,新版本软件集成了遥感影像处理、专业雷达数据分析、GIS/空间分析、制图和桌面数字摄影测量系统以及资源管理和环境监测的软件系统,成为一个强大的生产工作平台,并且重组了模块构成,使得软件模块应用型更强而且更加简洁。

PCI 专业遥感图像处理系统分为向上包含的三个软件包及五个专业扩展模块。PCI 软件拥有较全面的功能模块:常规处理模块、几何校正、大气校正、多光谱分析、高光谱分析、摄影测量、雷达成像系统、雷达分析、极化雷达分析、干涉雷达分析、地形地貌分析、矢量应用、神经网络生成、区域分析、GIS 连接、正射影像图生成及 DEM 提取(航片、光学卫星、雷达卫星)和三维图像生成等。

(3)ENVI。ENVI 是一个完整的遥感图像处理平台,是美国 EVIS(Exelis Visual Information Solutions)公司采用交互式数据语言 IDL(Interactive Data Language)开发的一套功能强大的遥感图像处理软件,能够快速、便捷、准确地从影像中提取信息。ENVI 软件处理技术涵盖了图像数据的输入/输出、图像定标、图像增强、纠正、正射纠正、镶嵌、数据融合以及各种变换、信息提取、图像分类、基于知识的决策树分类、与 GIS 的整合、DEM 及地形信息提取、雷达数据处理、三维立体显示分析等。ENVI 已经广泛应用于科研、环境保护、气象、石油矿产勘探、农业、林业、医学、国防与安全、地球科学、公用设施管理、遥感工程、水利、海洋、测绘勘察和城市与区域规划等领域。

(4)CASM ImageInfo。CASM ImageInfo 是由中国测绘科学研究院联合国内多家科研院所研制、开发的一套具有我国自主知识产权的遥感数据处理软件,是国家"十五"重大科技成果。CASM ImageInfo 系统的开发面向我国遥感应用需求,集遥感图像处理、GIS 分析、GPS 等 3S 于一体,并解决了遥感图像处理中的共性技术问题,突破了对海量数据的快速处理技术难题,设计了从遥感图像处理分析到高级智能化信息解译等一系列功能,是显示、分析并处理多光谱、雷达以及高光谱数据的强大工具,提供了遥感影像分析处理、遥感数据产品生产的可视化集成环境。

2.3 遥感数字图像几何处理

2.3.1 遥感图像通用构像方程

遥感图像的构像方程是指地物点在图像上的图像坐标 (x,y) 和其在地面对应点的大地坐标 (X,Y,Z) 之间的数学关系。根据摄影测量原理,这两个对应点和传感器成像中心成共线关系,可以用共线方程来表示。这个数学关系是对任何类型传感器成像进行几何纠正和对某些参量进行误差分析的基础。

为建立图像点和对应地面点之间的数学关系,需要在像方和物方空间建立坐标系,如图2-3所示。

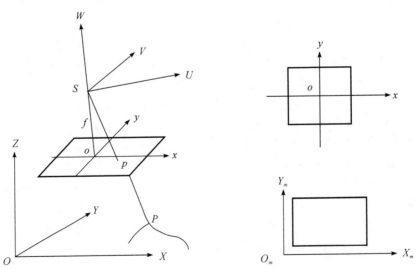

图 2-3 构像方程中的坐标系

其中主要的坐标系有以下几种。

(1)传感器坐标系 $S\text{-}UVW$,S 为传感器投影中心,作为传感器坐标系的坐标原点,U 轴的方向为遥感平台的飞行方向,V 轴垂直于 U,W 轴则垂直于 USV 平面,该坐标系描述了像点在空间的位置。

(2) 地面坐标系 $OXYZ$, 主要采用地心坐标系统。当传感器对地成像时, Z 轴与原点处的天顶方向一致, XOY 平面垂直于 Z 轴。

(3) 图像 (像点) 坐标系 $oxyf$, (x,y) 为像点在图像上的平面坐标, f 为传感器成像时的等效焦距, 其方向与 $SUVW$ 方向一致。

上述坐标系都是三维空间坐标系, 而最基本的坐标系统是图像坐标系统 oxy 和地图坐标系统 $O_m X_m Y_m$, 它们是二维的平面坐标系统, 是遥感图像几何处理的出发点和归宿。

在地面坐标系与传感器坐标系之间建立的转换关系称为通用构像方程。设地面点 P 在地面坐标系中的坐标为 $(X,Y,Z)_P$, P 在传感器坐标系中的坐标为 $(U,V,W)_P$, 传感器投影中心 S 在地面坐标系中的坐标为 $(X,Y,Z)_S$, 传感器的姿态角为 ψ,ω,κ, 则通用构像方程为

$$
\begin{bmatrix} X \\ Y \\ Z \end{bmatrix}_P = \begin{bmatrix} X \\ Y \\ Z \end{bmatrix}_S + \boldsymbol{A} \begin{bmatrix} U \\ V \\ W \end{bmatrix}_P \tag{2-3}
$$

式中, $\boldsymbol{A}$ 为传感器坐标系相对地面坐标系的旋转矩阵, 是传感器姿态角 ψ,ω,κ 的函数。

需要注意的是, 不同类型、不同投影方式的传感器实用图像构像方程的表达略有不同, 具体参照其他文档。

2.3.2　遥感图像的几何变形

遥感图像成图时, 由于各种因素的影响, 图像本身的几何形状与其对应的地物形状往往是不一致的。遥感图像的几何变形是指原始图像上各地物的几何位置、形状、尺寸和方位等特征与在参照系统中的表达要求不一致时产生的变形。研究遥感图像几何变形的前提是必须确定一个图像投影的参照系统, 即地图投影系统。

遥感图像的变形误差具有不同的分类方法。

遥感图像的变形误差可分为静态误差和动态误差两大类。静态误差是在成像过程中, 传感器相对于地球表面呈静止状态时所具有的各种变形误差。动态误差主要是在成像过程中由于地球的旋转等因素所造成的图像变形误差。

变形误差又可分为内部误差和外部误差两类。内部误差主要是由于传感器自身的性能技术指标偏移标称数值所造成的; 内部误差随传感器的结构不同而异, 其误差值不大, 其数据和规律可以在地面通过检校的方式测定, 这里不予讨论。外部误差是在传感器本身处在正常工作的条件下, 由传感器以外的各种因素所造成的误差, 如传感器的外方位元素变化、传播介质不均匀、地球曲率、地形起伏以及地球旋转等因素引起的变形误差。本节主要讨论外部误差对图像变形的影响。此外把某些传感器特殊的成像方式所引起的图像变形, 如全景变形、斜距变形等也加以讨论。

(1) 传感器成像方式引起的图像变形。传感器的成像方式有中心投影、全景投影、斜距投影以及平行投影等几种。中心投影可分为点中心投影、线中心投影和面中心投影三种。由于中心投影图像在垂直摄影和地面平坦的情况下, 地面物体与其影像之间具有相似性 (并不考虑摄影本身产生的图像变形), 不存在由成像方式所造成的图像变形, 因此把中心投影的图像作为基准图像来讨论其他方式投影图像的变形规律。全景投影和斜距投影均将产生图像变形。

全景投影变形: 全景投影的影像面是一个圆柱面, 而不是一个平面, 当遥感图像投影到等

效的中心投影成像面时将产生变形,距中心位置越远变形越大(尺寸缩小)。

斜距投影变形:侧视雷达属斜距投影类型传感器,地面点至图像投影面距离不一致导致图像变形,距离中心距中心位置越远变形越大(尺寸增大)。

(2)传感器外方位元素变化的影响。传感器的外方位元素,是指传感器成像时的位置 (X_s, Y_s, Z_s) 和姿态角 $(\varphi, \omega, \kappa)$。当外方位元素偏离标准位置而出现变动时,就会使图像产生变形。这种变形一般是由地物点图像的坐标误差来表达的,并可以通过传感器的构像方程推出。

(3)地形起伏引起的像点位移。投影误差是由地面起伏引起的像点位移,当地形有起伏时,对于高于或低于某一基准面的地面点,其在像片上的像点与其在基准面上垂直投影点在像片上的构像点之间有直线位移。

(4)地球曲率引起的图像变形。地球曲率引起的像点位移指地球表面上地物投影到成像平面上引起的像点位移,与地形起伏引起的像点位移类似,将地球表面(把地球表面看成球面)上的点到地球切平面的正射投影距离看作是一种系统的地形起伏即可。

(5)大气折射引起的图像变形。大气层是一个不均匀介质,密度是随离地面高度的增加而递减的,因此电磁波在大气层中传播时的折射率也随高度而变化,使得电磁波的传播路径不是一条直线而变成了曲线,从而引起像点的位移,这种像点位移就是大气层折射引起的图像变形。大气折射对框幅式像片上像点位移的影响在量级上要比地球曲率的影响小得多。

侧视雷达图像是斜距投影成像。大气折射对侧视雷达图像的影响体现在两方面:一是大气折射率的变化使得电磁波的传播路径改变(在大气中传播的雷达电磁波会因大气折射率随高度的改变而产生路径弯曲);二是电磁波的传播速度减慢,而改变了电磁波传播时间。

(6)地球自转引起的图像变形。在常规框幅摄影机成像的情况下,地球自转不会引起图像变形,因为其整幅图像是在瞬间一次曝光成像的。地球自转主要是对动态传感器的图像产生变形影响,特别是对卫星遥感图像。当卫星由北向南运行的同时,地球表面也在由西向东自转,由于卫星图像每条扫描线的成像时间不同,因而造成扫描线在地面上的投影依次向西平移,最终使得图像发生扭曲变形。

2.3.3 遥感图像的几何处理

遥感图像是一种具有空间地理位置概念的空间数据,在遥感图像应用之前,必须将其投影到需要的地理坐标系中。因此,遥感图像的几何处理是遥感信息处理过程中的一个重要环节。随着遥感技术的发展,来自不同空间分辨率、不同光谱分辨率和不同时相的多源遥感数据,形成了空间对地观测的影像金字塔。当处理、分析和综合利用这些多尺度的遥感数据,进行多源遥感信息的表示、融合及混合像元的分解时,必须保证各不同数据源之间几何的一致性,需要进行影像间的几何配准。遥感图像的几何处理包括两个层次:一是遥感图像的粗加工处理,二是遥感图像的精加工处理。

(1)遥感图像的粗加工处理。遥感图像的粗加工处理也称为粗纠正,它仅做系统误差改正。当已知图像的构像方式时,就可以把与传感器有关的测定的校正数据,如传感器的外方位元素等代入构像公式对原始图像进行几何校正。

粗加工处理对传感器内部畸变的改正很有效,但处理后图像仍有较大的残差(偶然误差和系统误差),因此必须对遥感图像做进一步的处理,即精加工处理。

（2）遥感图像的精纠正处理。遥感图像的精纠正是指消除图像中的几何变形,产生一幅符合某种地图投影或图形表达要求的新图像的过程。它包括两个环节:一是像素坐标的变换,即将图像坐标转变为地图或地面坐标;二是对坐标变换后的像素亮度值进行重采样。遥感图像纠正主要处理过程如下。

1）根据图像的成像方式确定影像坐标和地面坐标之间的数学模型。

2）根据所采用的数学模型确定纠正公式。

3）根据地面控制点和对应像点坐标进行平差计算变换参数,评定精度。

4）对原始影像进行几何变换计算,像素亮度值重采样。

目前遥感图像的纠正方法有多项式法、共线方程法和随机场内插值法等。

（3）遥感图像几何纠正方法。

1）共线方程校正法。共线方程校正法也称为数字微分法,在遥感影像成像瞬间像点应该与对应的物点位于通过传感器中心的一条直线上,它是对遥感成像空间几何形态的严格描述。共线方程的参数一般是根据控制点坐标信息按照最小二乘法求解得到,从而得到共线方程,应用该共线方程求得各个像点的改正数,以达到几何校正的目的。理论上,它比多项式校正法更严密,但是采用该方法时,需要地物点的高程信息,计算量比多项式校正法大。

2）多项式校正法。多项式校正法是遥感影像校正中经常使用的方法,该方法计算较为简单,对于地形平坦地区的遥感影像具有很好的适应性。该方法的基本思路是直接对影像畸变的本身进行数学模拟,而不去考虑遥感成像的空间过程,它认为遥感影像的总体变形可以看作是平移、缩放、旋转和扭曲等变形的综合作用结果,因此,精校正前后的遥感影像上对应点之间的坐标关系可以用一个适当的几何多项式来表达。几何多项式的系数可以利用已知控制点的坐标值按照最小二乘法原理求得,在遥感影像的几何精校正中,常用的多项式形式有一般多项式、勒让德正交多项式等。

2.3.4　图像间自动配准和数字镶嵌

（1）图像间自动配准。随着遥感技术的发展,得到的遥感影像越来越多,形成了观测地球空间的影像金字塔。遥感传感器的分辨率包括空间分辨率、时间分辨率、辐射分辨率和光谱分辨率均得到进一步的提高。在许多遥感图像处理中,需要对多源数据进行比较和分析,如进行图像融合、变化检测、统计模式识别、三维重构和地图修正等,都要求多源图像间必须保证在几何上相互配准。这些多源图像包括同一地区的不同时间图像、不同传感器图像以及不同时段图像等,它们一般存在相对的几何差异和辐射差异。

图像配准的实质就是遥感图像的几何纠正,根据图像的几何畸变特点,采用一种几何变换将图像归化到统一的坐标系中。图像之间的配准一般有两种方式:

1）图像间匹配,即以多源图像中的一幅图像为参考图像,其他图像与之配准,其坐标系是任意的;

2）绝对配准,即选择某个地图坐标系,将多源图像变换到这个地图坐标系以后来实现坐标系的统一。

图像配准通常采用多项式纠正法,直接用一个适当的多项式来模拟两幅图像间的相互变形。配准的过程分两步:

1）在多源图像上确定分布均匀、足够数量的图像同名点;

2）通过所选择的图像同名点解算几何变换的多项式系数，通过纠正变换完成一幅图像对另一幅图像的几何纠正。

多源图像间同名点的确定是图像配准的关键。图像同名点的获取可以用目视判读方式和图像自动配准方式。下面介绍自动获取图像同名点的方法——通过图像相关的方法自动获取同名点。

多源图像之间存在变形，就局部区域而言，同一地面目标在每幅图像上都具有相应的图像结构，并且它们之间是十分相似的，这就可以采用数字图像相关的方法确定图像的同名点。

图像相关是利用两个信号的相关函数，评价它们的相似性以确定同名点。首先取出以待定点为中心的小区域中的图像信号，然后取出其在另一图像中相应区域的图像信号，计算两者的相关函数，以相关函数最大值对应的相应区域中心点为同名点，即以图像信号分布最相似的区域为同名区域，其中心点为同名点。

（2）基于小面元微分纠正的图像间自动配准。遥感图像配准融合系统软件 CyberLand 采用的图像配准方法：采用遥感图像间相互配准的小面元微分纠正算法。该算法利用了摄影测量中图像匹配的研究成果，即图像特征提取与基于松弛法的整体图像匹配，全自动地获取密集同名点对作为控制点，由密集同名点对构成密集三角网（小面元），利用小三角形面元进行微分纠正，实现图像精确配准。特点是可在两个任意图像上快速匹配出密集、均匀分布的数万个乃至数十万个同名点。通过小面元微分纠正，实现不同遥感图像间的精确相对纠正，检测中误差完全能够满足精度要求。可以解决山区因图像融合后出现的图像模糊与重影问题，同时它也适用于平坦地区和丘陵地区图像的配准。

（3）数字图像镶嵌。当感兴趣的研究区域在不同的图像文件时，需要将不同的图像文件合在一起形成一幅完整的包含感兴趣区域的图像，这就是图像的镶嵌。通过镶嵌处理，可以获得更大范围的地面图像。参与镶嵌的图像可以是不同时间同一传感器获取的，也可以是不同时间不同传感器获取的图像，要求镶嵌的图像之间要有一定的重叠度。

数字图像镶嵌的关键步骤：一是对参加镶嵌的图像进行几何纠正，在几何上将多幅不同的图像连接在一起。解决几何连接的实质就是几何纠正（图像变形改正和统一坐标系纠正），先对不同时间用相同的传感器以及在不同时间用不同的传感器获得的图像进行图像变形改正，再将所有参加镶嵌的图像纠正到统一的坐标系中，去掉重叠部分后将多幅图像拼接起来形成一幅更大幅面的图像；二是对影像进行匀光匀色，保证拼接后的图像反差一致，色调相近，没有明显的接缝。接缝消除包括图像几何纠正、镶嵌边搜索、亮度和反差调整、边界线平滑等作业步骤。

（4）基于小波变换的图像镶嵌。图像镶嵌的过程从数学上讲相当于图像灰度曲面的光滑连续，同时两者有区别。图像灰度曲面的光滑化表现为对图像的模糊化，从而导致图像模糊不清。实践表明，在拼接的部分，若图像的空间频率由 W_1 改变至 W_2，对应的波长为 T_1 和 T_2，为使拼接后图像不出现拼接缝，则灰度修改值影响的范围不小于 T_1，而为了使拼接后图像清晰，灰度值修改影响的范围又要大于 T_2 的两倍。显然当图像在拼接边界附近的空间频率的频带稍宽一点的话，要找一个合适的灰度修正影响范围是不可能的。

小波变换可以解决这个矛盾。小波变换函数实际是个带通滤波器，在不同尺度下的小波分量，实际上占有一定的宽度，宽度越大，该分量的频率就越高，因此每一个小波分量所具有的宽度是不大的。把待拼接的两幅图像先按小波分解的方法，将它们分解为不同频带的小波分量,然后在不同的尺度下选择不同的灰度值修正影响范围,把两幅图像按不同尺度下的小波分量先拼接起来,最后用恢复算法来恢复整个图像,拼接结果可以很好地兼顾图像清晰度和光滑度。

2.3.5　遥感图像重采样

不管是原始遥感图像,还是校正后遥感图像,其像素值均定义在整数坐标上,但是对遥感影像进行几何畸变改正后,被重新定位后的像元在原图像中的分布不再均匀,即输入图像中的行列号不全是整数。因此需要根据图像上各像元在输入图像中的位置关系,对原图像进行一定规则的重采样,并对像素值进行插值计算,建立新的图像矩阵。

不同传感器、不同分辨率的遥感影像在进行多光谱图像四则运算、图像融合、计算机自动识别分类等处理前,需要将使用的所有影像进行图像重采样。图像重采样有直接法和间接法两种,如图 2-4 所示。

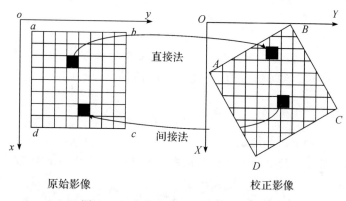

图 2-4　直接法和间接法图像重采样

(1)直接法是从原始影像上的像元出发,按照变换公式求出校正后的影像上的像元坐标,然后将原始影像上该像元的灰度值赋给校正影像上与之对应的像元。

(2)间接法是从校正后影像上像元坐标出发,按照逆向变换公式求出其原始影像上的像元坐标,然后将原始影像上的像元灰度值赋给校正后影像上对应的像元。

无论是直接法还是间接法都要通过灰度内插法重新求得校正后像元的灰度值,利用像素周围多个像元的灰度值求解出该像素灰度值的过程称为灰度内插。

常用的灰度内插方法有以下几种。

(1)最近邻插值法:该方法就是取距离采样点最近已知像元的灰度值作为采样点的灰度值。这种方法最简单,运算量比较小,不会改变原始影像中的灰度级,但容易出现锯齿现象。

(2)双线性插值法:双线性插值的核心思想是在两个方向上分别进行一次线性插值。双线性插值法产生的影像较为平滑,运算量适中,但是改变了原始影像的灰度级,影像轮廓可能出现模糊,对后续的光谱分析造成一定的影响。

(3)三次立方卷积法:三次卷积法是以采样点周围 16 个点的灰度值来计算采样点的最终混合灰度值。相较而言,该方法插值效果最好,但是其运算量最大,同时也改变了原始影像的灰度级。

2.4 遥感数字图像辐射处理

2.4.1 遥感图像辐射校正

由于遥感图像成像过程的复杂性,传感器接收到的电磁波能量与目标本身辐射的能量是不一致的。传感器输出的能量包含了由于太阳位置和角度条件、大气条件、地形影响和传感器本身的性能等所引起的各种失真,这些失真不是地面目标本身的辐射,因此对图像的使用和理解造成影响,必须加以校正或消除。辐射定标和辐射校正是遥感数据定量化的最基本环节。辐射定标是指传感器探测值的标定过程方法,用以确定传感器入口处的准确辐射值。辐射校正是指消除或改正遥感图像成像过程中附加在传感器输出的辐射能量中的各种噪声的过程。但是一般情况下,用户得到的遥感图像在地面接收站处理中心已经做了辐射定标和辐射校正,本节仅做简要介绍。

(一)辐射误差

从辐射传输方程可以看出,传感器接收的电磁波能量包含三部分:

(1)太阳经大气衰减后照射到地面,经地面反射后,又经大气第二次衰减进入传感器的能量;

(2)地面本身辐射的能量经大气后进入传感器的能量;

(3)大气散射、反射和辐射的能量。

传感器输出的能量还与传感器的光谱响应系数有关。因此遥感图像的辐射误差主要包括以下三部分:

(1)传感器本身的性能引起的辐射误差;

(2)地形影响和光照条件的变化引起的辐射误差;

(3)大气的散射和吸收引起的辐射误差。

相应的辐射处理包括传感器辐射定标和辐射误差校正等。

(二)传感器辐射定标

辐射定标分为绝对定标和相对定标。绝对定标对目标做定量的描述,要得到目标的辐射绝对值;相对定标只得出目标中某一点辐射亮度与其他点的相对值。绝对定标要建立传感器测量的数字信号与对应的辐射能量之间的数量关系,即定标系数,在卫星发射前后都要进行。

卫星发射前的绝对定标是在地面实验室或试验场,用传感器观测辐射亮度值已知的标准辐射源以获得定标数据。卫星发射后由于各种因素的影响会影响传感器的响应,因此在卫星运行过程中要定期进行定标。其方法是将传感器内部设置的电光源有关参数测量后下传到地面,包含在卫星下传的辅助数据内。

相对辐射定标又称为传感器探测元件归一化,是为了校正传感器中各个探测元件响应度差异而对卫星传感器测量到的原始亮度值进行归一化的一种处理过程。由于传感器中各个探测元件之间存在差异,使传感器探测数据图像出现一些条带。相对辐射定标的目的就是降低或消除这些影响。当相对辐射定标方法不能消除影响时,可以用一些统计方法,如直方图均衡化、均匀场景图像分析等方法来消除。

（三）辐射校正

辐射误差校正包括影像的辐射校正、太阳高度角和地形影响引起的辐射误差校正、大气校正和地面辐射校正场修正等几个方面。

（1）影像的辐射校正。一般采用简化理论计算方法、基于图像数据本身的方法和借助已知地物光谱反射率的经验方法等几种方法。

（2）太阳高度角引起的辐射畸变校正。该校正过程是将太阳光线倾斜照射时获取的图像校正为太阳光垂直照射时获取的图像，因此在做辐射校正时，需要知道成像时刻的太阳高度角。太阳高度角可以根据成像时刻的时间、季节和地理位置确定。由于太阳高度角的影响，在图像上会产生阴影现象，阴影会覆盖阴坡地物，对图像的定量分析和自动识别产生影响。一般情况下阴影是难以消除的，但对多光谱图像可以用两个波段图像的比值产生一个新图像以消除地形的影响。在多光谱图像上，产生阴影区的图像亮度值是无阴影时的亮度和阴影亮度值之和，通过两个波段的比值可以基本消除。

（3）大气校正。辐射校正必须考虑大气的影响，需要进行大气校正。大气的影响是指大气对阳光和来自目标的辐射产生吸收和散射。消除大气的影响是非常重要的，消除大气影响的校正过程称为大气校正。

（4）地面辐射校正场修正。当遥感数据进行辐射定标和辐射校正后，如何评价其精度，需要通过地面辐射校正场来对计算结果进行验证和修正。因此通过地面辐射校正场修正来提高辐射定标和校正的精度具有特别重要的意义。

2.4.2　遥感图像增强

图像增强是数字图像处理的基本内容。遥感图像增强是为特定目的，突出遥感图像中的某些信息，削弱或除去某些不需要的信息，使图像更易判读。图像增强的实质是增强感兴趣目标和周围背景图像间的反差。图像增强不能增加原始图像的信息，有时反而会损失一些信息，也是计算机自动分类的一种预处理方法。

常用的图像增强处理技术可分为两大类：空间域和频率域的处理。空间域处理是指直接对图像进行各种运算以得到需要的增强结果。频率域处理是指先将空间域图像变换成频率域图像，然后在频率域中对图像的频谱进行处理，以达到增强图像的目的。

（一）图像灰度的直方图

图像灰度直方图反映了一幅图像中灰度级与其出现概率之间的关系。对于数字图像，由于图像空间坐标和灰度值都已离散化，可以统计出灰度等级的分布状况。数字图像的灰度编码从 $0,1,2,\cdots,2^n-1$（n 为图像量化时的比特数），每一个灰度级的像元个数 m_i 可以从图像中统计出来，整幅图像的像元数为 M，则任意灰度级出现的频率为

$$P_i = \frac{m_i}{M} \tag{2-4}$$

$$M = \sum_{i=0}^{2^n-1} m_i \tag{2-5}$$

由 2^n 个 P 值即可绘制出数字图像的灰度直方图，如图 2-5 所示。图像直方图随图像不同而不同，不同图像有不同的直方图。

灰度直方图可以看成是一个随机分布的密度函数，其分布状态用灰度均值和标准差两个

参数来衡量。其灰度均值为

$$\overline{X} = \frac{1}{RL} \sum_{i=0}^{R-1} \sum_{j=0}^{L-1} X_{ij} \qquad (2-6)$$

$$M = RL \qquad (2-7)$$

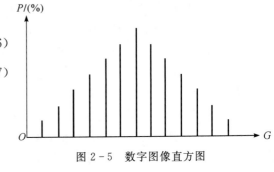

图 2-5　数字图像直方图

式中，$\overline{X}$ ——整幅图像灰度平均值；

　　　X_{ij} ——i,j 处像元的灰度值；

　　　R ——图像行数；

　　　L ——图像列数。

　　　M ——图像像元总数。

　　标准差：

$$\delta = \left[\frac{1}{M-1} \sum_{j=0}^{M-1} (X_i - \overline{X})^2 \right]^{1/2} \qquad (2-8)$$

式中，X_i 是 i 处像元的灰度值。

　　直方图分布状态不同，图像特征不同，如图 2-6 所示。

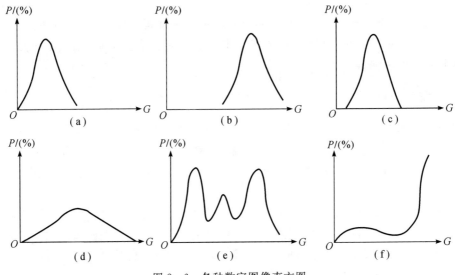

图 2-6　各种数字图像直方图

　　图 2-6(a)图像直方图靠近低灰度区，该图像属于低反射率景物图像；

　　图 2-6(b)图像为高反射率景物图像；

　　图 2-6(c)图像直方图的标准差偏小，为低反差景物图像；

　　图 2-6(d)图像直方图的标准差较大，为高反差景物的图像；

　　图 2-6(e)图像直方图呈现出多峰，图中有多种地物出现的频率较高；

　　图 2-6(f)图像直方图呈现出双峰，并且高亮度地物(如云、白背景等)图像直方图所包含的面积为 1，即有

$$\sum_{i=0}^{2n-1} P_i = 1 \qquad (2-9)$$

　　如果用 F 表示累积分布函数，则有

$$F_j = \sum_{i=0}^{j} P_i \qquad\qquad (2-10)$$

累计分布函数用图 2-7 来表示,图像下部为图像直方图,虚线部分为累积直方图。

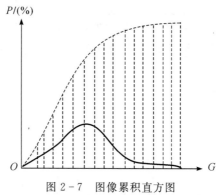

图 2-7　图像累积直方图

(二)图像反差调正

(1)线性变换。简单线性变换是按比例拉伸原始图像灰度等级范围,一般为了充分利用显示设备的显示范围,使输出直方图的两端达到饱和。变化前后图像每一个像元呈一对一关系,因此像元总数不变,即直方图包含面积不变。

线性变换通过一个线性函数实现变换,其数学表达式为

$$d'_{ij} = A\,d_{ij} + B \qquad\qquad (2-11)$$

式中,d'_{ij}——经线性变换后输出像元的灰度值;

$\qquad d_{ij}$——原始图像像元灰度值;

$\qquad A,B$ 为常数,可以根据需要来确定:

$$A = \frac{d'_{\max} - d'_{\min}}{d_{\max} - d_{\min}} \qquad\qquad (2-12)$$

$$B = -A\,d_{\min} + d'_{\min} \qquad\qquad (2-13)$$

式中,$d'_{\max}, d'_{\min}$——增强后图像的最大灰度值和最小灰度值;

$\qquad d_{\max}, d_{\min}$——原始图像中最大灰度值和最小灰度值。

将 A 和 B 代入式(2-11),有

$$d'_{ij} = \frac{d_{ij} - d_{\min}}{d_{\max} - d_{\min}} (d'_{\max} - d'_{\min}) \qquad\qquad (2-14)$$

线性变换过程可用图 2-8 中的线 a 来表示。

在实际计算时,一般先建立一个查找表,即建立原始图像灰度和变换后图像灰度之间的对应值,在变换时只需使用查找表进行变换即可(见表 2-1),这样计算速度将有极大提高。

由于遥感图像的复杂性,线性变换往往难以满足要求,因此在实际应用中更多地采用分段线性变换(见图2-8中的线 b),可以拉伸感兴趣目标与其他目标之间的反差。

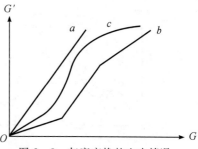

图 2-8　灰度变换的山中情况

表 2-1　图像灰度变换查找表

原图像灰度	10	11	12	13	14	15	16	17	⋯	22	23	52
变换后的灰度	0	6	12	18	24	30	36	42	⋯	73	79	255

（2）直方图均衡。直方图均衡是将随机分布的图像直方图修改成均匀分布的直方图,如图 2-9 所示。其实质是对图像进行非线性拉伸,重新分配图像像元值,使一定灰度范围内的像元的数量大致相等。

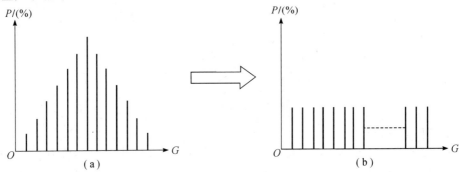

图 2-9　直方图均衡

图 2-9(a)为原始图像直方图,可用一维数组 $P(A)$ 表示,即

$$P(A) = [P_0, P_1, \cdots, P_{n-1}]$$

图 2-9(b)为均衡后的图像直方图,用数组 $P(B)$ 表示,即

$$P(B) = [\overline{P_0}, \overline{P_1}, \cdots, \overline{P_{n-1}}]$$

其中, $\overline{P_0} = \overline{P_1} = \cdots = \overline{P_{n-1}} = 1/m$, m 为均衡后的直方图灰度级。

直方图均衡后每个灰度级的像元数,理论上应相等,实际上为近似相等,直接从图像上看,直方图均衡效果是以下几点。

1)各灰度级所占图像的面积近似相等,因为某些灰度级出现高的像素不可能被分割。

2)原图像上频率小的灰度级被合并,频率高的灰度级被保留,因此可以增强图像上大面积地物与周围地物的反差。

3)如果输出数据分段级较少,则会产生一些大类地物的近似轮廓。

（3）直方图正态化。直方图正态化是将随机分布的原图像直方图修改成高斯分布的直方图,如图 2-10 所示。

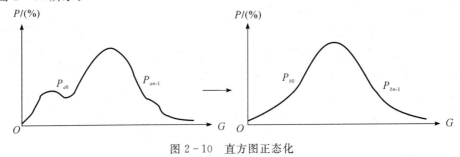

图 2-10　直方图正态化

设原图像的直方图:

$$P(A) = [P_{a_0}, P_{a_1}, P_{a_2}, \cdots, P_{a_i}, \cdots P_{a_{n-1}}]$$

正态化图像直方图：

$$P(B) = [P_{b_0}, P_{b_1}, P_{b_2}, \cdots, P_{b_i}, \cdots P_{b_{n-1}}]$$

正态分布公式为

$$P(x) = \frac{1}{\sqrt{2\pi}\sigma} \int_{-\infty}^{\infty} \exp \left(\frac{-(x - \overline{x})^2}{2\sigma^2} \right) \mathrm{d}x \qquad (2-15)$$

式中，x ——变量；

$\overline{x}$ ——均值；

σ ——标准差。

(4)直方图匹配。直方图匹配是通过非线性变换使得一个图像的直方图与另一个图像直方图类似。直方图匹配对在不同时间获取的同一地区或邻接地区的图像，或者由于太阳高度角或大气影响引起差异的图像很有用，特别是对图像镶嵌或变化检测。

为了使图像直方图匹配获得好的结果，两幅图像应有相似的特性：

1)图像直方图总体形状应类似；

2)图像中黑与亮特征应相同；

3)对某些应用，图像的空间分辨率应相同；

4)图像上地物分布应相同，尤其是不同地区的图像匹配。如果一幅图像里有云，另一幅没有云，那么在直方图匹配前，应将其中一幅里的云去掉。

为了进行图像直方图匹配，同样可以建立一个查找表，作为将一个直方图转换成另一个直方图的函数。

(5)密度分割。密度分割与直方图均衡类似，是将原始图像的灰度值分成等间隔的离散灰度级。进行密度分割时，需知道输出直方图的范围和密度分割层数，建立阶梯状查找表，使得输出的每一个层有相同的输入灰度级。对每一层赋以新的灰度值或颜色，就可以得到一幅密度分割图像。

密度分割可以看成是线性变换的一种，用下式计算：

$$d'_{ij} = \frac{d_{ij} - d_{\min}}{d_{\max} - d_{\min}} n \qquad (2-16)$$

n 为密度分割的层数，其分割过程用图 2-11 表示。密度分割也可以用非线性分割方法。

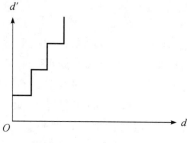

图 2-11　密度分割

(6)其他非线性变换。非线性变换还有很多方法，如对数变换、指数变换、平方根变换、标准偏差变换和直方图周期性变换。前三种变换可用下面的算式表示：

对数变换：

$$d' = A\log(d) + B$$

指数变换：

$$d' = A\exp(d) + B$$

平方根变换：

$$d' = A\mathrm{sqrt}(d) + B$$

上式中，

$$A = \frac{d'_{\max} - d'_{\min}}{F(d_{\max}) - F(d_{\min})}$$

$$B = -A d_{\max} + d'_{\max} = -A d_{\min} + d'_{\min}$$

F 为对应的函数，log，exp，sqrt 上述三种变换过程可用图 2 - 12 描述。

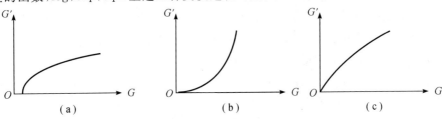

图 2 - 12　三种线性变换

(a)对数变换；(b)指数变换；(c)平方根变换

（7）图像灰度反转。灰度反转是指对图像灰度范围进行线性或非线性取反，产生一幅与输入图像灰度相反的图像，其结果是原来亮的地方变暗，原来暗的地方变亮。灰度反转有两种算法。

一个是条件反转，其表达式为

$$D_{\mathrm{out}} = 1.0, \quad 当\ 0.0 < D_{\mathrm{in}} < 0.1$$

$$D_{\mathrm{out}} = 0.1/D_{\mathrm{in}}, \quad 当\ 0.0 < D_{\mathrm{in}} < 1$$

式中，D_{in} 为输入图像灰度，且已归一化（0~1.0），D_{out} 为输出反转灰度。

另一个为简单反转，其表达式为

$$D_{\mathrm{out}} = 255 - D_{\mathrm{in}}$$

第一种方法强调输入图像中灰度较暗的部分，第二种方法则是简单取反。

2.4.3　图像平滑

图像平滑的目的在于消除各种干扰噪声，使图像中高频成分消退，平滑掉图像的细节，使其反差降低，保存低频成分。图像平滑包括空间域处理和频率域处理两大类。

（1）邻域平均法。邻域平均法属于空间域处理方法。其思想是利用图像点 (x,y) 及其邻域若干个像素的灰度平均值来代替点 (x,y) 的灰度值，结果是对亮度突变的点产生了"平滑"效果。邻域平均是基于图像上的背景或目标部分灰度的变化是连续的、缓慢的，而颗粒噪声使图像上一些像素的灰度造成突变，通过邻域平均可以平滑突变的灰度。

对于离散数字的图像，其平滑公式为

$$g(x,y) = \frac{1}{M} \sum_{(n,m) \in S} f(n,m) \qquad (2-17)$$

式中，$g(x,y)$ ——点 (x,y) 平滑后的灰度值；

$f(x,y)$ ——邻域 S 中各像元的灰度值；

M——邻域 S 中的点数；

S——(x,y) 的邻域，可以取包含 (x,y) 的 3×3 邻域、5×5 邻域或 7×7 邻域等，如图 2-13 所示；

n,m——邻域 S 的行数、列数。

图 2-14 中点 e 经平滑后的灰度值为

$$e' = \frac{1}{9}(a+b+c+d+e+f+g+h+i) \tag{2-18}$$

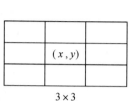
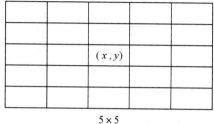
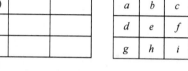

3×3

图 2-13 点 (x,y) 的邻域

5×5

图 2-14 邻域图像平滑计算

平滑计算可以用邻域内元素与其对应的权相乘后相加进行，用＋表示，称为空间卷积，如图 2-15 所示。

A B

图 2-15 邻域平滑的卷积计算

其计算结果与式(2-18)同，并称 A 为算子或模板。

有时考虑平滑效果，需对图像进行多次平滑运算。但其结果是使图像模糊，因为图像的细节部分，也是灰度有突变的区域，因此平滑以后会使图像产生模糊。为此设置阈值 T 来限制平滑过程中产生的不足。

当 $|e-e'|>T$ 时，用 e' 代替 e，否则 e 不变。

如果在平滑运算中认为中心点 e 在 e' 中有较大贡献，可以给予较大的权。

算子或模板大小、权可根据情况而定，如图 2-16 所示。设计不同的模板时，注意模板中各数值之和为 1，即有平均的意思。

图 2-16 不同权的模板

平滑的结果使整幅图像反差减小，其缺点是造成图像变得模糊。

(2)低通滤波法。低通滤波法属于频域处理方法。图像中灰度跳跃变化区，对应着频率域中的高频成分,灰度变化缓慢的区域对应着频率域中的低频成分。图像中的噪声,经图像变换后,对应高频成分。低通滤波法是用滤波方法将频率域中一定范围的高频成分滤掉,而保留其低频成分以达到平滑图像的目的。

由卷积定理可知:

$$G(u,v) = H(u,v) \cdot F(u,v) \qquad (2-19)$$

式中,$F(u,v)$ ——含有噪音的图像变换;

$G(u,v)$ ——平滑处理后的图像变换;

$H(u,v)$ ——滤波器。

现在要选择一个合适的 $H(u,v)$,经式(2-19)运算后使 $F(u,v)$ 的高频成分衰减以得到 $G(u,v)$,经图像反变换得到所希望的平滑图像。选择 $H(u,v)$ 是进行低通滤波的关键,它必须具备低通滤波特性。

2.4.4　图像锐化

锐化是增强图像中的高频成分,突出图像的边缘信息,提高图细节的反差,也称为边缘增强,其结果与平滑相反。图像锐化处理有空间域处理和频率域处理两种。

(1)空间域图像锐化。锐化是对邻区窗口内的图像微分,常用的微分方法是梯度。给定一个函数 $f(x,y)$,在坐标 (x,y) 处的梯度定义为一个矢量:

$$\boldsymbol{G}[f(x,y)] = [\partial f/\partial x, \partial f/\partial y]^{\mathrm{T}} \qquad (2-20)$$

式中,T 为转置。

梯度的模为

$$\left| \boldsymbol{G}[f(x,y)] \right| = [(\partial f/\partial x)^2 + (\partial f/\partial y)^2]^{1/2} \qquad (2-21)$$

对于数字图像,式(2-21)用差分近似表示:

$$\left| \boldsymbol{G}[f(x,y)] \right| = \{[f(x,y) - f(x+1,y)]^2 + [f(x,y) - f(x,y+1)]^2\}^{1/2}$$
$$(2-22)$$

可以用绝对值表示:

$$\left| \boldsymbol{G}[f(x,y)] \right| = |f(x,y) - f(x+1,y)| + |f(x,y) - f(x,y+1)| \qquad (2-23)$$

将计算结果赋给结果图像 $g(x,y)$,即

$$g(x,y) = \left| \boldsymbol{G}[f(x,y)] \right|$$

同样,可以用模板和图像的空间卷积来进行锐化运算,如图 2-17。

2	-1
-1	0

$\oplus$

(x,y)	$(x,y+1)$
$(x+1,y)$	$(x+1,y+1)$

图 2-17　图像锐化

模块可以根据需要设计,下面是各种常见的锐化算子。

一维算子:$\boldsymbol{F}_1 = [-1\ 2\ -1]$ 或 $\boldsymbol{F}_1 = \begin{bmatrix} -1 \\ 2 \\ -1 \end{bmatrix}$

3×3 拉普拉斯算子：$\boldsymbol{F}_2 = \begin{bmatrix} 0 & -1 & 0 \\ -1 & 4 & -1 \\ 0 & -1 & 0 \end{bmatrix}$

水平方向算子：$\boldsymbol{F}_3 = \begin{bmatrix} -1 & -1 & -1 \\ 2 & 2 & 2 \\ -1 & -1 & -1 \end{bmatrix}$

直方向算子：$\boldsymbol{F}_4 = \begin{bmatrix} -1 & 2 & -1 \\ 2 & 2 & 2 \\ -1 & 2 & -1 \end{bmatrix}$

沿 $45°$ 方向算子：$\boldsymbol{F}_5 = \begin{bmatrix} -1 & -1 & 2 \\ -1 & 2 & -1 \\ 2 & -1 & -1 \end{bmatrix}$

沿 $135°$ 方向算子：$\boldsymbol{F}_6 = \begin{bmatrix} 2 & -1 & -1 \\ -1 & 2 & -1 \\ -1 & -1 & 2 \end{bmatrix}$

锐化和平滑的关系可用下式表示：

$$g(x,y) = f(x,y) - A$$

式中，$g(x,y)$ 为锐化后图像，A 为平滑图像，锐化图像即为原始图像减去平滑图像。其结果是原始图像消退，边缘突出，因此称为边缘检测。

（2）频域图像锐化。锐化在频率域中处理称为高通滤波。它与低通滤波相反，保留频率域中的高频成分而让低频成分滤掉，加强了图像中的边缘和灰度变化突出部分，以达到图像锐化的目的。在高通滤波中要选择一个合适的滤波器，使其具有高通滤波的特性。

2.4.5　多光谱图像四则运算

针对多源遥感图像的特点，可以利用多源图像之间的四则运算来达到增加某些信息或消除某些影响的目的。

（1）减法运算。

$$B = B_X - B_Y \tag{2-24}$$

式中，B_X，B_Y 为两个不同波段的图像或者不同时相同一波段图像。当为两个不同波段的图像时，通过减法运算可以增加不同地物间光谱反射率以及在两个波段上变化趋势相反时的反差。而当为两个不同时相同一波段图像相减时，可以提取地面目标的变化信息。

当用红外波段与红波段图像相减时，即为植被指数，即

$$I_{VI} = B_{1R} - B_R \tag{2-25}$$

（2）加法运算。

$$B = \frac{1}{M} \sum_{i=1}^{m} B_i \tag{2-26}$$

通过加法运算可以加宽波段，如绿色波段和红色波段图像相加可以得到近似全色图像；而绿色波段、红色波段和红外波段图像相加可以得到全色红外图像。

（3）乘法运算。

$$B = \left[\prod_{i=1}^{m} B_i \right]^{1/m} \qquad (2-27)$$

通过乘法运算结果与加法运算结果类似。

(4)除法运算。

$$B = \frac{B_x}{B_y} \qquad (2-28)$$

通过比值运算能压抑因地形坡度和方向引起的辐射量变化,消除地形起伏的影响;也可以增强某些地物之间的反差,如植物、土壤、水在红色波段与红外波段图像上反射率是不同的,通过比值运算可以加以区分(见表2-2)。因此,比值运算是自动分类的预处理方法之一。

表2-2 植被、水、土壤在红/红外波段灰度及比值结果

类别	红波段	红外波段	红波段/红外波段
植被	暗	很亮	更亮
水	稍亮	很暗	更暗
土壤	较亮	较亮	不变

(5)混合运算。

归一化差分植被指数(NDVI)

$$I_{NDVI} = \frac{B_7 - B_5}{B_7 + B_5} \qquad (2-29)$$

上式也称为生物量指标变化,可使植被从水和土中分离出来。

变换 NDVI(TNDVI)

$$I_{TNDVI} = \sqrt{\frac{B_7 - B_5}{B_7 + B_5} + 0.5} \qquad (2-30)$$

而差分比值运算:

$$I_{NDVI} = \frac{B_6 - B_5}{B_6 + B_5} \qquad (2-31)$$

可以消除部分大气影响。

混合运算可根据具体情况进行处理。

2.4.6 图像融合

遥感技术的发展提供了丰富的多源遥感数据。这些来自不同传感器的数据具有不同的时间、空间和光谱分辨率以及不同的极化方式。单一传感器获取的图像信息量有限,往往难以满足应用需要,通过图像融合可以从不同的遥感图像中获得更多的有用信息,补充单一传感器的不足。图像融合是指将多源遥感图像按照一定的算法,在规定的地理坐标系,生成新的图像的过程。全色图像一般具有较高空间分辨率(如 SPOT 全色图像分辨率为 10 m),多光谱图像光谱信息较丰富(SPOT 有三个波段),为提高多光谱图像的空间分辨率,可以将全色图像融合进多光谱图像。通过图像融合既可以提高多光谱图像空间分辨率,又保留其多光谱特性。

图像融合可以分为若干层次。一般认为可分像素级、特征级和决策级。像素级融合对原始图像及预处理各阶段上所产生的信息分别进行融合处理,以增加图像中有用信息成分,改善图像处理效果;特征级融合能以高的置信度来提取有用的图像特征;决策级融合允许来自多源

数据在最高抽象层次上被有效地利用。

本节主要介绍基于像素级图像融合。图像融合首先要求多源图像精确配准,分辨率不一致时,要求重采样后保持一致;其次,将图像按某种变换方式分解成不同级的子图像,同时,这种分解变换必须可逆,即由多幅子图像合成一幅图像,即为融合图像。这时多幅子图像中包含了来自其他需要融合的经图像变换的子图像。

遥感图像融合的算法很多,包括基于 IHS 变换、主分量变换、比值变换、乘法变换以及小波变换的融合方法。

(1)加权融合。

基于像元的加权融合对两幅图像 I_i,I_j 按下式进行:

$$I'_{ij}=A(P_i\,I_i-P_j\,I_j)+B \tag{2-32}$$

式中, A,B 为常数; P_i,P_j 为两个图像的权,其值由下式决定:

$$P_i=\frac{1}{2}(1-|r_{ij}|)\,,P_j=1-P_i \tag{2-33}$$

r_{ij} 为两幅图像的相关系数: $r_{ij}=\sigma_{ij}/\sigma_i\sigma_j$

全色图像与其多光谱图像融合时,由于多光谱中的绿、红波段与全色波段相关性较强,而与红外波段相关性较小,可以采用全色波段图像与多光谱波段图像的相关系数来融合。其过程如下:

1)对两幅图像进行几何配准,并对多光谱图像重采样与全色图像分辨率相同;

2)分别计算全色波段与多光谱波段图像的相关系数;

$$r_j=\frac{\sum_{k=1}^{m}\sum_{L=1}^{n}(P_{KL}-\overline{P})(XS_{KLj}-\overline{XS_j})}{\left[\sum_{k=1}^{m}\sum_{L=1}^{n}(P_{KL}-\overline{P})^2\sum_{k=1}^{m}\sum_{L=1}^{n}(XS_{KLj}-\overline{XS_j})^2\right]^{1/2}} \tag{2-34}$$

式中, r_j ——全色波段与多光谱波段($j=1,2,3$)图像的相关系数;

P_{KL} ——全色波段(K,L)的像素灰度值;

$\overline{P}$ ——全色波段图像灰度平均值;

XS_{KLj} ——第 j 波段图像在(K,L)处的像素灰度值;

$\overline{XS_j}$ ——第 j 波段图像灰度平均值。

3)用全色波段图像和多光谱波段图像按下式组合:

$$G_{KLj}=\frac{1}{2}\left[(1+|r_{ij}|)\cdot P_{KL}+(1-|r_{ij}|)\cdot XS_{KLj}\right] \tag{2-35}$$

式中, G_{KLj} 就是 SPOT 全色图像与多光谱图像的其中一个波段融合以后的图像。

(2)基于 IHS 变换的图像融合。IHS 变换将图像处理常用的 RGB 彩色空间变换到 IHS 空间。IHS 空间用亮度(Intensity)、色调(Hue)和饱和度(Saturation)表示。IHS 变换可以把图像的亮度、色调和饱和度分开,图像融合只在亮度通道上进行,图像的色调和饱和度保持不变。

基于 IHS 变换的融合过程如下:

1)待融合的全色图像和多光谱图像进行几何配准,并将多光谱图像重采样与全色分辨率相同;

2)将多光谱图像变换转换到 IHS 空间;

3)对全色图像 I' 和 IHS 空间中的亮度分量 J 进行直方图匹配;

4)用全色图像 I' 代替 IHS 空间的亮度分量,即 $IHS = I'HS$;

5)将 $I'HS$ 逆变换到 RGB 空间,即得到融合图像。

通过变换、替代、逆变换获得的融合图像既具有全色图像高分辨的优点,又保持了多光谱图像的色调和饱和度。

(3)基于主分量变换的图像融合(K-L 变换法)。首先对多光谱图像进行主分量变换,变换后的第一主分量含有变换前各波段图像的相同信息,而各波段中其余对应的部分,被分配到变换后的其他波段。然后将高分辨率图像和第一主分量进行直方图匹配,使高分辨率图像与第一主分量图像有相近的均值和方差。最后,用直方图匹配后的高分辨率图像代替主分量中的第一主分量和其余分量一起进行主分量逆变换,得到融合影像。

也可以将高分辨率图像作为一个波段和多光谱图像组合一起进行 K-L 变换,变换后图像信息的再分配达到高分辨率图像和多光谱图像的融合。

设全色图像 P,多光谱图像 M 有 n 个波段,将它们组成一个含有 $n+1$ 个波段的向量集 $\boldsymbol{X}$:

$$\boldsymbol{X} = [\boldsymbol{X}_1, \boldsymbol{X}_2, \boldsymbol{X}_3, \cdots, \boldsymbol{X}_n, \boldsymbol{X}_{n+1}] \tag{2-36}$$

每个波段之间的方差为

$$\delta_{i,j}^2 = \mathrm{E}[(x_i - m_i)(x_j - m_j)], i,j = 1,2,3,\cdots,n,n+1 \tag{2-37}$$

式中,m_i,m_j 为第 i,j 波段的均值,可以得到向量 $\boldsymbol{X}$ 的协方差矩阵:

$$\boldsymbol{\Sigma} = \begin{bmatrix} \delta_{1,1} & \delta_{1,2} & \cdots & \delta_{1,n+1} \\ \delta_{2,1} & \delta_{2,2} & \cdots & \delta_{2,n+1} \\ \vdots & \vdots & & \vdots \\ \delta_{n,1} & \delta_{n,2} & \cdots & \delta_{n+1,n+1} \end{bmatrix}$$

$\boldsymbol{\Sigma}$ 是一个满秩矩阵,其特征根 λ 为实数,它表示 $n+1$ 个波段图像中的各地物在 $n+1$ 维空间中的分布。求出特征根后对特征根 $\lambda = (\lambda_1, \lambda_2, \cdots, \lambda_n, \lambda_{n+1})$ 进行排序,且 $\lambda_1 > \lambda_2 > \cdots > \lambda_n > \lambda_{n+1}$,然后求出对应的特征向量 $\boldsymbol{Y}_i$,构成特征向量集 $\boldsymbol{Y}$:

$$\boldsymbol{Y} = [\boldsymbol{Y}_1, \boldsymbol{Y}_2, \cdots, \boldsymbol{Y}_n, \boldsymbol{Y}_{n+1}]$$

在新得到的 $n+1$ 个图像中,一般情况下,前三个特征值之和占总的特征值的 97% 以上,因而原来的图像 97% 以上的信息集中到了变换后的前三个图像中,其余基本上为噪声图像。

(4)基于小波变换的图像融合。

1)正交二进小波变换分解与重构。假设有一个二维信号 $f(x,y) \in V_{j+1}^2$,$\{C_{m,n}^{j+1}, m,n \in \mathbf{Z}\}$ 是 $f(x,y)$ 在分辨率 $j+1$ 上的近似表示,则二维信号 $\{C_{m,n}^{j+1}, m,n \in \mathbf{Z}\}$ 的有限正交小波分解公式为

$$\left. \begin{aligned} C_{m,n}^{j} &= \frac{1}{2} \sum_{k,l \in \mathbf{Z}} C_{k,l}^{j+1} h_{k-2m} h_{l-2n} \\ C_{m,n}^{j1} &= \frac{1}{2} \sum_{k,l \in \mathbf{Z}} C_{k,l}^{j+1} h_{k-2m} g_{l-2n} \\ C_{m,n}^{j2} &= \frac{1}{2} \sum_{k,l \in \mathbf{Z}} C_{k,l}^{j+1} g_{k-2m} h_{l-2n} \\ C_{m,n}^{j3} &= \frac{1}{2} \sum_{k,l \in \mathbf{Z}} C_{k,l}^{j+1} g_{k-2m} g_{l-2n} \end{aligned} \right\} \tag{2-38}$$

相应的重建公式为

$$C_{m,n}^{j+1} = \frac{1}{2}\Big(\sum_{k,l \in \mathbf{Z}} C_{k,l}^{j} \tilde{h}_{2k-m} \tilde{h}_{2l-n} + \sum_{k,l \in \mathbf{Z}} C_{k,l}^{j1} \tilde{h}_{2k-m} \tilde{g}_{2l-n} + \sum_{k,l \in \mathbf{Z}} C_{k,l}^{j2} \tilde{g}_{2k-m} \tilde{h}_{2l-n} + \sum_{k,l \in \mathbf{Z}} C_{k,l}^{j3} \tilde{g}_{2k-m} \tilde{g}_{2l-n}\Big)$$

$$(2-39)$$

式(2-38)和(2-39)即为正交二进小波变换的正变换和反变换式。在实际计算中给出滤波系数$(h_k, k \in \mathbf{Z})$,其余的滤波器系数可按下面公式求出:

$$\left.\begin{array}{l} g_k = (-1)^{-1+k} h_{1-k} \\ \tilde{h}_n = h_{1-n} \\ \tilde{g}_n = g_{1-n} \end{array}\right\}$$

$$(2-40)$$

对一幅数字图像C^{j+1},按(2-38)式分解后可以形成四幅子图像C^j,C^{j1},C^{j2},C^{j3},并且由这四幅图像按式(2-39)可以合成图像C^{j+1},这个过程可以用图 2-18 表示。

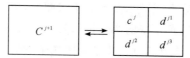

图 2-18　图像的小波分解与重建

图像C^{j+1}分解后各个分量的含义如下:

C^j——集中了原始C^{j+1}的主要低频成分(近似图像LL);

d^{j1}——对应着C^{j+1}中垂直方向的高频边缘信息(LH);

d^{j2}——对应着C^{j+1}中水平方向的高频边缘信息(HL);

d^j——对应着C^{j+1}中对角方向的高频边缘信息(HH)。

2)基于正交二进制小波变换的图像融。采用离散二进小波变换的 Mallat 算法的图像融合步骤如下:

a)对高分辨率全色图像和多光谱图像进行几何配准,并且对多光谱图像重采样与全色图像分辨率相同;

b)对全色图像和多光谱图像进行直方图匹配;

c)对全色高分辨图像进行分解,分解成LL(低频部分)、HL(水平方向的小波系数)、LH(垂直方向小波系数)、HH(对角方向的小波系数);

d)对多光谱图像进行分解,分解成四部分LL,LH,HL,HH;

e)根据需要或保持多光谱色调的程度由 c)、d)中的LL重新组合成新的LL;

f)根据需要由 c)、d)中的LH,HL,HH重新组合成新的LH,HL,HH;

g)由 e)、f)所得的新的LL,HL,LH,HH反变换重建影像;

h)其他波段融合重复步骤 c)~g)。

(5)比值变换融合。比值变换融合算法按下式进行:

$$\left.\begin{array}{l} \big[B_1/(B_1+B_2+B_3)\big]D = DB_1 \\ \big[B_2/(B_1+B_2+B_3)\big]D = DB_2 \\ \big[B_3/(B_1+B_2+B_3)\big]D = DB_3 \end{array}\right\}$$

$$(2-41)$$

式中,$B_i (i=1,2,3)$——多光谱图像;

　　　　D——高分辨率图像;

DB_i（$i=1,2,3$）——比值变换融合图像。

比值变换融合可以增加图像两端的对比度。当要保持原始图像的辐射度时,本方法不宜采用。

(6)乘积变换融合。乘积变换融合算法按下式进行:

$$D \cdot B_i = DB_i \qquad (2-42)$$

通过乘积变换融合得到的融合图像其亮度成分得到增加。

在上述融合方法中,基于 IHS 变换融合和比值变换融合只能用三个波段的多光谱图像和全色图像融合,而其他方法不受波段数限制。

(7)基于特征的图像融合。基于特征的图像融合有以下几种方法:

1)对两个不同特性的图像做边缘增强,然后加权融合;

2)对其中一个图像做边缘提取,然后融合到另一个图像上;

3)对两个图像经小波变换后形成基带图像和子带图像,对基带图像用加权融合方法,而对子带图像采用选择子带中特征信息丰富的图像进行融合。

(8)基于分类的图像融合。该方法首先要求对图像中的地物类别进行分类,在分类的基础上进行图像融合。

1)对图像中的不同类别用不同波段或不同图像融合以增加空间特性和光谱特性;

2)对不同时相的图像进行分类后融合,可以达到提取图像内变化信息的目的。

(9)图像融合的效果评价。对融合结果进行评价是必要的。不同的应用有不同的评价标准。评价方法可以分为两类:定性评价和定量评价。

定性评价主要以目视判读为主,目视判读是一种简单、直接的评价方法,可以根据图像融合前后的对比做出定性评价。缺点是因人而异,具有主观性。

定量评价从融合图像包含的信息量和分类精度这两方面进行评价,可以弥补定性评价的不足。

2.4.7 遥感图像和 DEM 复合

为了获得某一地区的三维立体景观图像,按照观察者的设定进行动态漫游和观察,根据计算机图形学原理,将遥感图像和相应的 DEM 复合即可生成具有真实感的三维景观。

若集合 A 表示某区域 D 上各点三维坐标向量的集合:

$$A = \{(X,Y,Z) \mid (X,Y,Z) \in D\} \qquad (2-43)$$

集合 B 为二维图像各像素坐标与其灰度的集合:

$$B = \{(x,y,g) \mid (x,y) \in d\} \qquad (2-44)$$

式中,d 为与 D 对应的图像区域,则制作景观图就是一个 A 到 B 的映射,(X,Y,Z) 与 (x,y) 及观测点 S（视点)满足共线条件,其原理与航空摄影相同,不同处在于航空摄影一般接近与正直摄影,而景观图是特大倾角"摄影",将地面点投影到二维图像上,式(2-44)中 g 是像点(x,y)对应的灰度值,它是遥感图像相应像素的灰度值,既可以是原始遥感图像,也可以是正射图像。

2.5　遥感数字图像判读

"判读"(nterpretation)又称为"判译""解译"或"判释"等,是对遥感图像上的各种特征进行综合分析、比较、推理和判断,最后提取出所感兴趣的信息的过程。分为目视判读和自动识别分类。

目视判读是一种传统的人工提取信息的方法,使用眼睛目视观察,借助一些光学仪器或在计算机显示屏幕上,凭借丰富的判读经验、扎实的专业知识和手头的相关资料,通过人脑的分析、推理和判断,提取有用的信息。自动识别分类是利用计算机通过一定的数字方法(如统计学、图形学和模糊数学等),采用"模式识别"的方法来提取有用信息,也称自动判读。目前目视判读仍在大量使用,未来运用人工智能方法和一些准则,将专家的知识和经验建立知识库,将遥感数据和其他资料建立数据库,模拟人工判读,设计专供遥感图像分析和解译的推理机,计算机针对数据库中的事实(数据),依据知识库中的原有的和运行中生成的知识,在推理机中根据推理准则,运用正向或反向推理、精确或不精确推理方式进行解译并做出决策。整套系统称为遥感图像自动判译专家系统。

2.5.1　景物特征和判读标志

(1)景物特征。景物特征主要有光谱特征、空间特征和时间特征,在微波区还有偏振特性。景物特征在图像上以灰度变化的形式表现出来,不同地物景物特征不同,在图像上的表现形式也不同。因此,判读员先根据图像上的变化和差别来区分不同类别,再根据其经验、知识和必要的资料,可以判断地物的性质或一些自然现象。

(2)判读标志。各种地物的各种特征都以各自的形式(或称样子、模式)表现在图像上,各种地物在图像上的各种特有的表现形式称为判读标志。

地物的波谱响应曲线与其光谱特性曲线的变化趋势一致。地物在多波段图像上特有的这种波谱响应就是地物光谱特征判读标志。不同地物波谱响应曲线是不同的,因此它们的光谱判读标志就不一样。

景物的各种几何形态为其空间特征,它与物体的空间坐标 X,Y,Z 密切相关,这种空间特征在像片上也是由不同的色调表现出来的。它包括通常目视判读中应用的一些判读标志:形状、大小、图形、阴影、位置、纹理和类型等。

对于同一地区景物的时间特征表现在不同时间地面覆盖类型不同,地面景观发生很大变化,如冬天冰雪覆盖,初春为露土,春夏为植物或树林枝叶覆盖。对于同一种类型,尤其是植物,随着出芽、生长、茂盛和枯黄的自然生长过程,景物及景观也在发生巨大变化。景物的时间特征在图像上以光谱特征及空间特征的变化表现出来。

(3)影响景物特征及其判读的因素。

1)地物本身的复杂性。由于地物种类的繁多,造成景物特性复杂变化和判读上的困难。从大的种类来看,种类不同,构成光谱特征的不同及空间特征的差别,有利于判读;但同一大类别又分为许多亚类、子亚类,空间特征及光谱特征很相似或相近,判读困难;同一种地物由于各种内在或外部因素的影响使其出现不同的光谱特征或空间特征,有时差别很大,易发生判读错误。

2)传感器特性的影响。传感器特性对判读标志影响最大的是分辨率。分辨率的影响可从几何分辨率、辐射分辨率、光谱分辨率及时间分辨率几个方面来分析。

a)几何分辨率。传感器瞬时视场内所观察到的地面场元的宽度称为几何分辨率。几何分辨率的大小并不等于判读像片时能可靠地(或绝对地)观察到像元尺寸的地物,与传感器瞬时视场跟地物的相对位置有关。

b)辐射分辨率(传感器的探测能力)。指传感器能区分两种辐射强度最小差别的能力。传感器的输出包括信号和噪声两大部分。如果信号小于噪声,则输出的是噪声。如果两个信号之差小于噪声,则在输出的记录上无法分辨这两个信号。

c)光谱分辨率即光谱探测能力,为探测光谱辐射能量的最小波长间隔,包括传感器总的探测波段的宽度、波段数、各波段的波长范围和间隔。

d)时间分辨率是指对同一地区重复获取图像所需的时间间隔。时间分辨率与所需探测目标的动态变化有直接的关系。各种传感器的时间分辨率,与卫星的重复周期及传感器在轨道间的立体观察能力有关。

(4)目视能力的影响。人眼目视能力包括对图像的空间分辨能力、灰阶分辨能力和色别与色阶分辨能力。

人眼的空间分辨能力与眼睛张角(分辨角)、影像离人眼的距离、照明条件、图像的形状和反差等有关。解决人眼空间分辨能力的限制造成的判读困难,可通过放大图像的比例尺,使用光学仪器放大观察的方法来克服。

人眼对灰度(亮度)信息的分辨,主要取决于视网膜上的视杆细胞的灵敏度。一般人眼能分辨十多级灰阶,因而判读标志的分辨也就受到限制。解决的办法是对图像进行反差拉伸,或进行密度分割、黑白发色或伪彩色编码等各种增强处理。

人眼视网膜上的视锥细胞能感受蓝、绿、红三原色。人眼颜色分辨能力比对灰阶分辨能力强得多,一般来讲能达50种左右,借助仪器的帮助能分辨出13 000多种颜色。

2.5.2 目视判读

(1)目视判读前准备工作。
1)对判读员进行训练(括判读知识、专业知识的学习和实践训练两个方面);
2)在判读前尽可能搜集充足的资料,以防止重复劳动和盲目性;
3)了解图像的来源、性质和质量;
4)使用判读仪器和设备(像片观察、像片量测和像片转绘)。
(2)目视判读基本流程。进行目视判读的基本流程主要包括以下几个步骤。
1)发现目标。根据图上显示的各种特征和地物的判读标志,先大后小,由易入难,由已知到未知,先反差大的目标后反差小的目标,先宏观观察后微观分析等,并结合专业判读的目的去发现目标。
2)描述目标。对发现的目标,应从光谱特征、空间特征和时间特征等几个方面去描述,再与标准的目标特征比较,就能判读出来。
3)识别和鉴定目标。利用已有的资料,对描述的目标特征,结合判读员的经验,通过推理分析(包括必要的统计分析)将目标识别出来。判读出来的目标还应经过鉴定后才能确认。鉴定的方法中野外鉴定最重要和最可靠,应在野外选择一些试验场进行鉴定,或用随机抽样方法鉴定。鉴定后要列出判读正确与错误的对照表,最后求出判读的可信度水平。也可以利用地形图或专用图,在确认没有变化区域内,对判读结果进行鉴定,还可以使用一些统计数据加以鉴定。

4)清绘和评价目标。图上各种目标识别并确认后应清绘成各种专题图。对清绘出的专题图可量算各类地物的面积,估算作物产量和清查资源等,经评价后提出管理、开发和规划等方面的方案。

2.5.3　自动识别分类

遥感图像自动识别分类是运用模式识别技术利用计算机对地球表面及其环境在遥感图像上的信息进行属性识别和分类,从而识别图像信息所对应的实际地物,并提取所需地物信息。与遥感图像目视判读技术相比较,目的一致,手段不同,目视判读是直接利用人类的自然识别智能,而计算机分类是利用计算机技术来模拟人类的识别功能。

遥感图像的计算机自动识别分类的主要识别对象是遥感图像及各种变换之后的特征图像,识别目的是国土资源与环境的调查。

遥感图像的自动识别分类主要采用决策理论(或统计)方法,按照决策理论方法,需要从被识别的模式(即对象)中,提取一组反映模式属性的量测值,称之为特征,并把模式特征定义在一个特征空间中,进而利用决策的原理对特征空间进行划分。遥感图像模式的特征主要表现为光谱特征和纹理特征两种。基于光谱特征的统计分类方法是遥感应用处理在实践中最常用的方法,而基于纹理特征的统计分类方法则主要作为光谱特征统计分类方法的辅助手段运用,目前还不能单纯依靠这种方法来解决遥感应用的实际问题。

(一)自动识别分类基础知识

(1)模式与模式识别的概念。"模式"是指某种具有空间或几何特征的事物,通俗的含义是某种事物的标准形式。一个模式识别系统对被识别的模式做一系列的测量,然后将测量结果与"模式字典"中一组"典型的"测量值相比较,若和字典中某一"词目"的比较结果是吻合或比较吻合,则可以得出所需要的分类结果。这一过程称为模式识别,对于模式识别来说,这一组测量值就是一种模式,不管这组测量值是不是属于几何或物理范畴的量值。

(2)光谱特征空间及地物在特征空间中聚类的统计特性。遥感图像的光谱特征通常是以地物在多光谱图像上的亮度体现出来的,即不同的地物在同一波段图像上表现的亮度一般互不相同;不同的地物在多个波段图像上亮度的呈现规律也不同,这就构成了我们在图像上赖以区分不同地物的物理依据。

(二)自动分类前预处理:特征变换及特征选择

遥感图像自动识别分类主要依据地物的光谱特性,也就是传感器所获取的地物在不同波段的光谱测量值。随着遥感技术的发展,获得的遥感图像不断增加,现在的成像光谱仪的波段数更是达到数百之多,能够用于计算机自动分类的图像数据非常多。虽然每一种图像数据都可能包含了一些可用于自动分类的信息,但是就某些指定的地物分类而言,并不是全部获得的图像数据都有用,如果不加区别地将大量原始图像直接用来分类,不仅数据量太大,计算复杂,而且分类的效果也不一定好。所以,为了设计出效果好的分类器,通常需要对原始图像数据进行分析处理。遥感图像自动分类前预处理方法主要包括特征变换和特征选择两种类型。

特征变换是将原有的 m 个测量值集合并通过某种变换,产生 n 个新的特征。特征变换的作用表现在两个方面：一方面减少特征之间的相关性，使得用尽可能少的特征来最大限度地包含所有原始数据的信息；另一方面使得待分类别之间的差异在变换后的特征中更明显，从而改善分类效果。特征选择是从原有的 m 个测量值集合中，按某一准则选择出 n 个特征。特征变换和特征选择，一方面能减少参加分类的特征图像的数目，另一方面从原始信息中抽取能更好进行分类的特征图像。

(1)特征变换。特征变换将原始图像通过一定的数字变换生成一组新的特征图像，这一组新图像信息集中在少数几个特征图像上，这样，数据量有所减少。遥感图像自动分类中常用的特征变换有主分量变换、哈达玛变换、生物量指标变换、比值变换以及穗帽变换等。

主分量变换也称 K-L 变换，是一种线性变换，是就均方误差最小来说的最佳正交变换；是在统计特征基础上的线性变换。对于遥感多光谱图像来说，波段之间往往存在很大的相关性，从直观上看，不同波段图像之间很相似；从信息提取角度看，有相当大的数据量是重复的、多余的。K-L 变换能够把原来多个波段中的有用信息尽量集中到数目尽可能少的特征图像组中去，达到数据压缩的目的；K-L 变换还能够使新的特征图像之间互不相关，也就是使新的特征图像包含的信息内容不重叠，增加类别的可分性。

哈达玛变换是利用哈达玛矩阵作为变换矩阵新实施的遥感多光谱域变换。

比值变换和生物量指标变换。比值变换图像用作分类有许多优点，它可以增强土壤、植被和水之间的辐射差别，压抑地形坡度和方向引起的辐射量变化。

穗帽变换又称 K-T 变换，由 Kauth 和 Thomas 研究后提出，也是一种线性特征变换。

(2)特征选择。在遥感图像自动分类过程中，不仅使用原始遥感图像进行分类，还使用多种特征变换之后的影像，总希望能用最少的影像数据最好地进行分类。在所有特征影像中选择一组最佳的特征影像进行分类，这就称为特征选择。

特征选择的方法主要包括定性分析和定量分析两类。定性分析方法主要是根据希望区分的类别选择与其在影像上特征有关的影像或影像分量种类；定量分析方法通常包括距离测度和散布矩阵测度来进行选择。

(三)监督分类

遥感图像自动识别分类是让计算机识别感兴趣的地物，并将识别的结果输出及给出识别正确率的评价。遥感图像自动识别分类方式有两种：监督分类法、非监督分类法。

监督分类是基于对遥感图像上样本区内地物的类别已知，利用这些样本类别的特征作为依据来识别非样本数据的类别。

监督分类的思想是首先根据已知的样本类别和类别的先验知识，确定判别函数和相应的判别准则，其中利用一定数量的已知类别的样本的观测值求解待定参数的过程称为学习或训练，然后将未知类别的样本的观测值代入判别函数，再依据判别准则对该样本的所属类别做出判定。

各个类别的判别区域确定后，某个特征矢量属于哪个类别可以用一些函数来表示和鉴别，这些函数就称为判别函数。判别函数是描述某一未知矢量属于某个类别的情况，如属于某个类别的条件概率。通常不同的类别都有各自不同的判别函数。当计算完某个矢量在不同类别判别函数中的值后，我们要确定该矢量属于某类必须给出一个判断的依据，这种判断的依据，我们称之为判别规则。监督法分类中常用的判别函数和判别规则包括两种：概率判别函数和贝叶斯判别规则、距离判别函数和判别规则。

监督分类的主要步骤如下。

（1）确定感兴趣的类别数。首先确定要对哪些地物进行分类，然后建立这些地物的先验知识。

（2）特征变换和特征选择。根据感兴趣地物的特征进行有针对性的特征变换。变换之后的特征影像和原始影像共同进行特征选择，以选出既能满足分类需要，又尽可能少参与分类的特征影像，加快分类速度，提高分类精度。

（3）选择训练样区。训练样区指的是图像上那些已知其类别属性，可以用来统计类别参数的区域。训练样区的选择要注意准确性、代表性和统计性三个问题。准确性就是要确保选择的样区与实际地物的一致性；代表性一方面指所选择区为某一地物的代表，另一方面还要考虑到地物本身的复杂性，必须在一定程度上反映同类地物光谱特性的波动情况；统计性是指选择的训练样区内必须有足够多的像元，以保证由此计算出的类别参数符合统计规律。实际应用中，每一类别的样本数都在 10^2 数量级左右。

（4）确定判别函数和判别规则。一旦训练样区被选定后，相应地物类别的光谱特征便可以用训练区中的样本数据进行统计。如果使用最大似然法进行分类，可以用样本区中的数据计算判别函数所需的参数和；如果使用盒式分类法则和用样区数据算出盒子的边界，判别函数确定之后，再选择一定的判别规则就可以对其他非样本区的数据进行分类。

（5）根据判别函数和判别规则对非训练样区的图像区域进行分类。

（四）非监督分类

非监督分类是指人们事先对分类过程不施加任何的先验知识，而仅凭遥感影像地物的光谱特征的分布规律，即自然聚类的特性进行"盲目"分类。其分类的结果只是对不同类别达到了区分，但并不能确定类别的属性。其类别的属性是通过分类结束后目视判读或实地调查确定的。非监督分类也称聚类分析。一般的聚类算法是先选择若干个模式点作为聚类的中心，每一中心代表一个类别，按照某种相似性度量方法（如最小距离方法）将各模式归于各聚类中心所代表的类别，形成初始分类。然后由聚类准则判断初始分类是否合理，如果不合理就修改分类，如此反复迭代运算，直到合理为止。

与监督法的先学习后分类不同，非监督法是边学习边分类，通过学习找到相同的类别，然后将该类与其他类区分开，但是非监督法与监督法都是以图像的灰度为基础的。通过统计计算一些特征参数，如均值、协方差等进行分类的。常用的非监督分类方法包括等 K -均值聚类法、ISODATA 算法聚类分析和平行管道法聚类分析等几种。

K -均值算法的聚类准则是使每一聚类中，多模式点到该类别的中心的距离的平方和最小。其基本思想是通过迭代，逐次移动各类的中心，直至得到最好的聚类结果为止。

ISODATA（Iterative Self - Organizing Data Analysis Techniques Algorithm）算法也称为迭代自组织数据分析算法。它与 K -均值算法有两点不同：第一，它不是每调整一个样本的类别就重新计算一次各类样本的均值，而是在每次把所有样本都调整完毕之后才重新计算一次各类样本的均值，前者称为逐个样本修正法，后者称为成批样本修正法；第二，ISODATA 算法不仅可以通过调整样本所属类别完成样本的聚类分析，而且可以自动地进行类别的"合并"和"分裂"，从而得到类数比较合理的聚类结果。

平行管道法聚类分析方法比较简单，它是以地物的光谱特性曲线为基础，假定同类地物的光谱特性曲线相似作为判别的标准。设置一个相似阈值，同类地物在特征空间上表现为以特征曲线为中心,以相似阈值为半径的管子,此即为所谓的"平行管道",其实质是一种基于最邻近规则的试探法。

非监督分类在整个分类过程中不受类别先验知识的影响,因此分类所得的每一类别究竟代表什么实际地物仍然不清楚。要确定这些类别与实际地物之间的关系还需进行归纳分析,通常在类别中进行抽样,然后到实地进行辨认,或者根据有关的旧图或其他参考资料确定所分类别的属性;没有类别的先验知识也很难保证分类中所有的特征是对被分类别最具判断能力的特征。采用监督分类方法所得的每一类别都有实际物理意义。监督分类法是遥感图像计算机分类中最常用的方法。

(五)非监督分类与监督分类的结合

监督分类与非监督分类各有其优缺点,实际工作中常将监督法分类与非监督法分类相结合,取长补短,进一步提高分类的效率和精度。基于最大似然原理的监督法分类的优势在于如果空间聚类呈现正态分布,就会减小分类误差,分类速度较快。监督法分类主要缺陷是必须在分类前圈定样本性质单一的训练样区,可以通过非监督法来进行。即通过非监督法将一定区域聚类成不同的单一类别,监督法再利用这些单一类别区域"训练"计算机。通过"训练"后的计算机将其他区域分类完成,这样避免了使用速度比较慢的非监督法对整个影像区域进行分类,使分类精度得到保证的前提下,分类速度得到了提高。具体步骤如下。

第一步:选择一些有代表性的区域进行非监督分类。这些区域尽可能包括所有感兴趣的地物类别。这些区域的选择与监督法分类训练样区的选择要求相反,监督法分类训练样区要求尽可能单一,而这里选择的区域包含类别尽可能地多,以便使所有感兴趣的地物类别都能得到聚类。

第二步:获得多个聚类类别的先验知识。这些先验知识的获取可以通过判读和实地调查来得到。聚类的类别作为监督分类的训练样区。

第三步:特征选择。选择最适合的特征图像进行后续分类。

第四步:使用监督法对整个影像进行分类。根据前几步获得的先验知识以及聚类后的样本数据设计分类器,并对整个影像区域进行分类。

第五步:输出标记图像。由于分类结束后影像的类别信息也已确定,所以可以将整幅影像标记为相应类别输出。

思考与练习

1.何谓遥感?遥感技术系统主要包括哪几部分?
2.遥感的主要特点表现在哪几方面?并举例说明。
3.计算机辅助遥感制图的基本过程?
4.什么是图像直方图?直方图的意义?
5.根据你所学的知识,列举遥感在你所学专业领域中的应用。

第3章 无人机遥感任务设备

3.1 无人机遥感任务设备类型

无人机遥感的功能载荷的种类较多,可分为被动式遥感任务设备、主动式遥感任务设备和航空遥感通用辅助任务设备。随着电子、电池和芯片等技术的发展,一些载荷体积、质量和功耗水平都足够低的载荷不断涌现,特别是光学载荷已经在各行业及领域得到了切实的应用。

被动式遥感任务设备和主动式遥感任务设备的主要区别在于信号发射源不同。被动式遥感任务设备指任务设备不带发射源,自身不发射信号,仅接收目标反射信号(如太阳光线信号、热辐射信号等),如可见光相机和摄像机系统、红外相机系统和多光谱成像仪等。主动式遥感任务设备指任务设备自带发射源,接收自身发射至目标并反射回来电磁波信号,一般由电源、发射机和发射天线、接收机和接收天线、转换开关、信号处理器、防干扰设备、显示器等组成,如激光测距仪、机载激光雷达系统和合成孔径雷达系统等。航空遥感通用辅助任务设备指为更好完成航空遥感工作的通用辅助任务设备,主要包括航空定位定向系统(POS)等。

3.2 航空定位定向系统(POS)

定位定向系统(Positioning and Orientation System,POS)集 DGPS 和惯性导航系统(INS)为一体。POS 系统主要包括 GPS 接收机和惯性测量单元 IMU(Inertial Measurement Unit)两个部分,所以也称为 GPS/IMU 集成系统。

3.2.1 POS 系统组成

POS 主要硬件部分包括惯性导航系统、DGPS 与 POS 系统计算机系统,POS 还包含一套事后处理软件用于融合数据事后处理,其组成示意图如图 3-1 所示。

其中 DGPS 通过用户与基站 GPS 接收机提供实时差分 GPS 定位信息,惯性导航系统提供载体实时角速度与加速度信息,通过 POS 计算机系统实时信息融合得到载体位置、速度和姿态等导航信息,同时 POS 采集惯性导航系统与 DGPS 的数据信息利用 POS 系统事后处理软件得到载体位置、速度和姿态等导航信息。

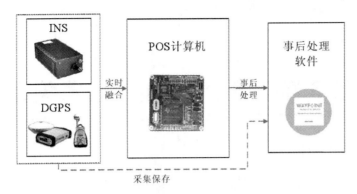

图 3-1 POS 系统硬件组成

3.2.2　POS 系统工作原理

惯性导航系统 INS 是由惯性测量单元 IMU 和控制系统组成,IMU 又包括三个加速度计、三个自由度陀螺仪以及必要的数字电路和图形处理器,利用三个加速度计测量载体在三轴方向上的平移加速度、一次积分获取载体的瞬间速度,同时,陀螺仪可以记录三轴在导航坐标系中的姿态角,并给出载体航向,以此实现对载体的导航工作。

GPS 是目前应用最为广泛的定位和导航系统,可以为用户提供实时的空间坐标信息、速度信息和精确授时。差分全球定位系统 DGPS 技术是在已知点位上安装设置 GPS 基准站,对目标点位置接收机进行同步观测,基于基准站空间坐标信息和改正参数,对目标点数据进行求差改正,并综合全部观测数据进行平差计算,获取精确的三维坐标。

IMU 可以实现导航的完全自主化,降低了外界信息的依赖性,可以提供较高精度的导航、速度和航向等信息,但采用 IMU 的系统的导航精度完全取决于自身系统的精确性,这样就造成定位误差的时间积累。DGPS 技术定位精度高,可以全天候进行连续定位,误差不随工作时长而积累,但采用 DGPS 技术的系统为非自主系统,不能实时提供姿态参数等,在运动过程中不易跟踪和捕获卫星信号,会造成定位精度的下降,因此采用基于卡尔曼滤波的方式将二者进行组合,形成互补,通过信息传递、数据融合和最优化求解,就可以获得运动过程中高精度的导航系统。

3.2.3　商用 POS 系统

目前商用的 POS 系统主要有两种:一种是加拿大 Applanix 公司的 POS AV 系统;另一种是德国 IGI 公司开发的 AEROcotrol 系统。

(1)POS AV 系统。加拿大 Applanix 公司开发的基于 DGPS/IMU 的定位定向系统。它主要由四个部分组成,惯性测量装置:IMU 由三个加速度计、三个陀螺仪、数字化电路和一个执行信号调节及温度补偿功能的中央处理器组成;GPS 接收机:GPS 系统由一系列 GPS 导航卫星和 GPS 接收机组成;计算机系统:包含 GPS 接收机、大规模存储系统和一个实时组合导航的计算机;数据后处理软件 POSPac:POSPac 数据后处理软件是通过处理 POS AV 系统在飞行中获得的 IMU 和 GPS 原始数据以及 GPS 基准站数据得到的最优的组合导航解。

(2)AEROcotrol 系统。由德国 IGI 公司开发的高精度机载定位定向系统。主要由三个部分组成,惯性测量装置:IMU 由三个加速度计、三个陀螺仪和信号预处理器组成;GPS 接收机:GPS 数据接收;计算机装置:采集未经任何处理的 IMU 和 GPS 数据并将它们保存在 PC 卡上用于后处理,协调 GPS,IMU 以及所用的航空传感器的时间同步,计算机装置实时组合导航计算结果作为 CCNS4 的输入信息。CCNS4 是用于航空任务的导航、定位和管理的系统。

3.2.4　POS 系统后处理软件

以加拿大 Applanix 公司的 POS AV 系统后处理软件 POSPac 为例介绍。

POS 系统后处理软件 POSPac 用于对航摄时 POS AV 系统接收的 IMU 观测数据、机载 GPS 观测数据及地面基准站接收的 GPS 观测数据进行联合后处理,可以得到最优的导航、定位结果。POSPac 软件主要包括四个子模块:GPS 数据处理模块 POSGPS,GPS/IMU 联合处理模块 POSProc,检校计算模块 POSCal 和外方位元素计算模块 POSEO。

(1)POSGPS:用于求解机载 GPS 相位中心的三维空间坐标。将地面基准站的观测数据与机载接收机的观测数据同时进行处理,利用载波相位差分定位技术提高 GPS 的定位精度。

(2)POSProc:利用 IMU 的姿态观测数据、POSGPS 模块输出的机载定位结果及其他相关参数,采用 Applanix 公司的专利算法,消除不同类型数据之间的不相容性,最终计算并输出传感器透镜中心的三维空间位置、IMU 姿态角信息和速度等导航信息。

(3)POSCal:利用 POSProc 模块的输出结果、外部输入的影像像点坐标和地面控制点坐标数据,计算航摄相机的检校参数和 POS 系统的视准轴误差检校参数。

(4)POSEO:根据 POSProc 模块的输出结果和用户选定的坐标系统,输出摄影测量计算时所需要的每幅影像的六个外方位元素。

3.3　可见光相机系统

据不完全统计,现有无人机遥感系统的传感器类型有 70% 以上为光学数码相机,因此,光学数码相机仍是无人机传感器的主要构成。在未来一段时间内,光学相机依然会是无人机遥感的重要载荷。

无人机光学遥感载荷按成像波段可分为全色(黑白)、可见光(彩色像片)、红外和多光谱传感器。按成像方式分为线阵列传感器和面阵列(框幅式)传感器。按相机用途可分为量测式和非量测式相机。由于无人机受到载荷和成本的限制,往往采用非量测式、可见光(RGB 三通道波段)的框幅式相机,即一般的市面上常用的单反、微单及卡片数码相机。

3.3.1　可见光相机发展现状

无人机遥感光学载荷方面,国内科研人员开展了大量集成研制工作。2004 年王斌永等设计了一款基于多面阵 CCD 传感器成像方式的小型多光谱成像仪,内置摄影控制软件,具备飞行控制系统通信、获取飞行参数、解算适宜曝光时间、修正曝光时间和实时存储数据等功能。2006 年贾建军等针对无人机遥感有效载荷的特点,利用成熟的商业光学镜头、相机机身、高分辨率大面阵 CCD 成像模块和嵌入式计算机硬件系统,通过光学、机械和电子学软硬件模块的集成,设计了一套实用的无人机大面阵 CCD 相机遥感系统。2013 年,刘仲宇等以保证系统的识别距离和相机像素数为目标,采用实时传统型商业数码相机为相机载荷,自行开发嵌入式硬件控制电路操控相机拍摄,集成开发了一款超小型无人相机系统,经过飞行试验,获得了高分辨率的清晰图像。

针对无人机单相机系统影像幅面小、基高比小等导致的飞行作业效率低、测图精度低等问题,国内相关科研机构研发了中画幅量测型数码相机和多款应用于无人机的组合宽角大幅面相机。中测新图(北京)遥感技术有限责任公司研制了 TOPDC-1 系列中画幅量测型数码相机,分为三种型号,分别具有 4 000 万、6 000 万和 8 000 万像素,并配备了 47 mm,80 mm 两种焦距可更换镜头。中国测绘科学院先后研制了 CK-LAC04 四拼相机和 CK-LAC02 双拼相机等多种适用于无人机的特小型组合特宽角相机,采用了不同于以往组合相机的新型机械结构方式,实现了组合相机的内部自检校。遥感科学国家重点实验室在设备研制类项目支持下,进行了由四个相机组合而成的超低空无人机大幅面遥感成图轻微性传感器载荷系统改造研制。在这些组合相机研制中,使用的单个相机一般为国外高端民用单反相机。

在直接用于无人机遥感的普通民用数码相机研制方面,我国与日本、美国等发达国家有一定的差距。目前国内在实际无人机遥感作业中使用的民用数码相机以国外品牌为主,佳能、尼康和索尼三大主流相机厂商属于绝对垄断地位。我国虽有爱国者、明基、海尔、海鸥、凤凰和宝淇等众多相机品牌,但因工艺水平不高,图像质量尚低于进口相机。国产数码相机在普通民用市场上占有一定份额,但较少用于无人机遥感中。

3.3.2 框幅式相机摄影测量基本原理

框幅式传感器的测绘原理为小孔成像原理,在某一个摄影瞬间获得一张完整的像片。一张像片上的所有像点共用一个摄影中心和同一个像片面,即共用一组外方位元素。因此,像点和物点之间可以用航测像片的共线方程来描述(见图 3-2)。

图 3-2 框幅式传感器成像原理——共线条件方程

$$x = -f\frac{a_1(X-X_S)+b_1(Y-Y_S)+c_1(Z-Z_S)}{a_3(X-X_S)+b_3(Y-Y_S)+c_3(Z-Z_S)}$$
$$y = -f\frac{a_2(X-X_S)+b_2(Y-Y_S)+c_2(Z-Z_S)}{a_3(X-X_S)+b_3(Y-Y_S)+c_3(Z-Z_S)} \tag{3-1}$$

一张像片可以得到物点对应的像点坐标,并由此可以列出两个共线方程,而未知的地面点坐标有三个未知数,因此无法从单张像片求解地面坐标。常用的方法是利用相邻摄站上拍摄的像片,采用空间前方交会(计算机视觉称为三角交会)的方法来计算地面坐标(见图 3-3)。

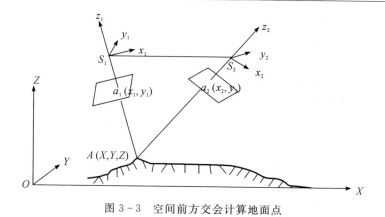

图 3 - 3　空间前方交会计算地面点

3.3.3　框幅式相机摄影指标参数

框幅式相机摄影主要指标参数包括像场角、摄影比例尺、地面采样距离、影像重叠度和基高比等,其中摄影比例尺和地面采样距离表示的是同一项指标参数,框幅式胶片相机航空摄影采用摄影比例尺,框幅式数码相机航空摄影采用地面采样距离。

(1)像场角。根据不同的应用需要,像场角(Field of View,FOV)有不同的定义方法。

图 3 - 4 (a)是以可视范围直径确定的像场角,称为全像场角;图 3 - 4(b)是以成像面长度方向可拍摄范围确定的像场角,称为长度方向像场角。

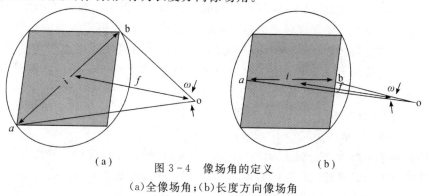

（a）　　　　　　　图 3 - 4　像场角的定义　　　　　　（b）

(a)全像场角;(b)长度方向像场角

令相机主距为 f,线段 ab 为物理平面上镜头的可视长度,记为 l,则像场角 ω 可按式(3 - 2)计算

$$\tan\frac{\omega}{2}=\frac{l}{2f} \tag{3 - 2}$$

由式(3 - 2)可见,对于选定的相机,像场角取决于相机主距 f 的大小。按照全像场角的大小,航空相机分为常角、宽角和特宽角三种, $\omega \leqslant 75°$ 为常角相机, $75° < \omega < 100°$ 为宽角相机, $\omega \geqslant 100°$ 为特宽角相机。

航空摄影对于像场角的选择,要顾及影像上投影差的大小以及高程测量精度对摄影基高比的要求。一般情况下,对于大比例尺单像测图(如正射影像制作和地形图修测),应选用常角相机;对于立体测图,则应选用宽角和特宽角相机。

(2)摄影比例尺。航空影像的比例尺指影像上的一个单位距离与其所代表的实际地面距离的比值。对于平坦地面拍摄的垂直摄影影像,影像比例尺 S 为相机主距 f 和摄站相对航高

H 的比值,即

$$S = \frac{f}{H} \tag{3-3}$$

当影像有倾斜、地面有起伏时,影像比例尺的计算比较复杂,实际影像比例尺在影像各点上并不相等,故一般用整幅影像的平均比例尺表示航空影像的摄影比例尺。

影像比例尺越大,地面分辨率越高,越有利于影像的解译和提高成图的精度。实际工作中,影像比例尺要根据测绘地形图的精度要求与获取地面信息的需要来确定。

(3)地面采样距离。数字影像的地面采样距离(Ground Sample Distance,GSD)指影像上单个像素所对应的地面实际距离。若相机物理成像面上的像素尺寸为 s,由影像比例尺关系式(3-3),平坦地面的垂直摄影影像上地面采样距离的计算公式为

$$GSD = \frac{s}{S} = \frac{H}{f}s \tag{3-4}$$

式中,S 为影像比例尺,H 为无人机相对航高,f 为相机主距。

由式(3-4)可见,对于选定的相机和主距,无人机的相对航高决定了影像的分辨率。一般认为,对于大比例尺测图,数字影像的分辨率应满足

$$GSD \leqslant 0.01M(\text{cm}) \tag{3-5}$$

式中,M 为成图比例尺分母。CH/Z 3005—2010 规定,成图比例尺 1:500,1:1 000,1:2 000 所需的数字影像地面采样距离分别为小于等于 5 cm,8~10 cm,15~20 cm。

(4)影像重叠度。一般情况下,连续拍摄的航空影像应该具有一定程度的重叠度,分为航向重叠度和旁向重叠度。要完成对于摄影区域的完整覆盖,航空摄影影像除了要有一定的航向重叠外,相邻航线的影像间也要求具有一定的重叠,以满足航线间接边的需要,称为旁向重叠。这种重叠不仅确保了一条航线上的完全覆盖,而且从相邻两个摄站可获取具有重叠的影像构成立体像对,是立体测图的基础。传统航空摄影测量作业规范要求航向应达到 56%~65% 的重叠,以确保各种不同的地面至少有 50% 的重叠。CH/Z 3005—2010 要求航向重叠度一般应为 60%~80%,最小不应小于 53%。

传统作业要求旁向重叠一般应为 30%~35%,地面起伏大时,设计重叠度还要增大,才能保证影像立体量测与拼接的需要。CH/Z 3005—2010 适当放宽了旁向重叠度的要求,要求一般应为 15%~60%,最小不应小于 8%。

图 3-5 为航空影像重叠度示意图,图 3-6 为相邻摄站影像航向重叠示意图。ω_x 为影像长度方向像场角,f 为相机主距,l 为影像长度方向可视长度,p 为航向重叠度,b 为相邻摄站之间的像方距离,也被称为像方摄影基线。

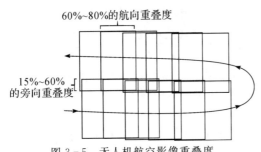

图 3-5 无人机航空影像重叠度

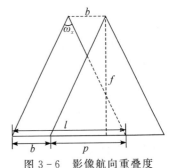

图 3-6 影像航向重叠度

由图 3-6 中的几何关系,可得像方摄影基线与航向重叠度之间的关系

$$b=(1-p)l \tag{3-6}$$

可得

$$b=(1-p)\times 2f\tan\frac{\omega_x}{2} \tag{3-7}$$

理论上,可以通过设定像方摄影基线 b 的大小控制影像重叠度,基线越短,影像重叠度越大。实际中,通过设定相邻摄站之间的物方距离,即物方摄影基线得到满足要求的影响重叠。由影像比例尺关系式(3-3),物方摄影基线 B 与航向重叠度之间的关系为

$$B=\frac{b}{S}=(1-p)\times 2H\tan\frac{\omega_x}{2} \tag{3-8}$$

类似地,可以通过设定相邻航线之间的距离控制影像旁向重叠度。

(5)基高比。基高比是摄影基线与相对航高的比值。基高比越大,组成立体像对的同名光线的交会角越大,立体测量的高程精度越高。所以当利用立体测量方法成图时,除了要保证影像的重叠度之外,还要求相邻影像之间满足一定的基高比条件。对于无人机低空大比例尺测图,由于数码相机的像幅一般较小,基高比一般小于传统航空摄影。

由式(3-3)和式(3-8),相邻影像之间的基高比公式为

$$\frac{B}{H}=\frac{b}{f}=2(1-p)\tan\frac{\omega_x}{2} \tag{3-9}$$

式(3-9)表明,在保持影像重叠度不变的条件下,基高比与影像像场角相关,像场角越大,基高比越大。另一方面,像场角越大,影像边缘的投影差也越大,因此在实际工作中对于相机像场角的选择,要综合考虑投影差和基高比的要求。当测区不采用立体测量方法成图时,一般应选择长焦距小视场角摄影,以限制影像的投影差;当测区采用立体测量方法成图,特别是对高差不大的测区进行立体测图时,一般选短焦距大视场角摄影。在城市低空摄影时,地物容易受高层建筑物的遮挡,所以在城市和坡度较大的地区摄影时相机焦距的选择,应同时顾及立体测量精度和避免低处地物被遮挡等因素。

3.3.4　典型无人机可见光相机系统

由于无人机体积和承重能力的限制,用于无人机遥感的光学载荷一般要求质量轻、体积小。目前,国内外无人机上使用的光学载荷主要有飞思、哈苏等中画幅数码相机和尼康、佳能、索尼、富士、徕卡以及三星等小画幅数码单反相机以及国内的 CKLAC02 双拼相机等。这类相机系统机身重量(不含镜头)较轻,外形尺寸较小,有效像素一般在 8 000 万像素以下,像元尺寸在 $3.9\sim 6.4\ \mu m$。下面简单介绍其中几款产品。

一、中画幅数码相机

(1)飞思相机 Phase One iXU 180。Phase One iXU 180(见图 3-7)是丹麦厂商飞思于 2015 年推出的全球最小的 8 000 万像素无人航拍照相机。虽然 Phase One 早在 2014 年初就已经在中画幅相机上配备了 CMOS 传感器,但这次的 iXU 180 配备的却是尺寸达 53.7 mm× 40.4 mm 的 CCD 传感器,分辨率高达 10 328×7 760,借助可选配件,相机的 ISO 范围在 35 至 800 间。在升空前,用户需要在 6 个快速同步施耐德·克鲁茨纳奇镜头中选择一个,每一个都支持电控中央叶片式快门,速度可达 1/1 600 s。iXU 180 的体积为 97.4 mm×93 mm×110 mm,重 925 g,可以以 RAW,JPEG 以及 TIFF 的格式输出照片。其支持 CF 卡,内置 GPS,同

时提供 USB 3.0 以及 RS232 串口通信,也提供安全电源输入及照相机触发器接口。

图 3-7 Phase One iXU 180 相机

(2)哈苏相机 Hasselblad H6D。2016 年 4 月哈苏公司发布了全新中画幅相机系统 H6D (见图 3-8),新产品包括搭载一亿像素传感器的 H6D-100c 和 5 000 万像素的 H6D-50c 两款机型。H6D 系列拥有全新的 COMS 和更快速的处理器,搭配 3 英寸 92 万画点触摸屏、SD+CFast 双卡槽,内建 Wi-Fi,USB 3.0 接口。H6D-100c 的 ISO 最高可达 12 800,提供1.5fps 的连拍速度,支持 15 挡动态范围。而 H6D-50c 则支持 14 挡动态范围、2fps 连拍速度。

图 3-8 哈苏 Hasselblad H6D 相机

(3)徕卡相机。2014 年 9 月徕卡发布了两款顶级 S 系列高性能级 Leica S(Type 007)(见图 3-9)和入门级 Leica S-E(Type 006)中画幅数码单反。Leica S(Type 007)内置 Wi-Fi 和 GPS 功能,机身采用镁铝合金材质,可在恶劣环境工作,搭载3 750万像素 30 mm×45 mm 徕卡 Pro 格式 CMOS 传感器,无低通滤镜,16 位色深,像素尺寸 6μm,感光度范围 ISO 100~6 400,双快门系统,2GB 机身缓存,最高连拍速度提升至 3.5 张/s。Leica S-E(Type 006)定位为入门级中画幅单反,机身采用镁铝合金材质,可以在恶劣环境工作,搭载 3 750 万像素 30 mm×45 mm CCD 传感器,16 位色深,单位像素尺寸 6μm,感光度范围 ISO

图 3-9 徕卡 Leica S(Type 007)相机

100~1 600,双快门系统,2GB 机身缓存,最高连拍速度提升至 1.5 张/s。

二、全画幅数码相机

(1)尼康全画幅相机。日本尼康公司于 2012 年 2 月推出全新 FX 格式尼康 D800 数码单镜

反光相机(见图 3-10),采用 3 630 万有效像素,并搭载了新型
EXPEED 3 数码图像处理器和约 91 000 像素 RGB 感应器,其
高清晰度和图像品质可匹敌中画幅数码相机的画质,还增加
了使用基于 FX 动画格式或者基于 DX 动画格式进行动画录
制的双区域模式全高清 D-movie(数码动画)等功能。

目前尼康全画幅数码相机系列包括 D600 系列(包括
D600,D610 等,有效像素 2 426 万)、D750(有效像素 2 432
万)、D800 系列(包括 D800,D810,D810A 等,有效像素
3 635万)、DF 系列(有效像素 1 625 万)、D5 系列(有效像素

图 3-10　尼康全幅单反 D810 相机

2 082 万)和 D850(有效像素 4 575 万)等,其中 D850 为 2017 年 8 月最新发布产品。

(2)佳能全画幅相机。日本佳能公司是世界著名的全画幅数码单反相机生产商,产品主要
包括 EOS-1D 系列、EOS 6D 系列、EOS 5D 系列和 EOS 5DS/5DS R 系列(见图 3-11),其中
EOS-1D 系列(包括 EOS-1D X Mark Ⅰ,EOS-1D X Mark Ⅱ)为高速、高画质相机,有效像
素 2 020 万;EOS 6D 系列(包括 EOS-6D,EOS-6D Mark Ⅱ)为轻便小巧的入门级全画幅相
机,有效像素 2 020 万;EOS 5D 系列(EOS 5D Mark Ⅰ,EOS 5D Mark Ⅱ,EOS 5D Mark Ⅲ,
EOS 5D Mark Ⅳ)为高性能全画幅相机,EOS 5D Mark Ⅰ,EOS 5D Mark Ⅱ,EOS 5D Mark Ⅲ
有效像素 2 020 万,EOS 5D Mark Ⅳ(2017 年发布新产品)有效像素 3 040 万;EOS 5DS/5DS R
系列(2016 年发布新产品)是目前像素最高的全画幅单反数码相机,有效像素 5 060 万。

图 3-11　佳能尼康全幅单反 6D 相机、5D3 相机、5DS 相机

(3)索尼全画幅相机。日本索尼公司也是世界著名的全画幅数码相机生厂商,产品分为全
画幅单反系列、全画幅微单系列和全画幅卡片机系列。全画幅单反为 A99 系列,目前最新型
号为 A99 二代系列(A99M2/a99 Ⅱ),有效像素 4 240 万,感光度范围 ISO 100~25 600,带 5 轴
防抖功能;全画幅微单包括 ILCE-9 系列(9/a9)、ILCE-7 系列(a7,a7R)、ILCE-7 二代系列
(ILCE-7RM2/a7SM2 系列)、ILCE-7 三代系列(ILCE-a7RM3)(见图 3-12);全画幅卡片
机包括黑卡全画幅数码相机 DSC-RX1RM2/RX1R2。

ILCE-9 系列(9/a9)是索尼推出的全画幅旗舰微单,带镜头防抖(OSS 防抖)和影像传感
器位移防抖(5 轴防抖)功能,可拍 4K 视频、有效像素 2 420 万、感光度范围 ISO 100~51 200、
机身重量 588 g。

ILCE-7 系列(a7/a7k,a7R)是索尼推出的高性能全画幅微单,带镜头防抖(OSS 防抖)功
能,a7/a7k 有效像素 2 430 万、a7R 有效像素 3 640 万,机身重量 416 g,最高连拍速度 5 张/s。

ILCE-7 二代系列包括 a7S Ⅱ,a7 Ⅱ,a7R Ⅱ型号,带镜头防抖(OSS 防抖)和影像传感器位
移防抖(5 轴防抖)功能。a7S Ⅱ为高速高画质相机(可拍 4K 视频),有效像素 1 220 万,感光度

范围 ISO 100~102 400,机身重量 584 g;a7 II 为高画质相机,有效像素 2 430 万,感光度范围 ISO 100~25 600,机身重量 556 g;a7R II 为高像素相机(可拍 4K 视频),有效像素 4 240 万,感光度范围 ISO 100~25 600,机身重量 582 g。

ILCE - 7 三代系列(ILCE - a7RM3),有效像素 4 240 万,4K 摄像,感光度范围 ISO 100~32 000,带镜头防抖(OSS 防抖)和影像传感器位移防抖(5 轴防抖),连拍速度 10 张/s,主机重量 572 g。

黑卡全画幅数码相机是一款不可更换镜头(35 mm 蔡司 T* 广角镜头)的全画幅数码卡片机,黑卡一代(包括 DSC - RX1,DSC - RX1R 型号)有效像素 2 430 万,黑卡二代(包括 DSC - RX1,DSC - RX1R II 型号)有效像素 4 240 万,全套(含电池和记忆棒)主机重量 504 g,感光度范围 ISO 100~25 600。

图 3 - 12 索尼 a7R 相机、索尼 a7R II 相机、索尼 a7R III 相机

三、APS 画幅数码相机

APS(Advanced Photo System)原意是指"高级摄影系统",是数码相机普及前的一种过渡产品。APS 胶卷有 C,H,P 三种尺寸,H 型是满画幅(30.3 mm×16.6 mm)、长宽比为 16:9,C 型(24.9 mm×16.6 mm)是在满画幅的左右两头各挡去一端、长宽比为 3:2,P 型(30.3 mm×10.1 mm,又称为全景模式)是满幅的上下两边挡去个一条、长宽比例为 3:1。APS - C 画幅指数码相机的 CCD(CMOS)尺寸与 APS 的 C 型画幅大小相仿,大约在 25 mm×17 mm 左右,大约是全画幅 CCD(CMOS)面积的一半,也称半幅机。

大多数 APS 画幅数码单反相机均采用 APS - C 画幅,尺寸相仿但也有出入。尼康相机最大,CCD(CMOS)尺寸为 23.7 mm×15.6 mm,它的全画幅比例系数是×1.5;佳能相机稍小一点,CCD(CMOS)尺寸为 22.5 mm×15.0 mm,它的全画幅比例系数是×1.6;索尼相机更小,CCD(CMOS)尺寸为 21.5 mm×14.4 mm;适马相机最小,CCD(CMOS)尺寸为 20.7 mm×13.8 mm,它的全画幅比例系数是×1.7。

(1)佳能 APS 画幅相机。佳能 APS 画幅相机主要包括微单数码相机(主要包括 EOS M3,EOS M6,EOS M100 等型号)和单反数码相机(主要包括 EOS 7D Mark II,EOS 77D,EOS 80D,EOS 100D,EOS 200D,EOS 750D,EOS 800D,EOS 1300D 等),有效像素均为 2 420 万像素。

(2)索尼 APS 微单系列。索尼 APS 画幅相机主要包括微单数码相机(主要型号包括 ILCE - 5000,ILCE - 5100,ILCE - 6000,ILCE - 6300,ILCE - 6500 等,有效像素 ILCE - 5000 为 2 010 万,其余为 2 420 或 2 430 万)、ILCA - 77 II 系列(ILCA - 77M2,ILCA - 77M2M)单反数码相机(有效像素为 2 430 万像素)和 ILCE - QX1 镜头式微单数码相机(有效像素为 2 010 万)。

(3)尼康 APS 微单系列。尼康 APS 画幅相机主要包括 J5 可换镜头微单数码相机和单反数码相机(主要包括 D500,D3400,D5300,D5600,D7100,D7200,D7500 等,有效像素 D500 和

D7500 为 2 088 万像素、其余为 2 416 万像素)。

(4)宾得 APS 微单系列。宾得(PENTAX)APS 画幅相机主要包括 J5 可换镜头微单数码相机和单反数码相机(主要包括 K - S1/K - S2,K - 3Ⅱ/K3Ⅱ,KP,K - 70 等,有效像素为 2 432万像素或 2 424万)。

3.3.5　应用

无人机光学载荷已经在各个应用领域发挥了重要作用,被成功应用于抢险救灾、设备巡检、环境保护和国情监测等方面。

(1)地震救灾。地震具有突发性和强破坏性的特点,地震灾害的救援过程中,情报的时效性非常关键。地震发生以后,必须快速掌握地震灾害早期综合情报,快速调查清楚地震灾害造成的损失,以便迅速准确地制订救灾决策和实施措施,把灾害造成的损失减少到最小。但是,由于震后通讯、交通中断,而且,地震后往往余震不断,采用常规手段无法快速了解灾情信息。

无人机航空遥感系统可以快速获取地震灾区信息,利用其搭载的传感器真实记录灾区地球表面的自然地貌、人工景观以及人类活动的痕迹,能够准确客观、全面地反映地震后灾区的全面景观,为震害调查、损失快速评估提供科学依据,而且可以确定极震区位置、灾区范围、宏观地震烈度分布、建筑物和构筑物破坏概况以及急需抢修的工程设施等,以便为震后速报灾情、快速评估地震损失和救灾减灾提供决策。

(2)电力巡线。为了保证电力输电线路的安全运营,电力部门对电力输电线路进行定期巡检就显得尤为重要。电力线路巡检是指对输电通道、塔杆和输电部件巡检,及时发现输电设备存在的安全隐患。传统的巡检工作主要依靠人工,野外工作环境恶劣而且劳动强度大,效率低。在悬崖、沼泽等危险地区,巡视人员的生命安全受到威胁,当发生地震、滑坡或水灾等自然灾害时,巡视人员便无法开展巡视工作。与其他电路巡检方式相比,无人机具有飞行空域低,没有空中管制的限制,不受气候、地理环境的影响,操作简单,容易掌握,可不间断工作等特点,因此,无人机携带传感器设备低空巡检可以很好地解决这些问题。

(3)生态与环境保护。自然保护区和饮用水源保护区等需要特殊保护区域的生态环境保护一直以来是各级环保部门工作的重点之一,而自然保护区和饮用水源保护区大多有着面积较大、位置偏远和交通不便的特点,其生态保护工作很难做到全面细致。环保部门可采用无人机遥感系统每年同一时间获取需要特殊保护区域的遥感影像,通过逐年影像的分析比对或植被覆盖度的计算比对,可以清楚地了解到该区域内植物生态环境的动态演变情况。无人机遥感系统生成高分辨率遥感影像甚至还可以辨识出该区域内不同植被类型的相互替代情况,这样对区域内的植物生态研究也会起到参考作用。

(4)地形图测绘。2012 年 10 月 16 日,山东省首次采用无人机技术完成的昌邑市 1∶500 大比例尺地形图,顺利通过山东省测绘产品质检站的验收,填补了省内空白。昌邑市 1∶500 大比例尺地形图测绘项目由北京东方道迩信息技术股份有限公司济南分公司绘制完成。该项目作为智慧昌邑信息化建设项目的一部分,受高空飞行限制,该公司采用无人机低空摄影,获取了昌邑市主城区地面分辨率为 4 cm 的数字影像,通过外业控制、外业调绘及内业数据处理,最终完成了昌邑市主城区 1∶500 地形图测绘工作,作业面积 30 km²。无人机航空摄影测量技术具有方便、快捷、成本低和效率高的优点,在数字城市建设和农村集体土地确权发证工作中具有广泛的应用前景。

3.4 倾斜摄影相机系统

3.4.1 倾斜摄影相机类型

无人机倾斜摄影相机根据不同分类标准可分为不同类型。

(1)按配置相机数量分类,无人机倾斜摄影相机可分为五镜头倾斜相机、三镜头倾斜相机和两镜头倾斜相机,其中两镜头倾斜相机又可细分为固定角度两镜头倾斜相机和可倾角度两镜头倾斜相机。五镜头倾斜相机适合不同飞行平台,一次飞行完成倾斜摄影作业,生产效率较高;三镜头倾斜相机和固定角度两镜头倾斜相机主要适用于固定翼飞行平台,至少两次飞行完成倾斜摄影作业,生产效率较低;可倾角度两镜头倾斜相机适用于飞行速度不大于 5 m/s 的旋翼飞行平台,可以一次飞行完成倾斜摄影作业,生产效率最低。

(2)按照配置相机类型分类,可分为中画幅倾斜相机、全画幅倾斜相机、APS 画幅倾斜相机和小画幅倾斜相机。通常倾斜相机 CCD(CMOS)有效像素、倾斜影像质量和倾斜摄影生产效率与相机倾斜画幅成正比,但系统重量、相机成本和对数据记录速度要求更高与相机倾斜画幅成反比。

(3)按搭载飞行平台类型分类,可分为固定翼平台倾斜相机、旋翼平台倾斜相机和通用平台倾斜相机。固定翼平台倾斜相机指安装在固定翼飞行平台上的倾斜相机,一般要求倾斜相机镜头焦距较长、曝光间隔较短以及数据记录速度快;旋翼平台倾斜相机指安装在旋翼飞行平台上的倾斜相机,相比固定翼平台倾斜相机镜头焦距较短、曝光间隔可稍长以及数据记录速度可稍慢;通用平台倾斜相机可分别搭载在固定翼飞行平台和旋翼飞行平台,通常相机镜头焦距适中、曝光间隔较短以及数据记录速度快。

3.4.2 常见倾斜摄影相机

(1)大型倾斜摄影相机系统。大型倾斜摄影相机系统通常由 5 个 8 000 万像素以上的中画幅数码相机组成,内置高性能 POS(IMU/DGPS)系统,正直相机镜头焦距通常为 50 mm,倾斜相机镜头焦距通常为 80 mm,作业使用航空摄影专用稳定云台,系统重量一般不小于 20 kg,飞行平台一般采用有人驾驶的固定翼飞机、直升机或动力三角翼等,价格较高,适合大范围的倾斜摄影三维实景建模项目,典型设备包括徕卡公司的 RCD30 倾斜相机、北京四维远见信息技术有限公司的 SWDC-5 数字航空倾斜摄影仪、中测新图(北京)遥感技术有限责任公司的 TOPDC-5 倾斜数字航摄系统、上海航遥信息技术有限公司的 AMC850 倾斜摄影系统和大型倾斜相机 AMC5100 等。

1)Microsoft Vexcel:UltraCam Opesys。UltraCam Opesys 系统共有 10 个相机,包括 4 个垂直下视相机和 6 个倾斜相机。垂直下视相机参数:全色影像尺寸 11 674×7 514 像素,像元大小 6.0 μm,焦距 51 mm;RGBN 影像尺寸 6 735×4 335 像素。倾斜相机参数:左右视 RGB 影像尺寸为 6 870×4 520 像素,前后视 RGB 影像尺寸为 2×6 870×4 520 像素(拼接后为13 450×4 520 像素),像元大小 5.2μm,焦距 80 mm。UltraCam Opesys 相机系统如图 3-13 所示。

图 3 - 13　UltraCam Opesys 相机系统

2）IGI：Quattro DigiCAM Oblique。Quattro DigiCAM Oblique 系统由 4 个镜头组成,可以方便地调整成为 1 个大幅面下视或者 4 个倾斜视相机。若调整为正直摄影模式,影像尺寸为 18 500×12 750 像素;若调整为倾斜摄影模式,可同时获取 4 幅倾斜影像,每一幅影像尺寸最高可达 6 000 万像素,相机倾角 45°。Quattro DigiCAM Oblique 相机系统如图 3 - 14 所示。垂直摄影与倾斜摄影模式切换示意图如图 3 - 15 所示。

图 3 - 14　Quattro DigiCAM Oblique 相机系统

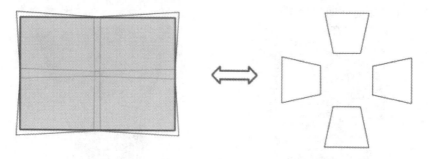

图 3 - 15　垂直摄影与倾斜摄影模式切换示意图

3）Leica：RCD30 Oblique。RCD30 Oblique 系统由 1 个下视镜头和 4 个倾斜视镜头组成。影像尺寸为 6 000 万像素,可升级至 8 000 万像素,镜头可选择 RGB 或者 RGBN 镜头。该系统可切换为三视模式或五视模式,三视模式镜头倾斜角 45°,五视模式镜头倾斜角 35°,下视与倾斜视影像之间均有重叠。Leica RCD30 Oblique 相机系统如图 3 - 16 所示,三视模式和五视模式如图 3 - 17 所示。

图 3-16 Leica RCD30 Oblique 相机系统

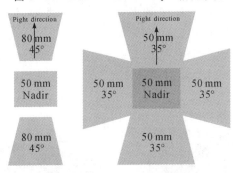

图 3-17 三视模式和五视模式

4)Trimble:AOS。AOS 系统由 1 个下视镜头和两个倾斜视镜头组成,每曝光一次镜头平台自动旋转 90°,以此获取 4 个倾斜方向的影像。每个镜头获取的影像尺寸为 7 228×5 428 像素,焦距为 47 mm,视场角达 114°。Trimble AOS 相机系统如图 3-18 所示,Trimble AOS 相机倾斜影像如图 3-19 所示。

AOS 系统特点如下:

a)下视与两倾斜视之间有一定重叠,单次曝光的三张影像拼接后成碟形;

b)由于传感器平台的旋转,航线规划有一定的难度;

c)两次曝光最短时间间隔为 3 s。

图 3-18 Trimble AOS 相机系统　　图 3-19 Trimble AOS 相机倾斜影像

5）Track'Air：Midas。Midas 系统是由 1 个垂直相机和 4 个倾斜相机组成的 5 相机系统。相机采用 5 台 Cannon EOS IDs Mk Ⅱ，每台 2 100 万像素，倾斜角可在 30°～60°范围内进行调节，最短曝光时间 2.5 s，最大相对航高约 3 962 m，系统集成 Applanix POS AV 310 系统。Track'Air Midas 相机系统如图 3 - 20 所示。

图 3 - 20　Track'Air Midas 相机系统

6）四维远见：SWDC - 5。北京四维远见信息技术有限公司的 SWDC - 5 是国内最早推出的国产航空倾斜摄影仪，由 1 个垂直相机加上 4 个倾斜相机组成，相机采用哈苏相机。倾斜相机的倾角为 40°～45°，同时拍摄所得到的多视角影像、建筑物墙体纹理真实，主要用于城市三维建模，可广泛应用于智慧城市基础地理空间建设领域（城市规划、管理、数字城管、公安和社区实景三维建模等）。SWDC - 5 数字航空倾斜摄影仪可集成多款中画幅专业数码相机，有效像素从 6 000 万到 1 亿，正直相机镜头焦距通常为 40 mm/50 mm/70 mm/80 mm，倾斜相机镜头焦距通常为 70 mm/80 mm/100 mm/110 mm，系统重量约 100 kg，支持 POS2010/POS AV510/AP50/AP20 等多种 POS 系统和 GSM4000/PAV80/PN - 14 等多种相机稳定平台，系统畸变差小于 2μm，最短曝光间隔 0.6～1.8 s。SWDC - 5 数字航空倾斜摄影仪如图 3 - 21 所示。

图 3 - 21　SWDC - 5 数字航空倾斜摄影仪

7）上海航遥：AMC580。AMC580 系统由 1 个垂直相机加 4 个倾斜相机组成。像幅尺寸 10 328×7 760(8 000 万像素)，焦距为下视 50 mm/55 mm/80 mm，倾斜 80 mm/110 mm，像元大小为 5.2 μm，倾斜角 42°或者 45°，系统集成了 Applanix POS AV 系统。上海航遥 AMC580 相机系统如图 3 - 22 所示。

图 3 - 22 上海航遥 AMC580 相机系统

(2)轻型倾斜摄影相机系统。轻型倾斜摄影相机系统通常由全画幅单反数码相机或 APS 画幅微单数码相机组成,通常不内置 POS(IMU/DGPS)系统,集成相机数量从 2 个、3 个、5 个到 10 个不等,相机镜头焦距通常较短,系统重量一般在 1.5～10 kg 之间(通常轻度集成改装重量较重,深度集成改装重量较轻,全画幅系列倾斜摄影相机系统重量可控制在 2.0～3 kg),飞行平台主要采用无人驾驶的固定翼无人机、无人直升机或多旋翼无人机等,价格适中(通常 10 万～70 万元之间),适合中等范围的倾斜摄影三维实景建模项目,若采用无人机集群作业可媲美大型倾斜摄影相机系统。典型设备包括苏州创飞智能科技有限公司的倾斜摄影相机(Chuang - C2,Chuang - C3 和 Chuang - C3S)、哈瓦国际航空技术(深圳)有限公司的 HARWAR - YT - 5POPC Ⅳ 和 HARWAR - YT - 5POPC Ⅲ 倾斜摄影相机、北京红鹏未来无人机科技有限公司的轻型倾斜相机 (RF5100,TF5100)和微型倾斜相机(AP1800,AP2300,AP5600)、江苏鸿鹄无人机应用科技有限公司的"天目"倾斜相机和"慧眼"倾斜相机、上海航遥信息技术有限公司的 ARC336 倾斜航空摄影系统和 AMC1036 多视角航空照相机系统、武汉大势智慧科技有限公司的双鱼倾斜相机、天津腾云智航科技有限公司(中海达旗下)的 iCam - Q5 倾斜摄影相机等。下面以苏州创飞智能科技有限公司的 Chuang - C3S 倾斜摄影相机为例进行简单介绍。

创飞 Chuang - C3S 倾斜摄影相机深度集成了 5 个全画幅超轻型 CCD 传感器,融入高精度计算方式一键运行,免调模式,同步触发、曝光、记录、存储的运行方式,彻底解决了空中虚焦、照片质量差、丢片等问题。单机有效像素 3 600 万,总像素 1.8 亿,系统总重量 2.2 kg,镜头焦距 35 mm,相机倾斜角度 45°,最小曝光间隔 1 s,内部存储总容量 700 GB,影像采集最大分辨率 1 cm,适用于各类直升机、多旋翼飞机,可执行大范围、高分辨率的倾斜航空摄影任务。 Chuang - C3S 倾斜摄影相机如图 3 - 23 所示。

图 3 - 23 苏州创飞 Chuang - C3S 倾斜摄影相机

（3）微型倾斜摄影相机系统。微型倾斜摄影相机系统通常由普通定焦数码相机、运动相机或手机类数码相机组成，集成相机数量通常为 5 个，相机镜头焦距短，系统重量一般小于 1.0 kg，通常深度集成改装，飞行平台主要采用各种消费级多旋翼无人机等，价格低，适合开展倾斜摄影三维实景建模研究、小范围倾斜摄影项目。典型设备包括北京观著信息技术有限公司的航摄超微传感器（蜻蜓 5S 倾斜摄影相机和蜂鸟 5S 倾斜摄影相机和 Chuang‑C3S）、北京帝图科技有限公司的 KG 系列倾斜摄影相机（KG650，KG800 和 KG1000）、北京正能空间信息技术有限公司的 ZN190 五镜头倾斜摄影相机等。ZN190 五镜头倾斜摄影相机如图 3‑24 所示。

下面以北京正能空间信息技术有限公司的 ZN190 五镜头倾斜摄影相机为例进行简单介绍。

图 3‑24　ZN190 五镜头倾斜摄影相机

ZN190 五镜头倾斜摄影相机是一款新型的倾斜相机，飞行平台可采用大疆精灵 3、精灵 4 消费级多旋翼无人机。ZN190 相机具有体积小、重量轻、操作便捷和价格便宜的特点，对相机各部件重新标定改造后可以做相机畸变改正，出具真实畸变改正参数，完全满足普通倾斜摄影应用要求。ZN190 相机总像素 1.9 亿（单相机像素 3 800 万），像元尺寸 1.4 μm，相机使用时间 40 min。

3.4.3　应用

无人机倾斜摄影相机外载荷的主要功能是三维实景模型重建，广泛应用于数字（智慧）城市（工程）、电力电路巡检、数字旅游、数字文物保护和数字地形（地籍）图测绘，在环保监测、智慧交通（水利、消防等）等方面均有大量的成功应用实例，详见 5.4 节。

3.5　红外相机系统

红外光学最初又被叫作军事光学，首先被广泛应用于军事领域，如制导、侦察、搜索、预警、探测、跟踪、全天候前视和夜视、武器瞄准等，20 世纪 70 年代以后，被广泛应用于工业、农业、医学和交通等民用领域。

3.5.1　红外相机发展现状

在红外技术的发展过程中，探测器是核心技术，每一种新型红外探测器的诞生，都会带来红外探测技术的长足进步。红外探测器按工作机理可划分为热探测器和光子探测器两大类。热探测器材料在吸收红外辐射后会产生温度变化，进而使探测器的物理性质发生变化，比如电阻率变化、电容变化或产生温差电势等。

通过测试这些物理性质的变化,就可以测试出热探测器吸收的红外辐射的强度,从而获知目标的信息。常见的热探测器包括热释电探测器和微测热辐射计。光子型探测器利用半导体光电效应制成。某些半导体材料在受到红外辐射后,内部的电子会直接吸收红外辐射而导致材料的物理性质发生改变,比如吸收光子后电导率发生变化的光导器件,以及吸收光子后产生光生载流子的光伏器件等。光子型探测器直接依靠内部电子吸收红外辐射,不需要等待材料温度的变化,因此响应更快更灵敏,信噪比更佳。光子型探测器是当今发展最快、应用最为广泛的红外探测器。

PbS 是第一种实用的红外光子探测器,响应波长可至 3 μm,在第二次世界大战期间的德国开始发展,并在战争中得到多种应用。20 世纪 40—50 年代,3～5 μm 大气窗口的 PbSe,PbTe,InSb 等多种红外探测器材料得到发展,它们的响应波长都超过了 PbS。同时,发现掺杂了铜、锌和金的非本征锗探测器的响应波长可达到 8～14 μm 的长波红外波段以及 14～30 μm 的甚长波红外波段。20 世纪 50 年代末 60 年代初,科学家们对Ⅲ-Ⅴ,Ⅳ-Ⅵ,Ⅱ-Ⅵ族窄禁带半导体合金的研究发现了 $InAs_{1-x}Sb_x$,$Pb_{1-x}Sn_xTe$ 以及 $Hg_{1-x}Cd_xTe$ 等材料体系。这些合金允许通过调整元素的组分来改变禁带宽度,进而调整探测器的响应波段以满足不同的应用需求。1959 年,$Hg_{1-x}Cd_xTe$ 材料的成功制备是红外探测器技术发展史中里程碑式的事件。科学家们很快发现通过改变 $Hg_{1-x}Cd_xTe$ 的禁带宽度,可以获得几乎覆盖所有重要大气窗口的响应波段。美国 Honeywell 公司的研究人员很快为美国空军设计出了工作波段在 8～12 μm、工作温度在 77 K 液氮温度的实用 $Hg_{1-x}Cd_xTe$ 探测器。高光学吸收系数、高电子迁移率、低热产生速率以及良好的禁带宽度调控性,使得 $Hg_{1-x}Cd_xTe$ 探测器在随后的四十多年里得到快速发展并成为应用最广泛的红外探测器。但 $Hg_{1-x}Cd_xTe$ 材料生长困难,结构完整性差,组分不均匀。为了克服这些缺点,研究人员探索了很多用来替代的材料,包括 20 世纪 70 年代发现的 PbSnTe,20 世纪 80 年代的 InGaAs,20 世纪 90 年代的量子阱探测器等,形成了以 $Hg_{1-x}Cd_xTe$ 材料为主,其他材料为辅的红外探测器格局。

随着科技的进步,各种结构新颖且性能优良的红外探测器不断相继问世,器件性能也在逐步提高,如更高的灵敏度、更高的工作温度、更低的噪声以及更宽的波长覆盖范围等,这些优点将使红外技术在未来得到更加广泛和深入的应用。

3.5.2 红外相机成像原理

红外辐射是波长介于可见光和微波之间的一种电磁波,又被称为红外光、红外线。红外辐射最早于 1800 年被英国天文学家 William Herschel 发现。当一个物体温度高于绝对零度(−273℃)时,它就会自发辐射红外线,其红外辐射的能量由物体的温度和表面条件决定,在常温下物体的自发辐射主要是红外辐射。根据红外辐射在大气层中的传输特性,可以将红外辐射按波长分为近红外(0.76～3 μm)、中红外(3～5 μm)和远红外(8～12 μm)。

从目标和背景发出的红外辐射,在大气中传输并受到衰减后,由红外光学系统接收并形成目标像,红外探测器将目标像通过光电转换形成电信号,电信号经过放大、滤波和校正等一系列处理后得到目标的各种信息。与可见光、X 光等波段相比,目标在红外波段具有其特有的吸收或反射特性,从中可以获得更加丰富的信息。红外相机成像原理如图 3-25 所示。

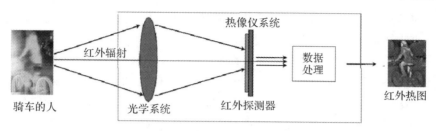

图 3-25　红外相机成像原理

近红外波段主要接收太阳的辐射,在白天日照条件良好时感知、探测和搜集目标的信息,典型载荷有多光谱成像仪、红外航扫描仪等;中红外波段包含地物反射及发射的光谱,用来探测高温目标,例如森林火灾、火山等,典型载荷有被动式红外夜视仪等;远红外波段主要接收地物发射的光谱,是常温下地物热辐射能量最集中的波段,所探测的信息主要反映地物的发射率及温度,适于夜间成像,典型载荷有红外相机、热红外成像仪等。

按照工作方式的不同,红外载荷可以分为主动式和被动式两种。主动式载荷通过向目标发射红外线,接收反射的红外辐射进行成像,如主动式红外夜视仪。被动式载荷通过感光元件感知地物辐射成像,如热像仪、红外扫描仪、多光谱成像仪和被动式红外夜视仪等。

3.5.3　红外相机分类

红外载荷产品根据探测波段(长波、中波、短波)、成像方式(凝视型、推扫型、扫描型)、是否获取多个光谱通道(多谱段红外相机)和是否获取精细光谱信息(高光谱成像)进行类别划分。

(1)中红外相机。中红外相机是在中波红外波段成像的载荷成品,它的主要部件包括中波红外镜头、中波红外焦平面探测器、成像电子学及后续处理软件产品。Onca 系列相机采用的材料是 MCT,光谱范围在 $3.7\sim4.8\ \mu m$ 或 $2.5\sim5\ \mu m$,具有隐蔽性好、能昼夜工作、穿透烟雾与尘埃的能力很强的特性,特别适合在长距离远程监视,其主要特性包括高图像保真度;覆盖中波及部分短波范围;支持添加额外 4 个滤光片,满足多光谱测量的应用需求;高动态范围、高灵敏度;先进的实时图像修正;InSb 或 MCT 面阵列;兼容 GigE Vision 接口等。中红外相机如图 3-26 所示。

图 3-26　中红外相机

(2)热红外相机。热红外相机是在长波红外波段成像的载荷产品,对于无人机遥感平台而言,其设计指标主要包括成像波段、空间分辨率、成像视场和辐射分辨率等技术指标。

H2640 红外热像仪是 NEC 公司的顶级之作,采用 640×480 像素探测器,适合于远距离测试,不需带望远镜头,空间分辨率为 0.6 mrad,可以探测小目标异常点,带 130 万像素彩色可见光数码镜头。同时拍摄可见光图像和红外热图像,可以获得组合图像,清晰定位可疑区域,带高清晰度取景器,适合于室内外使用,内置照明灯可在黑暗幻境拍摄可见光图像。热红外相机如图3-27所示。

(3)中红外双波段相机。红外多波段相机是带光谱特性的红外载荷,相对于单波段的红外相机,因具备多个谱段成像能力,其成像探测效果大大加强,应用领域更广。中红外双波段相机的主

图 3-27　热红外相机

要应用是针对较高温度目标,通过双波段的设置,使其具备一定的伪装识别能力。国内中国科学院上海技术物理研究所已研制出相关产品。

(4)热红外四波段相机。美国航空航天局喷气推进实验室制成的世界首台 4 波段红外相机,可以探测光谱范围在 $3\sim5~\mu m$,$8\sim10~\mu m$,$10\sim12~\mu m$ 和 $13.5\sim15.5~\mu m$ 的辐射,像素分辨率为 640×512。此相机基于量子阱红外光电探测器技术,适用于天气预报和污染遥感等方向,已用于研究非洲植被燃烧对环境的影响及有关的生态效应。相对于单纯的红外相机而言,其识别能力得到大大增强。

(5)热红外成像光谱仪。热红外成像光谱仪能够获取红外谱段连续的窄光谱图像,相比红外相机,其物质识别能力大幅增强,可用于各类物质的精细化测量与识别。

3.5.4 应用

无人机红外载荷在环保监测、火灾监测和监控救援等方面均有成功的应用实例。

(1)环保监测。国外将无人机红外载荷用于环境监测做得比较成熟,主要有大气污染监测、水环境污染监测和废弃物污染监测等。比如,通过特定传感器可以观测对流层的温度和压力以及高浓度气溶胶和气体的含量,探测臭氧、水蒸气和二氧化碳等气体和烟雾的泄漏;监测水生和陆地环境有害废物的排放和工业事故的发生;监测工业废渣处理情况。

2006 年 4 月美国加利福尼亚大学圣地亚哥分校 Scripps 海洋学院的大气科学家 Veerabhadran Ramanathan 领导的研究小组,在印度南面的马尔代夫群岛利用三架 Manta 型无人机研究了污染物质对云层形成的影响以及受污染云层对地球表面的影响,并在 Nature Letter 上发表了文章,阐述了污染物质与地球变暖之间的关系。

(2)火灾监测。林业是全国生态建设的主体,在保持经济和社会发展中有着不可或缺的作用,如何有效利用高科技手段解决林业资源调查、森林防火等问题,已成为林业工作的重中之重。目前,国外森林防火中应用了较多的新技术和新设备,国内在此方面的应用需求也日益增加,对森林保护的投入逐渐加大,先后运用卫星进行资源普查、森林火场监视,而使用无人机系统对森林火情监测则还是初始阶段。

早在 2005 年,意大利学者 Rufino 和 Moccia 针对森林火灾监控,集成了一套含有热像仪和可见近红外波段的成像光谱仪在内的、使用无线电遥控的固定翼无人机系统。该项目的目标是研制紧凑的航空平台和遥感系统,用于监测森林火灾等自然灾害。

(3)监控救援。当一架小型飞机坠毁在偏远的地区或一艘渔船迷失在大海中或登山者徒步旅行时失联,救援队必须通过搜索扫描事发地寻找受害人或残骸的证据。特别是,人员失踪之后的一段时间内身体的热量是一项关键搜索指标。此外,在黑暗、寒冷的环境里,一个人身体的热量可能是搜索的唯一依据。2012 年,西班牙学者 Molina 等开始使用装有视频摄像头和热像仪的旋翼无人机搜索营救失踪人员。

3.6 多光谱成像仪

光谱成像技术是 20 世纪 80 年代开始在多光谱遥感成像技术的基础上发展起来的新一代光学遥感技术,是一种可以同时获得一维光谱信息和二维空间信息的信息获取技术。大视场、宽谱段、高空间和高光谱分辨率、高信噪比是成像光谱技术始终追求的目标。视场大,扫描周期短,适时性就好;谱段宽、光谱分辨率高就可以探测到单谱段和多谱段探测不到的光谱信息;空间分辨高对空间位置和空间形态的探测就更加准确。后来在成像光谱技术基础上衍生出高光谱、超光谱等概念。

但在追求高性能的同时,成像光谱技术的发展也受到现有技术条件和经济成本的制约。目前新兴的无人机平台轻便、灵活、成本低,如果将成像光谱仪进行相应的轻小型化、低成本化改进,再将其与轻小型无人机配合,将极大地推动成像光谱仪的普及应用。

3.6.1　成像光谱仪发展现状

1983 年,世界上第一台成像光谱仪 AIS－1 在美国研制成功,并在矿物填图、植被生化特征等方面取得了成功,显示出了高光谱遥感的魅力。1987 年由 NASA 喷气推进实验室研制的航空可见光,红外光成像光谱仪(AVIRIS)成为第二代高光谱成像仪。第三代高光谱成像光谱仪是克里斯特里尔傅里叶变换高光谱成像仪(FTHSI),它采用了 256 通道,光谱范围为 400～1 050 nm之间,光谱分辨率为 2～10 nm,视场角为 150°。在此后,许多国家都先后研制了航空成像光谱仪。如美国的 AVIRIS,DAIS,加拿大的 FLI,CASI,德国的 ROSIS 以及澳大利亚的 HyMap 等。

经过 20 世纪 80 年代与 90 年代的发展,一系列高光谱成像系统在国际上被研制成功并在航天航空平台上获得了广泛应用。到 20 世纪 90 年代后,在高光谱遥感应用上一系列重要的技术问题,如高光谱成像信息的定标、定量问题,以及成像光谱图像信息可视化及多维表达问题,图像与光谱的变换和光谱信息的提取,大量数据信息的处理,光谱的匹配和光谱的识别、分类等问题得到了基本解决之后,高光谱遥感一方面将由实验研究阶段逐步转向实际应用阶段,并且技术发展方面由以航空系统为主开始转向于航空和航天高光谱分辨率遥感系统相结合的阶段。至今为止国际上已有许多种航空成像光谱仪处于运行状态,在实验研究以及信息的商业化方面发挥着重要作用。

20 世纪 80 年代初、中期,在国家科技攻关项目和 863 计划的支持下,我国也开展了光谱成像技术的独立发展计划。我国成像光谱仪的发展,经历了从多波段到成像光谱扫描,从光学机械扫描到面阵推扫的发展过程。

根据我国的使用情况先后开发出了满足海洋环境监测和森林探火的需求的以红外和紫外波段以及以中波和长波红外为主体的航空专用扫描仪,满足地质矿产资源勘探方面的短波红外光谱区间(2.0～2.5 mm)的 6～8 波段细分红外光谱扫描仪(FIMS)和工作波段在 8～12 mm 光谱范围的航空热红外多光谱扫描仪(ATIMS)。

在此以后我国又自行研制了更为先进的推帚式成像光谱仪(PHI)和实用型模块化成像光谱仪(OMIS)等,并得到国内外的多次应用,这些新的成像光谱系统不仅在地质和固体地球领域研究中发挥了巨大的作用,而且在生物地球化学效应、农作物和植被的精细分类、城市地物甚至建筑材料的分类和识别方面也都有很好的结果。

2002 年 3 月在我国载人航天计划中发射的第三艘试验飞船“神舟三号”中,搭载了一台我国自行研制的中分辨率成像光谱仪。

2007 年 10 月 24 日我国发射的“嫦娥－1”探月卫星上,成像光谱仪也作为一种主要载荷进入月球轨道。这是我国的第一台基于傅里叶变换的航天干涉成像光谱仪,它具有光谱分辨率高的特点。

2011 年 9 月 29 日 21 时 16 分 3 秒在酒泉卫星发射中心发射的天宫一号携带了我国新研

究出的高光谱成像仪。新的高光谱成像仪由中科院长春精密机械与物理研究所以及上海技术物理研究所共同研制,是当时我国空间分辨率和光谱综合指标最高的空间光谱成像设备,在空间分辨率、波段范围、数目以及地物分类等方面达到了国际同类遥感器先进水平。

3.6.2 成像光谱载荷原理

成像光谱系统的核心技术,是将传统的二维成像遥感技术和光谱技术有机地结合在一起,在用成像系统获得被测物空间信息的同时,通过光谱仪系统把被测物的辐射分解成不同波段的谱辐射,能在一个光谱区间内获得每个像元几十甚至几百个连续的窄波段信息。成像光谱技术可以同时获取目标的几何特征和光谱特征。

典型的成像光谱原理如图 3-28 所示。其中 A 是目标,B 是望远成像系统,C 是入射狭缝,D 是准直镜,E 是分光系统,F 是会聚镜,G 是探测器。地物目标首先经过望远成像系统成像在入射狭缝处,入射狭缝起到视场光阑的作用决定视场,然后经过准直镜,再经过分光(棱镜或光栅)系统,目标的辐射按波长的不同进行分离,最后经过会聚镜成像在探测器上。若探测器是面阵探测器,系统将获取二维数据,此时在目标和成像系统间安装上的扫描系统或分光系统的状态发生变化,将获取第三维数据,与前面两维一起组成数据立方体。一个典型的数据立方体如图 3-29 所示,任意目标均可以沿着光谱维获取其光谱信息。成像光谱载荷原理如图 3-28和图 3-29 所示。

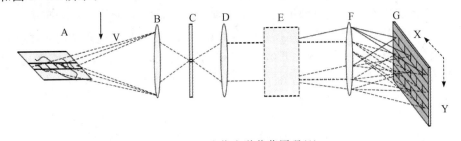

图 3-28 成像光谱载荷原理(1)

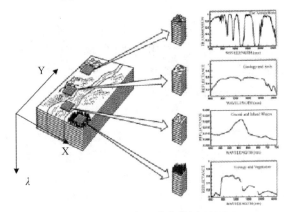

图 3-29 成像光谱载荷原理(2)

3.6.3 应用

(1)精准农业。在农林业上的应用很多,如农作物长势分析、作物类别鉴定、病虫害防治分析和产量评估等。

2005 年 6 月 12 日我国首次利用地物光谱仪进行了高空监测小麦条锈病。在位于昌平小汤山的"国家精准农业研究示范基地"小麦实验田,国家自然科学基金项目研究的"基于 3S 技术的小麦条锈病监测预警"采用热气球所进行的近地遥感监测小麦条锈病初步获得成功,这在我国尚属首次。

（2）自然灾害和灾情评估。自然灾害监测和灾情评估可以包括很多种,如洪涝、干旱、雪灾、森林大火、地震以及海洋状况等。

赤潮是指海洋微藻、细菌和原生动物在海水中过度增殖或聚集致使海水变色的一种现象。随着经济发展,沿海富营养化加剧,近年来赤潮的频繁发生和规模的不断扩大,破坏了渔业资源和海产养殖业,赤潮毒素也严重威胁着人类的生命安全。2002 年我国海域共发现赤潮 79次,累计面积超过 10 000 平方千米,直接经济损失 2 300 万元。利用机载高光谱成像仪,获得了赤潮爆发现场 8G 高光谱数据,"逮"到了赤潮。通过海监船的现场取样和事后数据分析,上海技物所高光谱成像仪利用赤潮种类鉴别软件,数据质量良好,很好地反映了赤潮光谱特性。所以,利用高光谱成像仪获得的数据,可以迅速对赤潮做出反应,有利于赤潮的及早发现、分类、控制和治理,从而减小赤潮的危害。

3.7 机载激光雷达系统

激光雷达（Light Detection and Ranging, LiDAR）是一种主动式的现代光学遥感技术,是传统雷达技术与现代激光技术相结合的产物。激光具有高亮度性、高方向性、高单色性和高相干性等特点,因此激光雷达具有一系列独特的优点:角分辨率高、距离分辨率高、速度分辨率高、测速范围广、能获得目标的多种图像以及抗干扰能力强。同时激光雷达的体积和重量都比微波雷达小,使用方便灵活。

3.7.1 激光雷达载荷发展现状

20 世纪 60 年代,人类就开始了利用激光作为遥感设备的探索。20 世纪 70 年代的美国阿波罗登月计划中就应用了激光测高技术。机载激光扫描技术的发展,源自 1970 年美国航天局的研发。因全球定位系统 GPS 及惯性导航系统 INS 的发展,使精确的即时定位及定姿付诸实现。到 20 世纪 80 年代末,以机载激光雷达测高技术为代表的空间对地观测技术在多等级三维空间信息的实时获取方面产生了重大突破,激光雷达探测得到了迅速发展。德国斯图加特大学 1988—1993 年间将激光扫描技术与即时定位定姿系统结合,形成了机载激光扫描仪。目前国际上机载激光雷达探测系统（硬件）已具备对地综合探测能力,并已出现一些商用系统,成功地进行了火星、月球和地球的探测。

目前,约有 75 个商业组织使用着 60 多种类似的系统,例如 Top Scan, Optech, Top Eye, Saab, Fli - map, Topo Sys, Hawk Eye 等系统。能够提供机载激光雷达测量设备的仪器生产厂商有瑞士的徕卡公司、加拿大的 Optech 公司和奥地利的 Rigel 公司等。美国、加拿大、澳大利亚和瑞典等国为浅海地形测量开发了低空机载系统,使用机载激光测距设备、全球定位系统 GPS 和陀螺稳定平台等设备,飞行高度 500～600 m,可以直接进行测距与定位,最终得到浅海地形（或 DEM）。

国内方面,中国科学院遥感应用研究所李树楷教授等研究的机载三维成像系统于 1996 年完成该系统原理样机的研制,该系统还有别于目前国际上流行的机载激光扫描测高系统,它将激光测距仪与多光谱扫描成像仪共用一套光学系统,通过硬件实现了 DEM 和遥感影像的精确匹配,直接获取地学编码影像,但由于国内目前尚无法生产高精度 IMU 和激光扫描装置,以至于该系统激光点密度很低,平面和高程精度无法达到大比例尺成图要求。武汉大学李清泉教授等开发研制了地面激光扫描测量系统,但还没有将定位定向系统集成到一起,目前主要用于堆积测量。华中科技大学在"八五"期间成功地研制出了我国第一套机载激光海洋探测试验系统。中国科学院上海光机所研制了我国新一代机载激光测深系统,目标最大测深能力为50 m。由于我国目前还没有高精度的 INS 系统以及性能可靠的激光扫描测距装置,机载激光扫描测距系统还不够成熟。2007 年,我国的嫦娥一号卫星也搭载了由我国自主研制的激光高度计,配合 CCD 相机,获得了精确的月球表面三维数字高程信息,得到了清晰的月球立体图像和月球两极地区的表面特征。

相对于机载激光雷达对地探测系统硬件的快速发展,机载激光雷达数据的后处理和应用的研究明显滞后。各种数据过滤与分类算法都还具有一定的局限性,不很成熟。荷兰 Delft 技术大学在植被及建筑物的自动识别与分类以及道路的半自动提取等方面取得了初步成果;融合多光谱数据、GIS 数据、航空影像数据进行高层次处理还处于研究阶段;基于激光雷达测量数据的地物提取、城市建模等国际上还刚起步,目前主要集中在奥地利 Vienna 技术大学、荷兰 Delft 技术大学、俄亥俄州立大学、德国斯图加特大学和加拿大的卡尔加里大学等。

3.7.2 激光雷达原理

机载激光雷达系统主要包括激光测距仪、惯性导航系统 INS 和动态 DGPS 接收机。机载激光雷达对地探测示意图如图 3-30 所示。激光测距仪用于测定激光雷达信号发射点到地面目标点间的距离;惯性导航系统利用惯性测量单元 IMU 来测定飞机的扫描装置主光轴的姿态参数;动态 DGPS 接收机用来确定激光雷达信号发射点的空间位置。

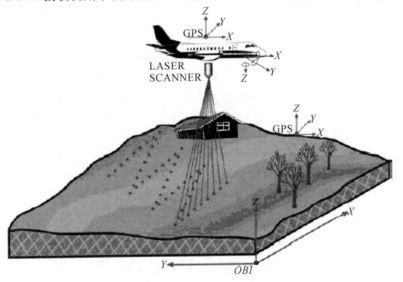

图 3-30　机载激光雷达系统测量示意图

激光雷达工作的基础是通过量测信号传播时间来确定扫描仪与对象点的相对距离。目前从工作方式上看,激光测距可分为两大类:脉冲激光测距和连续波激光测距。考虑到作用距离,通常机载激光雷达采用的是脉冲激光测距方式。机载激光雷达系统距离测量原理如图 3-31 所示。

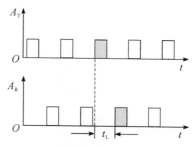

图 3-31　机载激光雷达系统距离测量原理

如图 3-31 所示,脉冲模式下系统直接量测信号传播时间与距离的关系为

$$S = \frac{1}{2}ct_L \tag{3-10}$$

式中,S 表示扫描仪中心到地面目标点间距离,c 表示光波在真空中的传播速度,约为 3×10^8 m/s。因此,只要求得精确的时间 t_L 就能得到距离 S。

3.7.3　典型产品

以无人机为平台的小型机载激光雷达,具有体积小、携带方便等优点。目前国内外激光雷达厂商及机构纷纷推出了自己的小型激光雷达产品。

(1)Riegl VUX-1 轻小型机载激光扫描仪。VUX-1 是奥地利 Riegl 公司推出的一款质量仅为 3.6 kg 的轻小型机载激光扫描仪。VUX-1 的精度为 10 mm,扫描速度为 200 线/s,最大作业高度为 350 m,可以搭载在多种无人机飞行平台上,其优秀的测量性能和超高的系统集成度,可以轻松应对各种项目。VUX-1 的设计充分考虑了无人机飞行器特殊的硬件特点和飞行特征,能以任意方向进行安装,以适应无人飞行器有限的空间。其低功耗的特点,使整个设备仅需采用单一电源供电,从而大大减轻了整个系统的重量,满足了无人机苛刻的载荷要求。测量过程中获取的数据都保存在 VUX-1 内置的 240 G 固态硬盘上,并通过局域网 TCP/IP 接口,提供实时的扫描线数据显示。奥地利 Riegl VUX-1 轻小型机载激光扫描仪如图 3-32 所示。

图 3-32　奥地利 Riegl VUX-1 轻小型机载激光扫描仪

(2)美国 HDL-32E 轻小型激光扫描仪。HDL-32E 是美国 Velodyne Acoustics 公司推出的轻小型激光扫描仪(见图 3-33),高 14.5 cm,直径 8.6 cm,质量小于 2 kg。在一个保温

杯大小的体积内,HDL-32E 集成了 32 组激光发射器和激光接收器,激光器组可以实现+10°
到-30°角度调节,可提供极好的垂直视野,持有专利的旋转头设计,水平视野可达 360°,转动
频率最高为 20 Hz,每秒输出 70 万像素,适用于需求量日益增大的真实自主导航、3D 移动绘
图及激光雷达相关应用。

图 3-33 美国 HDL-32E 轻小型激光扫描仪

(3)YellowScan Suveyor。法国航空测量及工程公司 YellowScan 在 2016 年向全球推出
了其最新的激光雷达 UAS(无人机系统)测量解决方案 YellowScan Suveyor。YellowScan
Suveyor 是一个高度集成的轻型激光雷达平台,尺寸只有 100 mm×150 mm×140 mm,包括
电池的总体质量仅仅为 1.5 kg,可以实现相对精度 3 cm,绝对精度 5 cm 的 3D 数据采集,是世
界上最轻、最精确的一体化激光雷达系统。法国 YellowScan Suveyor 小型机载激光扫描仪如
图 3-34 所示。

图 3-34 法国 YellowScan Suveyor 小型机载激光扫描仪

3.7.4 应用

机载激光雷达技术除可以应用于直接生成 DSM 数据以外,还广泛应用于林业、电力、城
市地物提取、水利、近海岸地形测绘、地质灾害调查和国家安全等。

(1)地质测绘。激光雷达测量精度要优于传统测量方法,所提供的地面点云数据,可详细
反映出所测地物的立体形态,实现三维建模,满足高精度影像微分纠正的需要。如图 3-35 所
示分别为 2006 年和 2009 年张家湾滑坡群的点云建模图,通过对比可以发现山体出现了细微
的滑坡。同时,激光雷达真正实现了非接触式测量,减少了野外作业量,摆脱了数字摄影测量
平台的限制,降低了地质测绘成本。

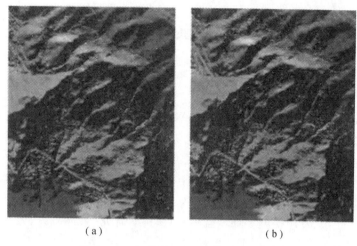

（a）
　　　　　　　　（b）

图 3 - 35　机载激光点云用于地质测绘

（a）2006 年；（b）2009 年

　　（2）数字城市建模。在数字化程度越来越高的今天，基于二维城市形象系统已经不能满足形象时代的要求，将三维空间形象完整呈现已经成为发展的必然，激光雷达系统在城市中更能体现其不受航高、阴影遮挡等限制的优势，能够快速采集三维空间数据和影像，房屋建模速度快、高程精度高以及纹理映射自动化程度高，能够满足分析与测量的需求，广泛用于城市规划的大比例尺地形图获取，具体处理过程效果如图 3 - 36 所示。

图 3 - 36　利用点云数据进行建筑三维建模示意图

　　（3）电力规划和巡线。对于规划电网线路，通过机载激光雷达测量技术采集和处理的规划沿线数据，为电力线路优化、外业勘测和设计施工提供数据支持与指导。对于已建设电网线路，利用机载激光雷达测量技术采集和处理的电网沿线数据，可以恢复电线实际形状，具体效果如图 3 - 37 所示。

图 3 - 37　高密度点云数据分类后电力设施侧视图

3.8 合成孔径雷达系统

3.8.1 雷达分类

雷达(Radar,radio detection and ranging)指"无线电探测和测距",即用无线电的方法发现目标并测定它们的空间位置的电子设备,也被称为"无线电定位"。雷达发射电磁波对目标进行照射并接收其回波,由此获得目标至电磁波发射点的距离、距离变化率(径向速度)、方位和高度等信息。雷达在白天黑夜均能探测远距离目标,不受雾、云和雨的阻挡,具有全天候、全天时的特点,并具有一定的穿透能力,已成为军事上必不可少的电子装备,还广泛应用于社会经济发展(如气象预报、资源探测和环境监测等)和科学研究(天体研究、大气物理和电离层结构研究等)。星载和机载合成孔径雷达已经成为当今遥感中十分重要的传感器。

雷达的种类繁多,分类方法非常复杂。

(1)按照雷达用途分类,可分为军用雷达和民用雷达两大类,也可细分为空中监视雷达(如远程预警、地面控制的拦截等)、空间和导航监视雷达(弹道导弹告警、卫星监视等)、表面搜索和战场监视雷达(地面测绘、港口和航道控制)、跟踪和制导雷达(表面火控、弹道制导等)、航行管制雷达、导航雷达、气象雷达(降雨和风的观测和预测等)以及天文和大地测量雷达(行星观测等)等。

(2)按定位方法分类,可分为有源雷达、半有源雷达和无源雷达等。

(3)按装设地点分类,可分为地面雷达、舰载雷达、航空雷达和卫星雷达等。

(4)按照雷达信号形式分类,可分为脉冲雷达、连续波雷达、脉部压缩雷达和频率捷变雷达等。

(5)按照角跟踪方式分类,可分为单脉冲雷达、圆锥扫描雷达和隐蔽圆锥扫描雷达等。

(6)按雷达频段分,可分为米波雷达、分米波雷达、厘米波雷达、毫米波雷达和其他波段雷达、超视距雷达、微波雷达和激光雷达等。

(7)按照目标测量参数分类,可分为测高雷达、二坐标雷达、三坐标雷达、敌我识对雷达和多站雷达等。

(8)按照天线扫描方式分类,可分为机械扫描雷达、相控阵雷达等。

(9)按照雷达采用的技术和信号处理方式分类,可分为相参积累和非相参积累、动目标显示、动目标检测、脉冲多普勒雷达、边扫描边跟踪雷达、真实孔径雷达(RAR)、合成孔径雷达(SAR)和干涉雷达(InSAR)等。

雷达在测绘遥感应用中主要使用侧视成像雷达系统,此类成像雷达系统通常安装在机载或星载平台上通过电磁波扫描地球表面获取地面二维图像。成像雷达系统主要包括真实孔径雷达、合成孔径雷达和干涉雷达等三种类型,其中干涉雷达属于合成孔径雷达的特殊种类。真实孔径侧视雷达的分辨率包括距离分辨率(与目标距离无关,与脉冲宽度有关;目标距离要求一致时,脉冲宽度越小,距离分辨率越高,但要求设备更大、发射功率越大,费用昂贵)和方位分辨率(与波瓣角有关;电磁波波长越短、天线孔径越大、观测距离越短,其方位分辨率越高),高分辨率的真实孔径侧视雷达在机载或星载平台上使用均受到限制,目前测绘遥感主要使用体积和功耗更小、分辨率更高的合成孔径雷达。

合成孔径雷达(SAR)是一种高分辨率成像雷达,是利用一个小天线沿着长线阵的轨迹等速移动并辐射相参信号,把在不同位置接收的回波进行相干处理,从而获得较高分辨率的成像雷达,可分为聚焦型和非聚焦型两类。利用雷达与目标的相对运动把尺寸较小的真实天线孔径用数据处理的方法合成较大的等效天线孔径的雷达,也称综合孔径雷达。合成孔径雷达可以在能见度极低的气象条件下得到类似光学照相的高分辨雷达图像,其特点是分辨率高(如其高方位分辨力相当于一个大孔径天线所能提供的方位分辨力),能全天候工作,能有效地识别伪装和穿透掩盖物。合成孔径雷达的首次使用是在 20 世纪 50 年代后期,经过近 60 年的发展,合成孔径雷达技术已经比较成熟,各国都建立了自己的合成孔径雷达发展计划,各种新型体制合成孔径雷达应运而生,在民用与军用领域发挥着重要作用。

干涉雷达(InSAR)指采用干涉测量技术的合成孔径雷达,也有称双天线 SAR 或相干 SAR,是新近发展起来的空间对地观测技术,是传统的 SAR 遥感技术与射电天文干涉技术相结合的产物。它通过两条侧视天线同时对目标进行观测(单轨道双天线模式),或一定时间间隔的两次平行观测(单天线重复轨道模式),来获得地面同一区域两次成像的复图像对(包括强度信息和相位信息),若复图像对之间存在相干条件,SAR 复图像对共轭相乘可以得到干涉图,根据干涉图的相位值,得出两次成像中微波的路程差,从而计算出目标地区的地形、地貌以及表面的微小变化,可用于数字高程模型建立、地壳形变探测等。

3.8.2　合成孔径雷达发展现状

合成孔径雷达的概念产生于 20 世纪 50 年代。1952 年,美国古德伊尔公司的 Carl Wiley 首先提出了通过分析侧视雷达回波信号的多普勒频率的方法来提高方位向分辨率(角分辨率),称为"多普勒波束锐化",该方法的提出具有里程碑式的意义。美国伊利诺依大学控制系统实验室独立地进行实验,证实了多普勒频率分析方法确实能改善雷达方位向分辨率,并于 1953 年 7 月得到了第一张非完全聚焦的图像。

1953 年夏天,在美国密歇根大学的暑期研讨会上,合成孔径的概念被许多学者提出,并明确了合成孔径方法可分为聚焦和非聚焦。1957 年 8 月,密歇根大学雷达和光学实验室通过研制的 SAR 系统进行了飞行实验,得到了第一张全聚焦的 SAR 图像。从此,合成孔径雷达和合成孔径原理得到了人们的认可,并进入了快速发展时期。由于 SAR 成像计算量惊人,最初只能采用光学处理进行成像,直到 20 世纪 70 年代,电子技术的飞速发展才使 SAR 成像数字处理成为可能。1980 年,德国开始研制工作于 L/C 波段的机载 SAR 系统,该系统的成像分辨率在 2 m 以下,并且具有实时成像功能。

1978 年,美国发射的海洋卫星 SEASAT - A 首次将 SAR 系统带入了空间领域,标志着星载 SAR 历史的开始。

近些年来,无人机载 SAR 也逐渐成为合成孔径雷达发展的一个重要分支。由于无人机运载能力有限,所以对雷达的体积和重量要求比较高,因此通常也要求成像算法比较简便。无人机体积小、重量轻,不易被探测到,所以便于进入敌方深处进行近距离的探测和侦察工作,这样无人机载 SAR 的工作频段就可以选择抗干扰能力更强的毫米波段,而不再需要考虑电磁波的衰减。美国 1998—2006 年研制的 MWTIS 机载雷达,工作频率为 94 GHz,作用距离为 7~8 km,被首先安装在了无人机上,"全球鹰""捕食者"等无人机装载该雷达在几千米高空侦察地面静止目标时,其分辨率可达到 0.1~1 m。

我国对 SAR 的研究起源于 20 世纪 70 年代后期,首先是中科院展开了对 SAR 研究的工作,于 1976 年建立了我国第一个雷达的实验室,主要是从事机载 SAR 成像方面的研究,经过了三年的努力于 1979 年得到了我国第一张合成孔径雷达的图像。该系统主要工作在 X 波段且没有采用脉冲压缩的技术,分辨率可达到 180 m×30 m。1983 年我国研制成功了单通道、单极化和单测视的机载合成孔径雷达系统,此雷达工作在 X 波段,图像分辨率为 15 m×15 m。1987 年我国成功研制出了多条带、多极化的机载合成孔径雷达系统,其工作在 X 波段,图像的分辨率为 10 m×10 m。1994 年我国成功研制出了机载合成孔径雷达实时的成像技术的处理器,实现了对已有 10 m 分辨率的机载合成孔径雷达信号的实时处理。

经过几十年的发展,国内 SAR 技术的发展已经得到了长足的进步,但与国际水平还有一定差距。

3.8.3 合成孔径雷达原理

随着雷达技术日新月异的发展,各种新体制雷达不断出现,合成孔径雷达也在向多模式、多用途和多功能的趋势发展,在条带式、聚束式和扫描式三种波束扫描模式中,最常用的是条带式 SAR,本文将以正侧视的条带式 SAR 为例来对机载 SAR 系统成像原理进行分析。合成孔径雷达原理如图 3-38 所示。

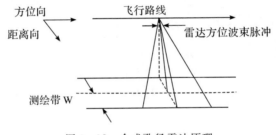

图 3-38　合成孔径雷达原理

SAR 是一种具有二维高分辨率的微波成像雷达,基本成像原理为雷达平台在飞行过程中,不断地周期性地发射和接收微波脉冲信号,将接收到的回波信号进行处理,最终重建照射目标的后向散射图,从而得到照射区域的信息。如图 3-38 所示,载机平台匀速飞行,同时雷达通过天线以一定的重复频率向垂直于载机航线方向发射脉冲信号,这样随着载机的连续飞行,被雷达照射到的区域在地面上将形成一条带状区域,这就是雷达的成像区域,即雷达测绘带。测绘带区域内的目标将会反射雷达信号、回波信号,不同的目标其后向散射系数是不同的,而回波信号的强度和目标的后向散射系数是成正比的,所以通过接收并处理照射区域的回波信号可以重建该区域的后向散射图,即对测绘带进行成像。

3.8.4 典型产品

微型合成孔径雷达具有体积小、质量轻、成本低、多功能,可灵活组合形成多种工作模式等特点,能够全天候、全天时地获取遥感数据,能够满足无人机飞行平台搭载的安装需求,还可以满足双装载、多装载的多任务平台的安装需求,可广泛应用于国防、地形测绘、制图学、海洋研究、农林生态监控、污染和灾害估计等领域。

(1)MiniSAR。MiniSAR 是美国罗克韦尔·柯林斯公司和桑迪亚国家实验室在 2005 年以 Lynx SAR 为原型研制的微型合成孔径雷达,工作在 Ku 波段,可扩展到 X 波段及 Ka 波段,空间分辨率为 0.1 m。总质量为 12.3 kg,不足 Lynx SAR 的四分之一,体积为 Lynx SAR 的十分之一,探测距离可以达到 15 km。雷达影像如图 3-39 所示。MiniSAR 设备如图 3-40 所示。

图 3-39　美国 MiniSAR 微型合成孔径雷达影像

图 3-40　美国 MiniSAR 微型合成孔径雷达

(2)MiSAR。MiSAR 是德国 EADS 防务电子公司于 2004 年研制完成的一种小型化合成孔径雷达(见图 3-41)。其工作频率为 35 GHz,采用调频连续波技术,在条带成像模式下,它的覆盖宽度为 500~1 000 m,分辨率为 0.5 m,重约 4 kg,体积仅为 1/100 m³,功耗低于 60 W。2006 年升级了第二代 MiSAR 系统,目前装备在德国"月神"无人机上。

图 3-41　装载 MiSAR 的"月神"无人机

（3）NanoSAR。2009 年 4 月，英西塔公司试飞了装备重 900 g 的英西塔/ImSAR 公司 NanoSAR 任务载荷的"扫描鹰"无人机；2009 年 5 月，组合了 SAR 和光电任务载荷的"扫描鹰"进行了试飞。NanoSAR 工作在 X 和 Ku 波段，总功耗小于 30 W，最高分辨率达到 0.3 m，作用距离达到 4 km，测绘带最宽度大为 1 km，系统发射功率为 1 W。英西塔公司的 NanoSAR 微型合成孔径雷达影像如图 3-42 所示。

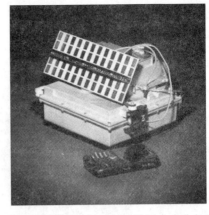

图 3-42　英西塔公司的 NanoSAR 微型合成孔径雷达影像

（4）D3160。D3160 是我国中科院电子所研制的一种采用连续脉冲新体制的微小型 SAR 系统，可工作在 X 或 Ku 频段，重量小于 4 kg，探测距离达到 10 km，分辨率优于 0.3 m。D3160 于 2013 年完成了研制，并加装在三角翼、无人机等飞行器上进行试验和测试。如图3-43、图 3-44 所示。

天线

雷达设备

图 3-43　D3160 型 SAR 在多旋翼无人机上装载试验

图 3-44　D3160 型 SAR 在多旋翼无人机上获取的影像

3.8.5　应用

星载 SAR 受轨道的限制，无法很好地满足业务化应用对连续覆盖和快速重复性观察方面的需求。与之相比,无人机载微型 SAR 在分辨率、高程精度等性能指标、成本、机动性和可更换性等方面具有很大的优势。无人机载 SAR 在城建勘测、农田普查、溢油检测、舰船监测、立体测绘和变化检测已经得到了广泛而重要的应用。

(1)城建勘测。无人机载 SAR 可以对建筑物进行精细成像,获取其结构信息、分布和变化情况,为城建勘察提供基础数据,如图 3-45 所示。

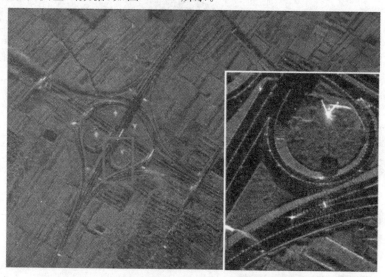

图 3-45　立交桥高分辨率 SAR 图像(Ku 波段)

(2)农业普查。无人机载 SAR 可以准确测量目标区域面积和变化情况,特别是利用极化信息,可以进一步提取地块种植情况变化。通过遥感技术,能够实现高效的农业普查,普查结果如图 3-46 所示。

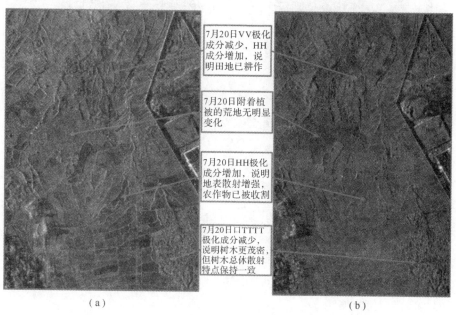

图 3-46　利用全极化 SAR 图像进行农作物普查(X 波段)
(a)6 月 22 日图像;(b)7 月 20 日图像

(3)海洋监测。海洋环境监测包括对海洋灾害、海面溢油、海上船舶和沿海滩涂等的监测，无人机载SAR可以在海上不利气象条件下，实时获取海面目标的微波散射信息，对我国海监、海事开展执法、维权任务提供有力保障，如图3-47所示。

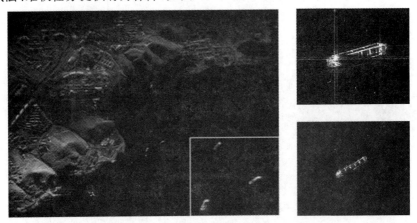

图3-47　船只监测SAR图像(X波段)

(4)立体测绘。利用多次或单次干涉测量，无人机载SAR可以获取地物的三维高程信息，在地理测绘等领域中具有重要应用。三维高程测量结果如图3-48所示。

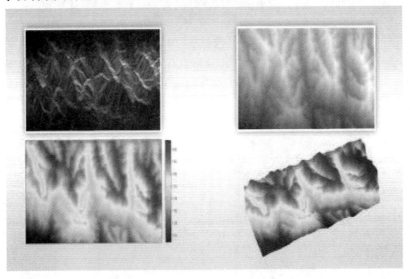

图3-48　干涉SAR图像及三维高程测量图

思考与练习

1.简述POS系统组成和POS系统工作原理。

2.无人机任务载荷相关指标参数主要包括哪些？

3.红外热像仪如何分类？

4.什么是倾斜摄影？常用倾斜摄影相机有哪些类型？

5.什么是合成孔径雷达？简述合成孔径雷达的工作原理。

第4章 无人机摄影测量制图技术

4.1 摄影测量基础

4.1.1 摄影测量基本概念

摄影测量(photogrammetry)指的是通过影像研究信息的获取、处理、提取和成果表达的一门信息科学。

摄影测量学是利用光学摄影机或数码相机获取的像片,经过处理以获取被摄物体的形状、大小、位置、特性及其相互关系的一门学科。

4.1.2 摄影测量主要任务

摄影测量学是测绘学的分支学科,它的主要任务是用于测绘各种比例尺的地形图,建立数字地面模型,为各种地理信息系统和土地信息系统提供基础数据。

摄影测量学要解决的两大问题是几何定位和影像解译。几何定位就是确定被摄物体的大小、形状和空间位置。几何定位的基本原理源于测量学的前方交会方法,它是根据两个已知的摄影站点和两条已知的摄影方向线,交会出构成这两条摄影光线的待定地面点的三维坐标;影像解译就是确定影像对应地物的性质。

4.1.3 摄影测量特点

(1)通过对影像进行量测和解译(主要在室内完成),无须接触物体本身,很少受气候、地理等条件的限制;

(2)所摄影像是客观物体或目标的真实反映,信息丰富、形象直观,可以从中获得所研究物体的大量几何信息和物理信息;可以拍摄动态物体的瞬间影像,完成常规方法难以实现的测量工作;

(3)摄影测量适用于大范围地形测绘,成图快、效率高;

(4)摄影测量产品形式多样,可以生产纸质地形图、数字线划图、数字高程模型、数字正摄影像图和实景三维模型等。

4.1.4 摄影测量分类

根据不同的分类标准,摄影测量可以有不同的分类,简单介绍如下。

（1）根据摄影时摄影机所处位置不同，可分为地面摄影测量、航空摄影测量、航天摄影测量和显微摄影测量。其中航空摄影测量根据相机数量和安装方式的不同可分为正直航空摄影测量和倾斜航空摄影测量；按飞行高度的不同可分为一般航空摄影测量和低空航空摄影测量。无人机航空摄影测量属于低空航空摄影测量的一种类型。

（2）根据应用领域不同，可分为地形摄影测量与非地形摄影测量两大类。

（3）根据技术处理手段不同（或历史发展阶段不同），可分为模拟摄影测量、解析摄影测量和数字摄影测量。现阶段摄影测量全部采用数字摄影测量技术。

4.1.5　无人机航空摄影测量的优势

无人机低空摄影测量以无人驾驶飞机作为飞行平台，配备高分辨率数码相机作为传感器，并在系统中集成应用 GNSS，IMU，GIS 等技术，可以快速获取一定区域的真彩色、高分辨率（大比例尺）和现势性强的地表航空遥感数字影像数据，经过摄影测量数据处理后，能够提供指定区域的数字高程模型 DEM、数字正射影像图 DOM、数字线划地形图 DLG 和数字栅格地形图 DRG 等 4D 测绘成果，或者建立地面实景三维模型，是航天卫星遥感与普通航空摄影在测绘领域中技术应用不可缺少的补充手段。目前，无人机航空摄影测量技术发展日趋成熟，应用越来越广泛。

与航天卫星遥感和普通航空摄影测量相比，无人机航空摄影测量主要有以下优点。

（1）机动性、灵活性和安全性更高。无人机具有灵活机动的特点，受空中管制和气候的影响较小，能够在恶劣环境下直接获取遥感影像，即便是设备出现故障，也不会出现人员伤亡，具有较高的安全性。

（2）低空作业，获取影像分辨率更高，受气候影响小。无人机可以在云下超低空飞行，弥补了卫星光学遥感和普通航空摄影经常受云层遮挡获取不到影像的缺陷，可获取比卫星遥感和普通航摄更高分辨率的影像。同时，低空多角度摄影可以获取建筑物多面高分辨率的纹理影像，弥补了卫星遥感和普通航空摄影获取城市建筑物时遇到的高层建筑遮挡问题。

（3）成果精度较高，可达到 1∶1 000 测图精度。无人机为低空飞行器，飞行作业高度在 50～1 000 m，航空摄影影像数据地面分辨率可达 5 cm 以上，摄影测量 4D 成果的平面和高程精度可达到亚分米级，可生产符合规范精度要求的 1∶1 000 数字地形图，能够满足城市建设精细测绘的需要。

（4）成本相对较低、操作简单。无人机低空航摄系统使用成本低，耗费低，对操作员的培养周期相对较短，系统的保养和维修简便，可以无需机场起降，是当前唯一将航空摄影与测量集于一体的航空摄影测量作业方式，是测绘单位实现按需开展航摄飞行作业的理想生产模式。

（5）周期短、效率高。对于面积较小的大比例尺地形测量任务（10～100 km²），受天气和空域管理的限制较多，大飞机普通航空摄影测量成本高；采用全野外数据采集方法成图，作业工作量大，成本高；而采用无人机航空摄影测量技术，利用其机动、快速和经济等优势，在阴天、轻雾天也能获取合格的影像，从而将大量的野外工作转入内业，既能减轻劳动强度，又能提高作业的效率和精度。

4.1.6　航空摄影测量基础知识

航摄影像是航空摄影测量的原始资料。航摄影片解析就是用数学分析的方法,研究被摄景物在航摄像片上的成像规律,研究像片上影像与所摄物体之间的数学关系,从而建立像点与物点的坐标关系式。其目的是根据像片上的影响,采用解析方法或者图解的方式,获取被摄物体的空间坐标或地物的几何图形。

(1)摄影测量常用坐标系统。

1)像平面坐标系 oxy。像平面坐标系是在像平面上用以表示像点位置的坐标系,是一种表示像点在像平面内位置的平面直角坐标系,通常是右手直角坐标系(见图 4-1)。像平面坐标系以像主点为原点,以接近航线方向的框标连线为 x 轴,且取航摄飞行方向或其反向为正方向,y 轴按右手直角坐标系确定。

2)像空间坐标系 $Sxyz$。像空间坐标系是一种主要用于表示像点位置的空间直角坐标系(见图 4-2)。它以投影中心为原点,x,y 轴与像平面坐标系平行,z 轴由右手规则确定,简称像空系。像空间坐标系是表示像点在像方空间位置的空间直角坐标系。

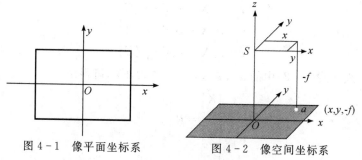

図 4-1　像平面坐标系　　　　　　図 4-2　像空间坐标系

3)摄影测量坐标系 $SXYZ$ 或 $DXYZ$。摄影测量坐标系是表示地面点的空间位置,也是可表示像点的空间位置的空间直角坐标系,是一种过渡坐标系,简称摄测系。它的原点通常选在某一摄站或某一地面控制点上,X 轴大体与航向方向一致或相反,Y,Z 轴分别接近水平和铅锤。

4)地面辅助坐标系 $SXYZ$ 或 $DXYZ$。地面辅助坐标系是 Z 轴铅垂的摄测系,是过渡性的地面坐标系统。摄影测量成果一般都在地面辅助坐标系中表示。

5)大地坐标系 $OX_GY_GZ_G$。大地坐标系指高斯平面坐标和高程所组成的左手空间系,用于描述地面点的空间位置,摄影测量的成果最终转换到该坐标系中。

上面介绍的五种坐标系除像平面坐标系和大地坐标系外,其他三种都是过渡性质的坐标系。

(2)点的坐标变换。点的坐标变换包括像点坐标变换和地面点坐标的变换,变换的目的是把像点及其对应的地面点表示在统一的坐标系中,以便利用像点、投影中心和相应地面点三点共线的条件建立构像方程式。坐标变换中一个重要内容是点在像空系中的坐标与以摄站为原点的地辅系中的坐标之间的变换。这是同原点的两空间坐标系间的变换,这个变换依赖于一个旋转矩阵,使用这个矩阵可以实现像点和地面点在像空系和地辅系中的相互变换。

1)旋转矩阵。设 $Sxyz$ 和 $SXYZ$ 是同原点的像空系和地辅系,坐标轴不重合。两坐标系的坐标轴之间的夹角余弦(称为方向余弦)见表 4-1。

表 4-1　两坐标系的坐标轴之间的夹角余弦

坐标轴	x	y	z
X	a_1	a_2	a_3
Y	b_1	b_2	b_3
Z	c_1	c_2	c_3

表 4-1 中，a_i，b_i，c_i（$i=1,2,3$）就是其所关联的坐标轴夹角的余弦，如 c_2 关联着 y，Z 轴，则

$$c_2 = \cos(y, Z) \tag{4-1}$$

假设空间任一点 a 在两系中的坐标分别为 (x,y,z) 和 (X,Y,Z)。则两坐标系之间的坐标变换关系表示为

$$\left. \begin{aligned} X &= a_1 x + a_2 y + a_3 z \\ Y &= b_1 x + b_2 y + b_3 z \\ Z &= c_1 x + c_2 y + c_3 z \\ x &= a_1 X + b_1 Y + c_1 Z \\ y &= a_2 X + b_2 Y + c_2 Z \\ z &= a_3 X + b_3 Y + c_3 Z \end{aligned} \right\} \tag{4-2}$$

用矩阵形式表达式(4-2)中的 a_i，b_i，c_i（$i=1,2,3$），可得出

$$\left. \begin{aligned} \begin{bmatrix} X \\ Y \\ Z \end{bmatrix} &= \boldsymbol{R} \begin{bmatrix} x \\ y \\ z \end{bmatrix} \\ \begin{bmatrix} x \\ y \\ z \end{bmatrix} &= \boldsymbol{R}^{\mathrm{T}} \begin{bmatrix} X \\ Y \\ Z \end{bmatrix} \end{aligned} \right\} \tag{4-3}$$

式中，$\boldsymbol{R} = \begin{bmatrix} a_1 & a_2 & a_3 \\ b_1 & b_2 & b_3 \\ c_1 & c_2 & c_3 \end{bmatrix}$，当 $\boldsymbol{R}$ 是满秩矩阵时，由线性代数可知，式(4-3)可写成

$$\begin{bmatrix} x \\ y \\ z \end{bmatrix} = \boldsymbol{R}^{-1} \begin{bmatrix} X \\ Y \\ Z \end{bmatrix}$$

即

$$\boldsymbol{R}^{\mathrm{T}} = \boldsymbol{R}^{-1}$$

由 $\boldsymbol{R}^{\mathrm{T}}\boldsymbol{R}=\boldsymbol{E}$，$\boldsymbol{E}$ 为单位矩阵，可得出以下结论：旋转矩阵是一个正交矩阵；旋转矩阵每行或每列各元素的平方之和为 1，互乘之和为 0；给出三个独立的方向余弦就可以建立旋转矩阵。

2)像点和地面点的坐标变换。

a)像点的坐标变换。由像点在像空系中的坐标 $(x,y,-f)$，求像点在地辅系中的坐标 (X_a,Y_a,Z_a)，称为像点的坐标变换，像点在地辅系中的坐标称为像点的变换坐标，显然像点的坐标变化依赖于像空系和地辅系之间的旋转矩阵 $\boldsymbol{R}$，即

$$\begin{bmatrix} X \\ Y \\ Z \end{bmatrix} = \boldsymbol{R} \begin{bmatrix} x \\ y \\ z \end{bmatrix} \tag{4-4}$$

将像点坐标代入式(4-4),可得

$$\left. \begin{aligned} X_a &= a_1 x + a_2 y - a_3 f \\ Y_a &= b_1 x + b_2 y - b_3 f \\ Z_a &= c_1 x + c_2 y - c_3 f \end{aligned} \right\} \tag{4-5}$$

b)地面点的坐标变换。由地面点在地辅系中的坐标(X,Y,Z),求地面点在像空间系中的坐标(x_A,y_A,z_A),称为地面点的坐标变换,地面点在像空系中的坐标称为地面点的变换坐标。即

$$\begin{bmatrix} x \\ y \\ z \end{bmatrix} = \boldsymbol{R}^{\mathrm{T}} \begin{bmatrix} X \\ Y \\ Z \end{bmatrix} \tag{4-6}$$

将地面点坐标代入式(4-6)中,可得

$$\left. \begin{aligned} x_A &= a_1 X + b_1 Y + c_1 Z \\ y_A &= a_2 X + b_2 Y + c_2 Z \\ z_A &= a_3 X + b_3 Y + c_3 Z \end{aligned} \right\} \tag{4-7}$$

通过像点的坐标变换和地面点的坐标变换就可以把它们表示在同一个坐标系中,这对于建立共线方程是十分有利的。

(3)中心投影的共线方程。

1)共线方程和构像方程式的定义。在摄影测量学中,表示摄影瞬间像点与相应的地面点之间的坐标关系的数学模型,称为构像方程式。为了对航摄影片进行解析处理,必须建立航空影像、地面目标和投影中心的数学模型。在理想情况下,像点、投影中心和物点位于一条直线上,将以三点共线为基础建立起来的描述这三点共线的数学表达式,称为共线条件方程式。

2)共线方程的推导。构像方程式的建立是以在摄影时地面点、投影中心以及相应的像点三点理想共线这一条件为基础的。当摄像机的镜头是一个无畸变的理想光组,能够保证出射光线与入射光线在同一直线上或平行;镜头两边光线通过的介质是相同且均匀的,能够保证光线的直进,则共线条件方程便严格成立。按共线条件建立的各种数学模型,没有考虑实际情况与理想情况的差异,即不考虑误差,所以这种数学模型是"纯净"的。

图 4-2 中,S,a,A 三点共线,则在地辅系或像空系中线段 SA 和 Sa 构成了两个向量$\overrightarrow{SA}$和$\overrightarrow{Sa}$,由于两个向量有相同端点 S,且 S,a,A 三点共线,则向量$\overrightarrow{SA}$和$\overrightarrow{Sa}$满足

$$\overrightarrow{SA} = \lambda \overrightarrow{Sa} \tag{4-8}$$

式中,λ 为比例系数,是一非零常数。这是共线条件方程的一种表达形式——向量表达式。

a)用地面点坐标表示像点坐标的共线条件方程。在像空系中,共线条件的坐标表示为

$$\begin{bmatrix} x_A \\ y_A \\ z_A \end{bmatrix} = \lambda \begin{bmatrix} x \\ y \\ -f \end{bmatrix} \tag{4-9}$$

将式(4-7)代入式(4-9),通过解算可得

$$x = -f \frac{a_1 X + b_1 Y + c_1 Z}{a_3 X + b_3 Y + c_3 Z}$$
$$y = -f \frac{a_2 X + b_2 Y + c_2 Z}{a_3 X + b_3 Y + c_3 Z} \Bigg\} \qquad (4-10)$$

假设摄站在该坐标系中的坐标为 (X_S, Y_S, Z_S)，任意地面点 A 的坐标为 (X, Y, Z)。则对于以 S 为原点，坐标轴向与 $D - XYZ$ 各轴相应平行的地辅系而言，地面点的坐标为 $(X - X_S, Y - Y_S, Z - Z_S)$，用它们分别取代式$(4-10)$中的 (X, Y, Z) 得

$$x = -f \frac{a_1(X - X_S) + b_1(Y - Y_S) + c_1(Z - Z_S)}{a_3(X - X_S) + b_3(Y - Y_S) + c_3(Z - Z_S)}$$
$$y = -f \frac{a_2(X - X_S) + b_2(Y - Y_S) + c_2(Z - Z_S)}{a_3(X - X_S) + b_3(Y - Y_S) + c_3(Z - Z_S)} \Bigg\} \qquad (4-11)$$

b)用像点坐标表示地面点坐标的共线条件方程。在地辅系中，共线条件的坐标表示为

$$\begin{bmatrix} X \\ Y \\ Z \end{bmatrix} = \lambda \begin{bmatrix} X_a \\ Y_a \\ Z_a \end{bmatrix} \qquad (4-12)$$

将式$(4-5)$代入式$(4-12)$中，通过解算可得

$$X = Z \frac{a_1 x + a_2 y - a_3 f}{c_1 x + c_2 y - c_3 f}$$
$$Y = Z \frac{b_1 x + b_2 y - b_3 f}{c_1 x + c_2 y - c_3 f} \Bigg\} \qquad (4-13)$$

假设摄站在该坐标系中的坐标为 (X_S, Y_S, Z_S)，任意地面点 A 的坐标为 (X, Y, Z)。则对于以 S 为原点，坐标轴向与 $DXYZ$ 各轴相应平行的地辅系而言，地面点的坐标为 $(X - X_S, Y - Y_S, Z - Z_S)$，用它们取代式$(4-13)$中的 (X, Y, Z) 得

$$X - X_S = (Z - Z_S) \frac{a_1 x + a_2 y - a_3 f}{c_1 x + c_2 y - c_3 f}$$
$$Y - Y_S = (Z - Z_S) \frac{b_1 x + b_2 y - b_3 f}{c_1 x + c_2 y - c_3 f} \Bigg\} \qquad (4-14)$$

c)共线条件方程分析。

在已知像片主距 f 的情况下，如果还已知摄站坐标 (X_S, Y_S, Z_S) 以及旋转矩阵的九个元素，就可以得到某一地面点的像坐标 (x, y)。由旋转矩阵的性质知道，旋转矩阵可由三个独立元素决定，所以，当给定地面点的坐标 (X, Y, Z)，求其对应的像坐标 (x, y) 时，需要六个独立参数（主距 f 一般作为已知条件）。

如果已知某一地面点对应的像坐标 (x, y)，求该地面点的坐标 (X, Y, Z)，显然是不可能的。即使在给定像片主距 f，已知上述六个独立参数的情况下，也只能得到两个比值 $\frac{X - X_S}{Z - Z_S}, \frac{Y - Y_S}{Z - Z_S}$。实际上这两个比值决定了投影光线的方向，如果增加一个已知条件，如已知地面点的 Z 坐标，则可以求出该点的坐标 (X, Y)。

（4）内外方位元素。航空摄影瞬间，摄影中心与像片在地面设定的空间坐标系中的位置和姿态的参数称为像片的方位元素。其中，表示摄影中心与像片之间相关位置的参数称为内方位元素，表示摄影中心和像片在地面坐标系中的位置和姿态参数称为外方位元素。

1）内方位元素。摄影中心对航摄像片的相对位置称为像片的内方位，确定内方位的独立

参数称为内方位元素。

共线方程中的像点坐标 (x,y) 是像点在以像主点为原点的像平面坐标系的坐标,而实际上像点坐量测多是在以像片中心点为原点的框标坐标系中进行的。在两种坐标系的同名坐标轴相互平行的情况下,两者之间的变换就在于原点的平移。而变换为像空系只是再加上像片主距 f,使之成为空间坐标系就可以了。

由此可见,将像点的框标坐标系坐标 (x',y') 变换为像点的像空系坐标 $(x,y,-f)$,只需要三个独立参数 (x_0,y_0,f),如图 4-3 所示,(x_0,y_0) 是像主点 o 在框标坐标系 $o'x'y'$ 中的坐标,框标坐标系与像平面坐标系之间的关系为

$$
\left.
\begin{aligned}
x &= x' - x_0 \\
y &= y' - y_0
\end{aligned}
\right\}
\tag{4-15}
$$

航摄像片的内方位元素主要用于像点的框标坐标系坐标向像空系坐标的变换如图 4-3 所示。

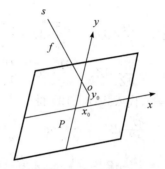

图 4-3　航摄像片的内方位元素

2)外方位元素。确定摄影光束(或像空系)在地面辅助坐标系中的位置时需要的元素,共有三个线元素和三个角元素。其中,线元素是摄站在地面辅助坐标系中的坐标 (X_S,Y_S,Z_S),用以确定摄影光束在地面辅助坐标系中的顶点位置;三个角元素用来确定摄影光束在地面辅助坐标系中的姿态。角元素的形式有很多种,这里说明典型的两种:

a)A,ν,κ 转角系统。

b)φ,ω,κ 转角系统。

(5)单张像片的空间后方交会。空间后方交会是利用单幅航摄像片上三个以上不在一条直线上的已知点按共线方程计算该像片外方位元素 φ,ω,κ 的方法,即由像片地面覆盖范围内的已知若干个控制点以及相应的像点坐标,解算摄站的坐标与影像的方位。

1)共线条件方程的线性化。在已知内方位元素的情况下,共线条件方程表达式为

$$
\left.
\begin{aligned}
x &= -f \frac{a_1(X-X_S)+b_1(Y-Y_S)+c_1(Z-Z_S)}{a_3(X-X_S)+b_3(Y-Y_S)+c_3(Z-Z_S)} \\
y &= -f \frac{a_2(X-X_S)+b_2(Y-Y_S)+c_2(Z-Z_S)}{a_3(X-X_S)+b_3(Y-Y_S)+c_3(Z-Z_S)}
\end{aligned}
\right\}
\tag{4-16}
$$

式(4-16)变换为

$$
\left.
\begin{aligned}
F_x &= x + f \frac{a_1(X-X_S)+b_1(Y-Y_S)+c_1(Z-Z_S)}{a_3(X-X_S)+b_3(Y-Y_S)+c_3(Z-Z_S)} = 0 \\
F_y &= y + f \frac{a_2(X-X_S)+b_2(Y-Y_S)+c_2(Z-Z_S)}{a_3(X-X_S)+b_3(Y-Y_S)+c_3(Z-Z_S)} = 0
\end{aligned}
\right\}
\tag{4-17}
$$

假设外方位元素的近似值为 $X_S,Y_S,Z_S,\varphi,\omega,\kappa$。按泰勒级数展开,保留一次项,得

$$\begin{aligned}
F_x(X_S,Y_S,Z_S,\varphi,\omega,\kappa) &= \frac{\partial F_x^0}{\partial X_S}(X_S - X_S^0) + \frac{\partial F_x^0}{\partial Y_S}(Y_S - Y_S^0) + \\
&\quad \frac{\partial F_x^0}{\partial Z_S}(Z_S - Z_S^0) + \frac{\partial F_x^0}{\partial \varphi_S}(\varphi - \varphi^0) + \frac{\partial F_x^0}{\partial \omega_S}(\omega - \omega^0) + \\
&\quad \frac{\partial F_x^0}{\partial \kappa_S}(\kappa - \kappa^0) + F_x(X_S^0,Y_S^0,Z_S^0,\varphi^0,\omega^0,\kappa^0) \\
F_y(X_S,Y_S,Z_S,\varphi,\omega,\kappa) &= \frac{\partial F_y^0}{\partial X_S}(X_S - X_S^0) + \frac{\partial F_y^0}{\partial Y_S}(Y_S - Y_S^0) + \\
&\quad \frac{\partial F_y^0}{\partial Z_S}(Z_S - Z_S^0) + \frac{\partial F_y^0}{\partial \varphi_S}(\varphi - \varphi^0) + \frac{\partial F_y^0}{\partial \omega_S}(\omega - \omega^0) + \\
&\quad \frac{\partial F_y^0}{\partial \kappa_S}(\kappa - \kappa^0) + F_y(X_S^0,Y_S^0,Z_S^0,\varphi^0,\omega^0,\kappa^0)
\end{aligned} \right\} \quad (4-18)$$

式(4-18)可以简写为

$$\left. \begin{aligned}
F_x &= \frac{\partial F_x^0}{\partial X_S}\mathrm{d}X_S + \frac{\partial F_x^0}{\partial Y_S}\mathrm{d}Y_S + \frac{\partial F_x^0}{\partial Z_S}\mathrm{d}Z_S + \frac{\partial F_x^0}{\partial \varphi_S}\mathrm{d}\varphi + \frac{\partial F_x^0}{\partial \omega_S}\mathrm{d}\omega + \frac{\partial F_x^0}{\partial \kappa_S}\mathrm{d}\kappa + F_x^0 \\
F_y &= \frac{\partial F_y^0}{\partial X_S}\mathrm{d}X_S + \frac{\partial F_y^0}{\partial Y_S}\mathrm{d}Y_S + \frac{\partial F_y^0}{\partial Z_S}\mathrm{d}Z_S + \frac{\partial F_y^0}{\partial \varphi_S}\mathrm{d}\varphi + \frac{\partial F_y^0}{\partial \omega_S}\mathrm{d}\omega + \frac{\partial F_y^0}{\partial \kappa_S}\mathrm{d}\kappa + F_y^0
\end{aligned} \right\} \quad (4-19)$$

由式(4-17)知,$F_x=0$,$F_y=0$,代入式(4-19)得

$$\left. \begin{aligned}
F_x &= \frac{\partial F_x^0}{\partial X_S}\mathrm{d}X_S + \frac{\partial F_x^0}{\partial Y_S}\mathrm{d}Y_S + \frac{\partial F_x^0}{\partial Z_S}\mathrm{d}Z_S + \frac{\partial F_x^0}{\partial \varphi_S}\mathrm{d}\varphi + \frac{\partial F_x^0}{\partial \omega_S}\mathrm{d}\omega + \frac{\partial F_x^0}{\partial \kappa_S}\mathrm{d}\kappa + F_x^0 = 0 \\
F_y &= \frac{\partial F_y^0}{\partial X_S}\mathrm{d}X_S + \frac{\partial F_y^0}{\partial Y_S}\mathrm{d}Y_S + \frac{\partial F_y^0}{\partial Z_S}\mathrm{d}Z_S + \frac{\partial F_y^0}{\partial \varphi_S}\mathrm{d}\varphi + \frac{\partial F_y^0}{\partial \omega_S}\mathrm{d}\omega + \frac{\partial F_y^0}{\partial \kappa_S}\mathrm{d}\kappa + F_y^0 = 0
\end{aligned} \right\} \quad (4-20)$$

求出偏导,代入式(4-20)中,整理得共线条件方程的线性化公式:

$$\left. \begin{aligned}
c_{11}\mathrm{d}X_S + c_{12}\mathrm{d}Y_S + c_{13}\mathrm{d}Z_S + c_{14}\mathrm{d}\varphi + c_{15}\mathrm{d}\omega + c_{16}\mathrm{d}\kappa - l_x = 0 \\
c_{21}\mathrm{d}X_S + c_{22}\mathrm{d}Y_S + c_{23}\mathrm{d}Z_S + c_{24}\mathrm{d}\varphi + c_{25}\mathrm{d}\omega + c_{26}\mathrm{d}\kappa - l_y = 0
\end{aligned} \right\} \quad (4-21)$$

式中,系数 c_{ij} 为偏导数

$$\boldsymbol{C} = \begin{bmatrix} \dfrac{f}{\overline{Z}} & 0 & \dfrac{x}{\overline{Z}} & -\left(f + \dfrac{x^2}{f}\right) & -\dfrac{xy}{f} & y \\[3mm] 0 & \dfrac{f}{\overline{Z}} & \dfrac{y}{\overline{Z}} & -\dfrac{xy}{f} & -\left(f + \dfrac{y^2}{f}\right) & -x \end{bmatrix} \quad (4-22)$$

$$l_x = x - x_{计}$$
$$l_y = y - y_{计}$$

而 $\overline{Z}$ 和 $x_{计}$,$y_{计}$ 分别按如下方法计算:

$$\begin{bmatrix} \overline{X} \\ \overline{Y} \\ \overline{Z} \end{bmatrix} = \begin{bmatrix} a_1 & b_1 & c_1 \\ a_2 & b_2 & c_2 \\ a_3 & b_3 & c_3 \end{bmatrix} \begin{bmatrix} X - X_S^0 \\ Y - Y_S^0 \\ Z - Z_S^0 \end{bmatrix}$$

$$x_{计} = -f\frac{\overline{X}}{\overline{Z}}$$

$$y_{计} = -f\frac{\overline{Y}}{\overline{Z}}$$

2)得到误差方程。利用共线条件方程的线性化公式(4-21),可以得到其对应的误差方程

$$
\left.\begin{array}{l}
v_x = c_{11}\,\mathrm{d}X_S + c_{12}\,\mathrm{d}Y_S + c_{13}\,\mathrm{d}Z_S + c_{14}\,\mathrm{d}\varphi + c_{15}\,\mathrm{d}\omega + c_{16}\,\mathrm{d}\kappa - l_x \\
v_y = c_{21}\,\mathrm{d}X_S + c_{22}\,\mathrm{d}Y_S + c_{23}\,\mathrm{d}Z_S + c_{24}\,\mathrm{d}\varphi + c_{25}\,\mathrm{d}\omega + c_{26}\,\mathrm{d}\kappa - l_y
\end{array}\right\} \tag{4-23}
$$

对于每个地面控制点,都可以按照式(4-20)列出两个方程式,只要有三个不在一条直线上的控制点,就可以列出六个方程式,联立求解这六个方程式,即可以求得航摄像片的六个外方位元素近似值的改正数。

3)迭代求解。当控制点的数量多于三个时,则要按照最小二乘法解算外方位元素近似值的最或然改正数。最小二乘法是在残差满足 $V^{\mathrm{T}}PV$ 为最小的条件下,解算测量估值或参数估值并进行精度估算的方法。其中,V 为残差向量,P 为其权矩阵。最小二乘法是一种数学优化技术,通过最小化误差的平方和寻找数据的最佳函数匹配。利用最小二乘法可以简便地求得未知的数据,并使得这些求得的数据与实际数据之间误差的平方和最小。这样便可以按照下式计算:

$$
\left.\begin{array}{l}
X_S^{k+1} = X_S^k + \mathrm{d}X_S^{k+1} \\
Y_S^{k+1} = Y_S^k + \mathrm{d}Y_S^{k+1} \\
Z_S^{k+1} = Z_S^k + \mathrm{d}Z_S^{k+1} \\
\varphi_S^{k+1} = \varphi_S^k + \mathrm{d}\varphi_S^{k+1} \\
\omega_S^{k+1} = \omega_S^k + \mathrm{d}\omega_S^{k+1} \\
\kappa_S^{k+1} = \kappa_S^k + \mathrm{d}\kappa_S^{k+1}
\end{array}\right\} \tag{4-24}
$$

式中,k 为迭代次数,这是因为所用线性化共线方程式是近似的,所以需要有一个迭代收敛的过程,直到像片外方位元素的改正数都小于规定的限差为止。

(6)立体像对的相对定向解算。以单张像片解析为基础的摄影测量通常称为单像摄影测量或平面摄影测量,这种摄影测量不能解决空间目标的三维坐标测定问题,解决这一问题可依靠由不同摄影站摄取的、具有一定影像重叠的两张像片解析为基础的摄影测量。由不同摄影站摄取的、具有一定影像重叠的两张像片称为立体像对。以立体像对解析为基础的摄影测量称为双像测量摄影或立体摄影测量。

立体像对的相对定向就是要恢复摄影时相邻两影像摄影光束的相互关系,从而使同名光束对对相交。相对定向的方法有两种:一种是单独像对相对定向,它采用两幅影像的角元素运动实现相对定向;另一种是连续像对相对定向,它以左影像为基准,采用右影像的直线运动和角运动实现相对定向。这里主要介绍连续相对定向。

1)连续相对定向公式。连续像对相对定向采用立体像对中的左片在定向过程中固定不变,即以左片像片的像空间坐标系作为摄影测量坐标系,则左片对摄测系的外方位元素的角元素为零,而右方像片相对于该坐标系做五个定向元素的变化,其相对定向元素为 $B_y, B_z, \varphi_2,$ ω_2, κ_2。如图 4-4 所示,设立体像对的左右摄影测量坐标系为 $S_1X_1Y_1Z_1, S_2X_2Y_2Z_2$,两者的坐标系互相平行,地面点 A 在左右影像中的像点分别为 a_1, a_2。由同名光线对对相交,可列出相对定向的共面条件方程式:

$$
F = \begin{vmatrix} B_x & B_y & B_z \\ X_1 & Y_1 & Z_1 \\ X_2 & Y_2 & Z_2 \end{vmatrix} = 0 \tag{4-25}
$$

式中,B_x, B_y, B_z 是右摄站在左摄测系 $S_1X_1Y_1Z_1$ 中的坐标,即摄影基线 B 在 $S_1X_1Y_1Z_1$ 中的

坐标；(X_1,Y_1,Z_1) 是像点 a_1 在左摄测系 $S_1X_1Y_1Z_1$ 中的坐标；(X_2,Y_2,Z_2) 是像点 a_2 在右摄测系 $S_2X_2Y_2Z_2$ 中的坐标。

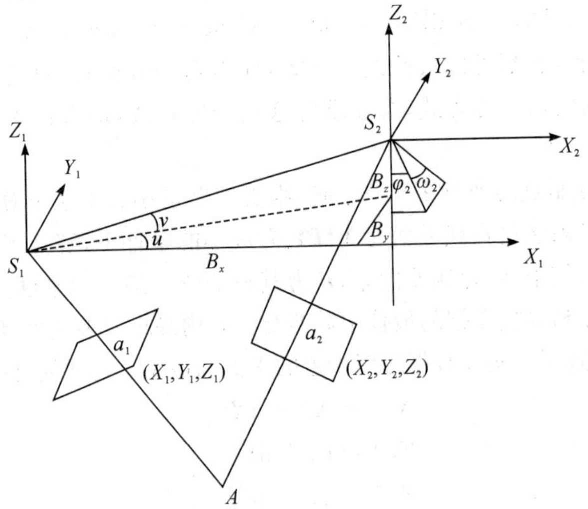

图 4-4　连续法相对定向

为了计算统一单位，常把 B_y，B_z 两个线元素化为角度表示，由图 4-4 可得

$$\left.\begin{aligned} B_y &= B_x \tan u \approx B_x u \\ B_z &= B_x \tan v \approx B_x v \end{aligned}\right\} \tag{4-26}$$

上式为取一次小项的近似值，是用基线 B 的偏角和倾角表示基线分量 B_y，B_z 的近似值。将上式代入式(4-25)中，即得

$$F = \begin{vmatrix} B_x & B_x u & B_x v \\ X_1 & Y_1 & Z_1 \\ X_2 & Y_2 & Z_2 \end{vmatrix} = B_x \begin{vmatrix} 1 & u & v \\ X_1 & Y_1 & Z_1 \\ X_1 & Y_2 & Z_2 \end{vmatrix} = 0 \tag{4-27}$$

为计算及平差的需要，将上式按多元函数泰勒级数展开成一次项线性式，其展开式的一次项公式为

$$F = F_0 + \frac{\partial F}{\partial u}\mathrm{d}u + \frac{\partial F}{\partial v}\mathrm{d}v + \frac{\partial F}{\partial \varphi}\mathrm{d}\varphi + \frac{\partial F}{\partial \omega}\mathrm{d}\omega + \frac{\partial F}{\partial \kappa}\mathrm{d}\kappa \tag{4-28}$$

式中，F_0 为函数 F 的近似(或初始)值，按行列式对公式(4-27)取偏微分，可分别得式(4-28)中的各项偏导数，其各项偏导数如下

$$\frac{\partial F}{\partial u} = B_x(Z_1X_2 - Z_2X_1)$$

$$\frac{\partial F}{\partial v} = B_x(X_1Y_2 - X_2Y_1)$$

$$\frac{\partial F}{\partial \varphi} = B_xY_1X_2 - B_xX_1X_2u - B_xZ_1Z_2u + B_xZ_2Y_1v$$

$$\frac{\partial F}{\partial \omega} = B_xY_1Y_2 - B_xX_1Y_2u + B_xZ_1Z_2 - B_xX_1Z_2v$$

$$\frac{\partial F}{\partial \kappa} = -B_xX_2Z_1 - B_xZ_1Y_2u + B_xX_1X_2 + B_xY_1Y_2v$$

将各偏微分代入式(4-28)中，每个微分都要乘上一个微小项 $\mathrm{d}u, \mathrm{d}v, \mathrm{d}\varphi, \mathrm{d}\omega, \mathrm{d}\kappa$，由于实

际计算公式只要求保持一次小项,凡二次以上小值可略去,于是公式(4-28)可简化为

$$(Z_1 X_2 - Z_2 X_1)\mathrm{d}u + (X_1 Y_2 - X_2 Y_1)\mathrm{d}v + Y_1 X_2 \mathrm{d}\varphi + (Y_1 Y_2 + Z_1 Z_2)\mathrm{d}\omega - X_2 Z_1 \mathrm{d}\kappa + \frac{F_0}{B_x} = 0$$

$$(4-29)$$

最终可化简为

$$B_x \mathrm{d}u - \frac{Y_2}{Z_2}B_x \mathrm{d}v - \frac{X_2 Y_2}{Z_2}N_2 \mathrm{d}\varphi - (Z_2 + \frac{Y_2^2}{Z_2})N_2 \mathrm{d}\omega + X_2 N_2 \mathrm{d}\kappa - \frac{F_0 N_2}{B_x Z_2} = 0 \quad (4-30)$$

令

$$Q = \frac{F_0 N_2}{B_x Z_2}$$

则

$$Q = B_x \mathrm{d}u - \frac{Y_2}{Z_2}B_x \mathrm{d}v - \frac{X_2 Y_2}{Z_2}N_2 \mathrm{d}\varphi - (Z_2 + \frac{Y_2^2}{Z_2})N_2 \mathrm{d}\omega + X_2 N_2 \mathrm{d}\kappa \quad (4-31)$$

上式即为连续相对定向的解析计算公式,式中

$$Q = \frac{F_0 N_2}{B_x Z_2} = \frac{F_0}{X_1 Z_2 - X_2 Z_1} = \frac{\begin{vmatrix} B_x & B_y & B_z \\ X_1 & Y_1 & Z_1 \\ X_2 & Y_2 & Z_2 \end{vmatrix}}{\begin{vmatrix} X_1 & Z_1 \\ X_2 & Z_2 \end{vmatrix}} = \frac{-B_y \begin{vmatrix} X_1 & Z_1 \\ X_2 & Z_2 \end{vmatrix}}{\begin{vmatrix} X_1 & Z_1 \\ X_2 & Z_2 \end{vmatrix}} + \frac{Y_1 \begin{vmatrix} B_x & B_z \\ X_2 & Z_2 \end{vmatrix}}{\begin{vmatrix} X_1 & Z_1 \\ X_2 & Z_2 \end{vmatrix}} -$$

$$\frac{Y_2 \begin{vmatrix} B_x & B_z \\ X_1 & Z_1 \end{vmatrix}}{\begin{vmatrix} X_1 & Z_1 \\ X_2 & Z_2 \end{vmatrix}} = N_1 Y_1 - N_2 Y_2 - B_y$$

$$(4-32)$$

式中,N_1 是像点 a_1 在左摄测系中的点投影系数,N_2 为像点 a_2 在右摄测系中的点投影系数,且 N_1,N_2 分别表示如下:

$$\left. \begin{array}{l} N_1 = \dfrac{B_x Z_2 - B_z X_2}{X_1 Z_2 - X_2 Z_1} \\[3mm] N_2 = \dfrac{B_x Z_1 - B_z X_1}{X_1 Z_2 - X_2 Z_1} \end{array} \right\} \qquad (4-33)$$

则式(4-32)中 $N_1 Y_1$ 代表左片像点以左投影中心为坐标原点的模型坐标,同样 $N_2 Y_2$ 为右片同名像点以右投影中心为坐标原点的模型坐标,两投影中心在 Y 方向的差为 B_y,所以 Q 表示为在模型点上的上下视差。

2)相对定向元素的解算。通常按最小二乘原理求解相对定向元素,并将式(4-31)变为误差方程式的形式。在处理过程中把 Q 视为观测值,则式(4-31)的误差方程式为

$$V_Q = B_x \mathrm{d}u - \frac{Y_2}{Z_2}B_x \mathrm{d}v - \frac{Y_2 X_2}{Z_2}N_2 \mathrm{d}\varphi - (Z_2 + \frac{Y_2^2}{Z_2})N_2 \mathrm{d}\omega + X_2 N_2 \mathrm{d}\kappa - Q \quad (4-34)$$

假定一个立体像对内观测了 n 个像点,则有 n 个上述方程。写成总体误差方程的矩阵形式为

$$\boldsymbol{V} = \boldsymbol{A}\boldsymbol{X} - \boldsymbol{L} \tag{4-35}$$

根据矩阵平差原理,则法方程式为

$$A^{\mathrm{T}}PAX - A^{\mathrm{T}}PL = O \qquad (4-36)$$

法方程式的解为

$$X = (A^{\mathrm{T}}PA)^{-1}A^{\mathrm{T}}PL \qquad (4-37)$$

式中 $X = [\mathrm{d}u\ \mathrm{d}v\ \mathrm{d}\varphi\ \mathrm{d}\omega\ \mathrm{d}\kappa]^{\mathrm{T}}$。具体求解过程如下：

a)找出立体像对的同名点，至少要得到五对同名点，并将坐标转换为以像主点为坐标原点的像平面坐标系。

b)确定相对定向元素的初始值。假定像对中左片是水平的，即外方位元素 $\varphi_1,\omega_1,\kappa_1$ 在完成定向过程中总是取为零；而像对中右片的角元素 $\varphi_2,\omega_2,\kappa_2$ 的初始值也均取为零。

c)根据确定的初始值，按照式(4-39)分别计算左、右片的方向余弦值，组成左、右片各自的旋转矩阵 R_1 和 R_2。旋转矩阵表示如下

$$R = \begin{bmatrix} a_1 & a_2 & a_3 \\ b_1 & b_2 & b_3 \\ c_1 & b_2 & b_3 \end{bmatrix} \qquad (4-38)$$

式中

$$\left.\begin{aligned} a_1 &= \cos\varphi\cos\kappa - \sin\varphi\sin\omega\sin\kappa \\ a_2 &= -\cos\varphi\sin\kappa - \sin\varphi\sin\omega\cos\kappa \\ a_3 &= -\sin\varphi\cos\omega \\ b_1 &= \cos\omega\sin\kappa \\ b_2 &= \cos\omega\cos\kappa \\ b_3 &= -\sin\omega \\ c_1 &= \sin\omega\cos\kappa + \cos\varphi\sin\omega\sin\kappa \\ c_2 &= -\sin\varphi\sin\kappa + \cos\varphi\sin\omega\cos\kappa \\ c_3 &= \cos\varphi\cos\omega \end{aligned}\right\} \qquad (4-39)$$

并按照式(4-40)变换坐标，计算左、右像片上同名像点的摄测系坐标 (X_1,Y_1,Z_1) 和 (X_2,Y_2,Z_2)。式(4-40)如下：

$$\begin{bmatrix} X_1 \\ Y_1 \\ Z_1 \end{bmatrix} = R_1 \begin{bmatrix} x_1 \\ y_1 \\ -f \end{bmatrix} \quad \begin{bmatrix} X_2 \\ Y_2 \\ Z_2 \end{bmatrix} = R_2 \begin{bmatrix} x_2 \\ y_2 \\ -f \end{bmatrix} \qquad (4-40)$$

d)逐点计算定向点的上下视差 Q。先按式(4-26)计算 B_y,B_z，再按式(4-33)计算 N_1 和 N_2，然后按式(4-35)计算各点的上下视差 Q，即得误差方程式的常数项 L。

e)逐点按相对定向方程式，组成定向点的误差方程式的系数矩阵 A。

f)逐点组成法方程式的系数矩阵 $(A^{\mathrm{T}}PA)$，常数项矩阵 $(A^{\mathrm{T}}PL)$。重复 d)、e)步逐点累加，直到全部定向点组成法方程式为止。

g)法方程式的求解，即按 $X = (A^{\mathrm{T}}PA)^{-1}A^{\mathrm{T}}PL$ 求得各未知数的一次改正值。

h)计算相对定向元素的新值，即

$$\varphi = \varphi_0 + \mathrm{d}\varphi \quad \omega = \omega_0 + \mathrm{d}\omega \quad \kappa = \kappa_0 + \mathrm{d}\kappa$$
$$u = u_0 + \mathrm{d}u \quad v = v_0 + \mathrm{d}v$$

i)计算判断所有未知数的改正值是否小于限差，即 $\mathrm{d}\varphi,\mathrm{d}\omega,\mathrm{d}\kappa,\mathrm{d}u,\mathrm{d}v$ 是否都小于某个值，

当不满足时重复 c)～h)步,直到满足为止。

(7)立体像对的绝对定向解算。

相对定向后建立的立体模型是相对于摄测系的,它在地面坐标系统中的方位是未知的,其比例尺也是任意的。如果要知道模型中某点相应的地面点的地面坐标,就必须对所建立的模型进行绝对定向,即要确定模型在地面坐标系中的正确方位及比例尺因子。将模型坐标转换为地面坐标,这样就能确定出加密点的地面坐标,这称为立体模型的绝对定向。

绝对定向是解算立体模型绝对方位元素的工作,立体模型绝对方位元素有七个:$X_S, Y_S, Z_S, \varphi, \omega, \kappa, \lambda$。绝对定向的目的是恢复立体模型在地面坐标系中的大小和方位,方法是通过相对定向建立的立体模型进行缩放、旋转和平移,使其达到绝对位置和实际比例。

1)基本原理。设 $SXYZ$ 为模型坐标系,$O_TX_TY_TZ_T$ 为地面坐标系,模型点对应的地面点坐标为 (X_T, Y_T, Z_T),模型点原点在地面坐标系中的坐标为 (X_0, Y_0, Z_0),模型点在 $SXYZ$ 中的坐标为 (X, Y, Z),λ 为模型比例尺因子,$\boldsymbol{M}$ 为由绝对方位元素角元素组成的旋转矩阵

$$\begin{bmatrix} X_T \\ Y_T \\ Z_T \end{bmatrix} = \lambda \boldsymbol{M} \begin{bmatrix} X \\ Y \\ Z \end{bmatrix} + \begin{bmatrix} X_0 \\ Y_0 \\ Z_0 \end{bmatrix} = \lambda \begin{bmatrix} a_1 & b_1 & c_1 \\ a_2 & b_2 & c_2 \\ a_3 & b_3 & c_3 \end{bmatrix} \begin{bmatrix} X \\ Y \\ Z \end{bmatrix} + \begin{bmatrix} X_0 \\ Y_0 \\ Z_0 \end{bmatrix} \tag{4-41}$$

这在数学上称为三维空间的相似变换,用向量形式可表达为

$$\boldsymbol{X}_T = \lambda \boldsymbol{M} \boldsymbol{X} + \boldsymbol{X}_0 \tag{4-42}$$

上述空间相似变换中共包含七个参数:λ, X_0, Y_0, Z_0 及 $\boldsymbol{M}$ 中包含的三个独立参数(绝对方位元素的三个角元素)。

下面的问题就是如何确定出七个绝对方位元素,通常都是通过一定数量的控制点反求。但是由于式(4-42)所表达的相似变换是非线性函数,为了适应最小二乘法平差运算,需要将式(4-42)线性化。线性化方法是真值=近似值+改正数。

给定初值 λ^0, $\boldsymbol{X}_0 = \begin{bmatrix} X_0^0 \\ Y_0^0 \\ Y_0^0 \end{bmatrix}$, $\boldsymbol{M}_0 \boldsymbol{X}$,其改正数为 $\mathrm{d}\lambda$, $\mathrm{d}\boldsymbol{X}_0 = \begin{bmatrix} \mathrm{d}X_0 \\ \mathrm{d}Y_0 \\ \mathrm{d}Z_0 \end{bmatrix}$, $\mathrm{d}\boldsymbol{M} \cdot \boldsymbol{M}\boldsymbol{X}$。

设

$$\begin{bmatrix} U \\ V \\ W \end{bmatrix} = \boldsymbol{M} \begin{bmatrix} X \\ Y \\ Z \end{bmatrix} = \begin{bmatrix} 1 & -\kappa & -\varphi \\ \kappa & 1 & -\omega \\ \varphi & \omega & 1 \end{bmatrix} \begin{bmatrix} X \\ Y \\ Z \end{bmatrix}$$

$$\begin{bmatrix} \mathrm{d}U \\ \mathrm{d}V \\ \mathrm{d}W \end{bmatrix} = \begin{bmatrix} 0 & -\mathrm{d}\kappa & -\mathrm{d}\varphi \\ \mathrm{d}\kappa & 0 & \mathrm{d}\omega \\ \mathrm{d}\varphi & \mathrm{d}\omega & 0 \end{bmatrix} \begin{bmatrix} 1 & \kappa & \varphi \\ -\kappa & 1 & \omega \\ -\varphi & -\omega & 1 \end{bmatrix} \begin{bmatrix} U \\ V \\ W \end{bmatrix} = $$

$$\begin{bmatrix} 0 & -\mathrm{d}\kappa & -\mathrm{d}\varphi \\ \mathrm{d}\kappa & 0 & \mathrm{d}\omega \\ \mathrm{d}\varphi & \mathrm{d}\omega & 0 \end{bmatrix} \left(E + \begin{bmatrix} 0 & \kappa & \varphi \\ -\kappa & 0 & \omega \\ -\varphi & -\omega & 0 \end{bmatrix} \right) \begin{bmatrix} U \\ V \\ W \end{bmatrix} \approx$$

$$\begin{bmatrix} 0 & -\mathrm{d}\kappa & -\mathrm{d}\varphi \\ \mathrm{d}\kappa & 0 & \mathrm{d}\omega \\ \mathrm{d}\varphi & \mathrm{d}\omega & 0 \end{bmatrix} \begin{bmatrix} U \\ V \\ W \end{bmatrix} \text{(舍去第二项)} = \mathrm{d}\boldsymbol{M} \cdot \boldsymbol{M} \begin{bmatrix} X \\ Y \\ Z \end{bmatrix}$$

为书写方便,在不引起混淆的条件下,取消上面的上角标"0",得到

$$\begin{aligned}
\boldsymbol{X}_\mathrm{T} &= (\lambda^0 + \mathrm{d}\lambda)\left[\boldsymbol{M}^0 + \mathrm{d}(\boldsymbol{MX})\right] + (\boldsymbol{X}_0^0 + \mathrm{d}\boldsymbol{X}_0) = \\
&(\lambda + \mathrm{d}\lambda)(\boldsymbol{E} + \mathrm{d}\boldsymbol{M})\boldsymbol{MX} + (\boldsymbol{X}_0 + \mathrm{d}\boldsymbol{X}_0) = \\
&\lambda\boldsymbol{MX} + \boldsymbol{X}_0 + \mathrm{d}\lambda\boldsymbol{MX} + \lambda\mathrm{d}\boldsymbol{MMX} + \mathrm{d}\lambda\mathrm{d}\boldsymbol{MMX} + \mathrm{d}\boldsymbol{X}_0 = \\
&\boldsymbol{X}_\mathrm{T}^0 + \mathrm{d}\lambda\boldsymbol{MX} + \lambda\mathrm{d}\boldsymbol{MMX} + \mathrm{d}\lambda\mathrm{d}\boldsymbol{MMX} + \mathrm{d}\boldsymbol{M}_0
\end{aligned} \tag{4-43}$$

令 $\boldsymbol{X}_\mathrm{tr} = \lambda\boldsymbol{MX} = \lambda\begin{bmatrix} a_1 & a_2 & a_3 \\ b_1 & b_2 & b_3 \\ c_1 & c_2 & c_3 \end{bmatrix}\begin{bmatrix} X \\ Y \\ Z \end{bmatrix}$ ，$\delta\boldsymbol{X} = \boldsymbol{X}_\mathrm{T} - \boldsymbol{X}_\mathrm{T}^0 = \begin{bmatrix} X_\mathrm{T} \\ Y_\mathrm{T} \\ Z_\mathrm{T} \end{bmatrix} - \begin{bmatrix} X_\mathrm{T}^0 \\ Y_\mathrm{T}^0 \\ Z_\mathrm{T}^0 \end{bmatrix}$ ，$\mathrm{d}\lambda' = \dfrac{1}{\lambda}\mathrm{d}\lambda$ ，则有

$$\delta\boldsymbol{X} = \mathrm{d}\boldsymbol{X}_0 + \mathrm{d}\lambda'\boldsymbol{X}_\mathrm{tr} + \mathrm{d}\boldsymbol{M}\boldsymbol{X}_\mathrm{tr}$$

$$\begin{bmatrix} \delta X \\ \delta Y \\ \delta Z \end{bmatrix} = \begin{bmatrix} \mathrm{d}X_0 \\ \mathrm{d}Y_0 \\ \mathrm{d}Z_0 \end{bmatrix} + \mathrm{d}\lambda'\begin{bmatrix} X_\mathrm{tr} \\ Y_\mathrm{tr} \\ Z_\mathrm{tr} \end{bmatrix} + \begin{bmatrix} 0 & -\mathrm{d}\kappa & -\mathrm{d}\varphi \\ \mathrm{d}\kappa & 0 & -\mathrm{d}\omega \\ \mathrm{d}\varphi & \mathrm{d}\omega & 0 \end{bmatrix}\begin{bmatrix} X_\mathrm{tr} \\ Y_\mathrm{tr} \\ Z_\mathrm{tr} \end{bmatrix} \tag{4-44}$$

可以写成

$$\begin{bmatrix} 1 & 0 & 0 & X_\mathrm{tr} & 0 & -Z_\mathrm{tr} & -Y_\mathrm{tr} \\ 0 & 1 & 0 & Y_\mathrm{tr} & -Z_\mathrm{tr} & 0 & X_\mathrm{tr} \\ 0 & 0 & 1 & Z_\mathrm{tr} & Y_\mathrm{tr} & X_\mathrm{tr} & 0 \end{bmatrix}\begin{bmatrix} \mathrm{d}X_0 \\ \mathrm{d}Y_0 \\ \mathrm{d}Z_0 \\ \mathrm{d}\lambda' \\ \mathrm{d}\omega \\ \mathrm{d}\varphi \\ \mathrm{d}\kappa \end{bmatrix} = \begin{bmatrix} \delta X \\ \delta Y \\ \delta Z \end{bmatrix} \tag{4-45}$$

在近似垂直摄影情况下，各初值的选取：$\varphi^0 = \omega^0 = \kappa^0 = 0$。

λ^0 的初值可由两个已知的地面控制点间的实地距离与其相应的模型点的距离的比值确定，即

$$\lambda^0 = \frac{\sqrt{(X_{T1} - X_{T2})^2 + (Y_{T1} - Y_{T2})^2 + (Z_{T1} - Z_{T2})^2}}{\sqrt{(X_1 - X_2)^2 + (Y_1 - Y_2)^2 + (Z_1 - Z_2)^2}} \tag{4-46}$$

在使用空间相似变换进行模型连接时，需将下一个模型的比例尺归化到前一个已建好的模型上去。由于相邻模型的比例尺大体相当，此时可直接取 $\lambda^0 = 1$。

至于三个平移参数的初值 X_0, Y_0, Z_0，一般可将模型坐标系（或摄测坐标系）先移到某一已知控制点所对应的模型点上，此时该控制点的坐标（地面坐标）提供了相当精确的初值。

注意：初值的选取很重要，初值选的精确，可以加快收敛速度，减少计算量。此外，初值选得好，原始方程还可简化成下面更简单的形式。

因为 $\boldsymbol{X}_\mathrm{tr}^0 = \lambda^0\boldsymbol{M}^0\boldsymbol{X} = 1 \cdot \boldsymbol{E} \cdot \boldsymbol{X} = \boldsymbol{X}$，代入式(4-45)，得

$$\begin{bmatrix} 1 & 0 & 0 & X & 0 & -Z & -Y \\ 0 & 1 & 0 & Y & -Z & 0 & X \\ 0 & 0 & 1 & Z & Y & X & 0 \end{bmatrix}\begin{bmatrix} \mathrm{d}X_0 \\ \mathrm{d}Y_0 \\ \mathrm{d}Z_0 \\ \mathrm{d}\lambda' \\ \mathrm{d}\omega \\ \mathrm{d}\varphi \\ \mathrm{d}\kappa \end{bmatrix} = \begin{bmatrix} \delta X \\ \delta Y \\ \delta Z \end{bmatrix} \tag{4-47}$$

　　由线性化绝对定向方程式可以看出,给出一个平面高程控制点,便可由式(4－47)列出三个方程。给出两个平面高程控制点(简称平高控制点)和一个高程控制点,便可列出七个方程式,联立求解这七个方程式,便可求解七个绝对方位元素的近似值或改正数。但是为了保证绝对定向的质量和提供检核数据,通常需要多余的地面控制点,通常是四个平高控制点,分布在立体模型的四个角隅,然后按最小二乘原理迭代求解。

　　为了简化方程的解算,可以将摄测系的原点和地辅系的原点都移到用于绝对定向的几个控制点的几何重心。假设构成模型的物质是均匀的,即地面控制点是等精度的,重心点的模型坐标为

$$\dot{X}=\frac{1}{n}\sum_{i=1}^{n}X_i, \quad \dot{Y}=\frac{1}{n}\sum_{i=1}^{n}Y_i, \quad \dot{Z}=\frac{1}{n}\sum_{i=1}^{n}Z_i$$

式中,n 为控制点个数。

　　重心点的地辅系为

$$\dot{X}=\frac{1}{n}\sum_{i=1}^{n}X_{\mathrm{T}i}, \quad \dot{Y}=\frac{1}{n}\sum_{i=1}^{n}Y_{\mathrm{T}i}, \quad \dot{Z}=\frac{1}{n}\sum_{i=1}^{n}Z_{\mathrm{T}i}$$

这称为坐标的重心化。重心化坐标以后,模型点的模型坐标即变为重心化模型坐标,即为

$$\begin{bmatrix} \overline{X} \\ \overline{Y} \\ \overline{Z} \end{bmatrix}_j = \begin{bmatrix} X \\ Y \\ Z \end{bmatrix}_j - \begin{bmatrix} \dot{X} \\ \dot{Y} \\ \dot{Z} \end{bmatrix} \tag{4－48}$$

控制点的重心化地辅坐标为

$$\begin{bmatrix} \overline{X_{\mathrm{T}}} \\ \overline{Y_{\mathrm{T}}} \\ \overline{Z_{\mathrm{T}}} \end{bmatrix}_j = \begin{bmatrix} X_{\mathrm{T}} \\ Y_{\mathrm{T}} \\ Z_{\mathrm{T}} \end{bmatrix}_j - \begin{bmatrix} \dot{X_{\mathrm{T}}} \\ \dot{Y_{\mathrm{T}}} \\ \dot{Z_{\mathrm{T}}} \end{bmatrix} \tag{4－49}$$

　　所以在重心化情况下,不再需要改正原点。因为定向点的重心化后已合理配赋,这样只剩下四个未知数,这是坐标重心化的一个明显优点。

　　因为 $[\overline{X}]=[\overline{Y}]=[\overline{Z}]=\boldsymbol{O}$, $[\overline{X}_{\mathrm{T}}]=[\overline{Y}_{\mathrm{T}}]=[\overline{Z}_{\mathrm{T}}]=\boldsymbol{O}$, $[\delta X]=[\delta Y]=[\delta Z]=\boldsymbol{O}$, 证明

$$[\overline{X}_{\mathrm{T}}]=\sum_{i=1}^{n}\overline{X}_{\mathrm{T}}^i=\sum_{i=1}^{n}\left(X_{\mathrm{T}}^i-\frac{1}{n}\sum_{i=1}^{n}X_{\mathrm{T}}^i\right)=\sum_{i=1}^{n}X_{\mathrm{T}}^i-n\frac{1}{n}\sum_{i=1}^{n}X_{\mathrm{T}}^i=\boldsymbol{O}$$

$$[\delta X]=[\overline{X}_{\mathrm{T}}]-\lambda\boldsymbol{M}\,[\overline{X}]=\boldsymbol{O}$$

在这种重心化坐标下,法方程变为非常简单的形式,此时,前四个未知数可以独立地求解

$$\mathrm{d}X_0=0$$
$$\mathrm{d}Y_0=0$$
$$\mathrm{d}Z_0=0$$
$$\mathrm{d}\lambda'=\frac{[\overline{X}\delta X+\overline{Y}\delta Y+\overline{Y}\delta Y]}{[\overline{X}^2+\overline{Y}^2+\overline{Z}^2]}$$

因此,空间相似变换的严密方程可写为

$$\begin{bmatrix} X_T \\ Y_T \\ Z_T \end{bmatrix} = \lambda \begin{bmatrix} a_1 & b_1 & c_1 \\ a_2 & b_2 & c_2 \\ a_3 & b_3 & c_3 \end{bmatrix} \begin{bmatrix} \overline{X} \\ \overline{Y} \\ \overline{Z} \end{bmatrix} + \begin{bmatrix} \dot{X}_T \\ \dot{Y}_T \\ \dot{Z}_T \end{bmatrix} \tag{4-50}$$

2)绝对定向的计算过程。

a)读入数据。包括各个控制点的地面坐标(X_T,Y_T,Z_T)及相应模型点的摄测坐标(即模型坐标)(X,Y,Z);此外,还应读入所有加密点的模型坐标,以便在绝对定向完成后将它们变换成相对应的地面点的地面坐标。

b)分别计算控制点图形重心的摄影测量坐标和地面坐标。

c)计算所有控制点和加密点的重心化摄影测量坐标;计算所有控制点的重心化地面坐标。

d)确定绝对定向元素的初值。在近似垂直摄影的情况下,可取$\varphi^0=\omega^0=\kappa^0=0$,在使用重心化坐标的情况下,$X_0=Y_0=Z_0 \equiv 0$,不必再求(即模型坐标系的原点,也就是几何重心,它在地面坐标系下的坐标,也就是过去所说的(X_0,Y_0,Z_0),就是地面的几何重心原点坐标,所以平移量$X_0=Y_0=Z_0$,恒为零)。而λ^0则由两个相距最远的控制点间的实地距离与其对应模型点之间的距离之比来确定。

e)由三个角元素φ,ω,κ的近似值构成旋转矩阵$\boldsymbol{M}$。

f)因为在使用重心化坐标的条件下,$X_0^0=Y_0^0=Z_0^0 \equiv 0$,故应按式(4-51)逐点计算$\delta X$,$\delta Y,\delta Z$。

$$\begin{bmatrix} \delta X \\ \delta Y \\ \delta Z \end{bmatrix}_i = \begin{bmatrix} \overline{X}_T \\ \overline{Y}_T \\ \overline{Z}_T \end{bmatrix}_i - \lambda \begin{bmatrix} a_1 & b_1 & c_1 \\ a_2 & b_2 & c_2 \\ a_3 & b_3 & c_3 \end{bmatrix} \begin{bmatrix} \overline{X} \\ \overline{Y} \\ \overline{Z} \end{bmatrix}, i=1,2,\cdots,n \tag{4-51}$$

g)计算$\mathrm{d}\lambda'$,并按式(4-52)计算改正后的比例尺因子。

$$\lambda^{(k+1)} = \lambda^{(k)}(1+\mathrm{d}\lambda') \tag{4-52}$$

h)组成并解算法方程,求出$\mathrm{d}\varphi,\mathrm{d}\omega,\mathrm{d}\kappa$。

i)计算改正后的绝对定向元素:

$$\varphi^{(k+1)} = \varphi^{(k)} + \mathrm{d}\varphi^{(k+1)}$$
$$\omega^{(k+1)} = \omega^{(k)} + \mathrm{d}\omega^{(k+1)}$$
$$\kappa^{(k+1)} = \kappa^{(k)} + \mathrm{d}\kappa^{(k+1)}$$

式中,k为迭代次数。

j)重复e)~i)步,直到绝对定向元素的改正数小于限差为止。

k)计算所有加密点的地面坐标:

$$\begin{bmatrix} X_T \\ Y_T \\ Z_T \end{bmatrix}_j = \lambda \begin{bmatrix} a_1 & b_1 & c_1 \\ a_2 & b_2 & c_2 \\ a_3 & b_3 & c_3 \end{bmatrix} \begin{bmatrix} \overline{X} \\ \overline{Y} \\ \overline{Z} \end{bmatrix}_j + \begin{bmatrix} \dot{X}_T \\ \dot{Y}_T \\ \dot{Z}_T \end{bmatrix}, j=1,2,\cdots,m$$

式中,m为立体模型中加密点的个数。

4.2　无人机航空摄影

无人机航空摄影测量作为航天卫星遥感与普通航空摄影在测绘领域中技术应用不可缺少的补充手段,其作业流程与普通航空摄影测量基本一致,主要包括测绘航空摄影、摄影测量外业和摄影测量内业等几个作业流程。普通航空摄影测量中普通航空摄影由于采用的航空专业相机和飞行平台(有人驾驶飞机)价格高,加上我国空域管理严格,航空摄影飞行许可办理十分困难,飞行作业专业性强、要求高,通常普通航空摄影由专业测绘航空摄影单位完成,一般测绘单位仅利用测绘航空影像开展摄影测量数据处理(摄影测量外业和摄影测量内业)生产 4D 测绘成果。而无人机航空摄影测量通常由测绘作业单位完成全过程作业。

4.2.1　无人机航空摄影作业流程

无人机航空摄影作业流程与普通航空摄影作业流程基本一致,主要包括项目基础资料收集、飞行作业空域申请、作业方案技术设计、航空摄影作业、航空影像质量检查和成果验收等阶段,具体作业流程如图 4-5 所示。

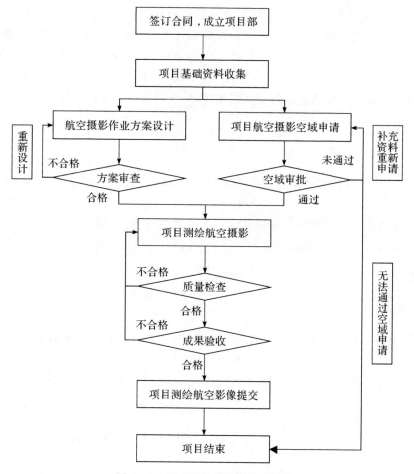

图 4-5　无人机航空摄影作业流程

4.2.2　无人机航空影像特点

无人机航空摄影与普通航空摄影相比,无人机航空摄影获取的影像具有以下特点。

(1)像片数量多,数据处理工作量大。通常无人机航空摄影的传感器系统使用民用级非量测型数码相机,感光器面积小(主要采用 APS - C、全画幅,高端系统采用中画幅)、有效像素较低(有效像素通常在 2 000 万至 4 240 万之间,最高不大于 1 亿像素),与普通航空摄影(通常相机有效像素不低于 2 亿)项目相比,其像片数量成倍增长,后期遥感应用数据处理工作量和难度大大增加。

(2)像片姿态变化大,数据处理难度大。通常无人机航空摄影使用体积更小、重量更轻的无人机作为飞行平台,受气候变化影响大,飞行姿态通常较差,获取的航空影像的旋偏角、俯仰角较大;同一航线的弯曲度、相对航高变化大,航向重叠度不均匀;相邻航线保持平行困难,旁向重叠度变幅较大,航空摄影作业容易发生重叠度不足,甚至产生航空摄影漏洞。与普通航空摄影相比,航空摄影的航向重叠度和旁向重叠度要求更大,后期遥感应用数据处理对软件系统要求更高、处理难度更大。

(3)影像质量较低、畸变更大。与普通航空摄影使用工业级量测型数码相机相比,无人机航空摄影使用传感器系统使用民用级非量测型数码相机,为了降低系统重量,通常使用质量更轻的低端定焦镜头,镜头畸变不均匀导致影像畸变较大;飞行作业飞行相对航高低,相机系统主要采用广角镜头,由此在影像四周也会产生广角畸变,距离中心越远畸变越大;同时感光器像元尺寸小(一般不超过 6 μm)、感光面积小,获取的航空影像质量不如普通航空摄影影像。因此,无人机航空摄影的相机系统检校间隔更短,后期遥感应用数据处理前必须增加影像预处理流程。

4.2.3　无人机遥感影像质量评价

为了使无人机影像后续数据处理能够顺利完成,需要对获取的无人机影像进行质量评价,主要包括以下几个方面。

(1)影像重叠度。影像重叠是指相邻像片所摄地物的重叠区域,有航向重叠和旁向重叠,重叠度以像幅边长的百分比数表示。

航向重叠度
$$P = \frac{l_x}{L_x} \times 100\% \tag{4-53}$$

旁向重叠度
$$Q = \frac{l_y}{L_y} \times 100\% \tag{4-54}$$

式中,l_x,l_y 为像片上航向和旁向重叠部分的边长;L_x,L_y 为像片像幅的边长。如图 4 - 6 所示。

(2)航线弯曲度及航高差。航线弯曲度是指航线两端影像像主点之间的连线 l 与偏离该直线最远的像主点到该直线垂直距离 d 的比值,如图 4 - 7 所示,即 $R = \frac{d}{l} \times 100\%$。航线弯曲度直接影响航向重叠度和旁向重叠度,如果弯曲多大,可能会出现航摄漏洞。

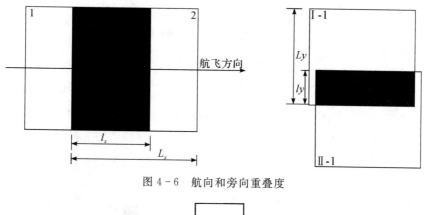

图 4-6　航向和旁向重叠度

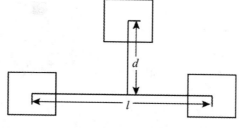

图 4-7　航线弯曲度

航高差是反映无人机在空中拍摄时飞行姿态是否平稳的重要指标,如果航高差变化过大,说明其在空中的姿态不稳定,这时就要分析不稳定的原因,是风速太大,还是无人机硬件故障造成的。《地形图航空摄影规范》对同一航线上相邻像片规定的航高差是不得大于 30 m,最大航高和最小航高之差不得大于 50 m,实际航高与设计航高之差不应大于 50 m。

(3)像片倾角。像片倾角指无人机相机主光轴与铅垂线的夹角(见图 4-8)。像片倾角一般不应大于 5°,最大不应超过 12°,出现超过 8°的像片数不应多于总像片数的 10%。特殊地区(如风向多变的山区)像片倾角一般不应大于 8°,最大不应超过 15°,出现超过 10°的相片数不应多于总数的 10%。

(4)像片旋角。像片旋角指相邻像片的主点连线与像幅沿航线方向的两框标连线之间的夹角,像片旋角应满足以下条件。

1)像片旋角一般不大于 15°,在确保像片航向和旁向重叠度满足的前提下,个别最大旋角不超过 30°,在同一条航线上旋角超过 20°的像片数不应超过三幅,超过 15°旋角的像片数不得超过分区像片总数的 10%。

2)像片倾角和像片旋角不应同时达到最大值。

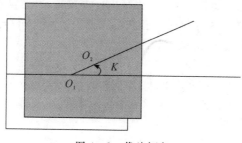

图 4-8　像片倾角

4.3 无人机摄影测量数据处理

4.3.1 无人机航空摄影测量成果类型

(1)数字高程模型 DEM。数字高程模型(Digital Elevation Model,DEM)是在一定范围内通过规则格网点描述地面高程信息的数据集,用于反映区域地貌形态的空间分布,即采用一组阵列形式的有序数值表示地面高程的一种实体地面模型(见图4-9),是数字地形模型(Digital Terrain Model,DTM)的一个分支,其他各种地形特征值均可由此派生。

数字地形模型 DTM 是描述包括高程在内的各种地貌因子,如坡度、坡向及坡度变化率等因子在内的线性和非线性组合的空间分布,其中DEM 是零阶单纯的单项数字地貌模型,其他如坡度、坡向及坡度变化率等地貌特性可在 DEM的基础上派生。

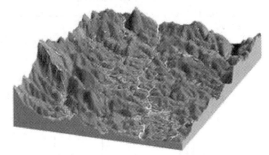

图4-9 数字地形模型

数字高程模型构建方法有多种。按数据源及采集方式分为直接地面测量构建、摄影测量构建和已有地形图构建等三种。

(2)数字正射影像图 DOM。数字正射影像图(Digital Orthophoto Map,DOM)是以航空或航天遥感影像(单色/彩色)为基础,经过辐射改正、数字微分纠正和镶嵌处理,按地形图范围裁剪成的影像数据,并将地形要素的信息以符号、线画、注记、千米格网和图廓(内/外)整饰等形式填加到影像平面上,形成以栅格数据形式存储的影像数据库。它具有地形图的几何精度和影像特征。

数字正射影像图的分幅、投影、精度和坐标系统,与同比例尺地形图一致,图像分辨率为输入大于 400dpi,输出大于 250dpi,具有精度高、信息丰富、直观逼真和现实性强等优点。

数字正射影像图构建方法有多种。按照制作正射影像的数据源,以及技术条件和设备差异划分,主要包括下述三种方法:全数字摄影测量方法、单片数字微分纠正和已有正射影像图扫描等三种。

1)全数字摄影测量方法。通过数字摄影测量系统来实现,即对数字影像对进行内定向、相对定向和绝对定向后,形成 DEM,按反解法做单元数字微分纠正,将单片正射影像进行镶嵌,最后按图廓线裁切得到一幅数字正射影像图,并进行地名注记、公里格网和图廓整饰等,经过修改后形成 DOM。

2)单片数字微分纠正。如果区域内已有 DEM 数据以及像片控制成果,可直接生产DOM,其主要流程是对航摄负片进行影像扫描后,根据控制点坐标进行数字影像内定向,再由DEM 成果做数字微分纠正,其余后续过程与上述方法相同。

3)已有正射影像图扫描。若已有光学投影制作的正射影像图,可直接对光学正射影像图进行影像扫描数字化,再经几何纠正就能获取数字正射影像的数据。几何纠正是直接针对扫描变换进行数字模拟,扫描图像的总体变形过程可以看作是平移、缩放、旋转、仿射、偏扭和弯曲等基本变形的综合作用结果。

(3)数字线划地形图 DLG。矢量地形要素数据(Digital Line Graphic ,DLG)是地形图上基础地理要素的矢量数据集,且保存各要素间的空间关系和相关的属性信息。数字线划地图表达的地图要素与现有地形图基本一致,可以方便地实现空间数据和属性数据的管理、查询和空间分析以及制作各种精细的专题地图,是目前应用最为广泛的数字测绘成果形式。

数字测图中最为常见的产品就是数字线划地图,外业测绘最终成果一般就是 DLG。相比其他数字测绘成果形式,数字线划地图在放大、漫游、查询、检查、量测和叠加地图等方面更为方便,数据量更小,分层更容易,生成专题地图更快速,也称作矢量专题信息(Digital Thematic Information,DTI)。数字线划地图的技术特征为地图地理内容、分幅、投影、精度和坐标系统与同比例尺地形图一致。图形输出为矢量格式,任意缩放均不变形。

数字线划地图的生产方法主要包括摄影测量(含三维激光测量、InSAR 测量和倾斜摄影等)、野外实测、已有地形图扫描矢量化和数字正射影像图矢量化等。

(4)数字栅格地形图 DRG。数字栅格地图(Digital Raster Graphic,DRG)是纸质、胶片地形图的数字化产品,在内容、几何精度和色彩上与地形图保持一致的栅格数据文件集,由纸质地形图经扫描、几何纠正和图像处理后生成,或由地形图制图数据栅格化处理生成。

数字栅格地图的技术特征:地图地理内容、外观视觉式样与同比例尺地形图一样,平面坐标系统、高程系统与相应的矢量地形图完全一致;地图投影采用高斯-克吕格投影;图像分辨率为输入大于 400 dpi,输出大于 250 dpi。

4.3.2　无人机摄影测量数据处理流程

无人机摄影测量与航天卫星摄影测量和普通航空摄影的数据处理流程基本一致,主要包括摄影测量外业和摄影测量内业两大工序,具体作业流程如图 4-10 所示。

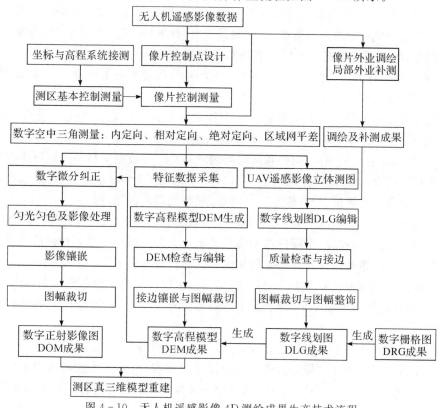

图 4-10　无人机遥感影像 4D 测绘成果生产技术流程

4.3.3 无人机摄影测量外业

无论何种摄影测量方式,其摄影测量外业技术和作业工序基本一致,主要包括控制测量、像片控制测量和像片调绘等工序。

(1)控制测量。控制测量是指在项目测区范围内,按测量任务所要求的精度,测定一系列控制点的平面位置和高程,建立起测量控制网,作为项目大地测量、摄影测量、地形测量和工程测量等各种测量活动和工程项目规划、勘测设计、施工、安全监测和维护管理的基础。

控制网具有控制全局、限制测量误差累积的作用,是各项测量工作的依据。对于地形测绘,等级控制是扩展图根控制的基础,以保证所测地形图能互相拼接成为一个整体;对于航空摄影测量,等级控制是扩展像片控制测量的基础,以保证能够进行空中三角测量,各个立体像对所测地形图能互相拼接成为一个整体;对于工程测量,常需布设专用控制网,作为施工放样和变形观测的依据。

控制测量按不同的分类标准有不同分类方法。

1)按控制测量的层次可分为基本(首级)控制测量、加密控制测量和图根控制测量(像片控制测量)等三个类型。

2)按控制测量的内容可分为平面控制测量、高程控制测量和三维控制测量等三个类型。

a)平面控制测量:指测定控制点平面坐标而进行的控制测量;

b)高程控制测量:指测定控制点高程而进行的控制测量;

c)三维控制测量:指同时测定控制点平面坐标和高程或空间三维坐标而进行的控制测量。

控制测量按精度可分为多个等级,不同测量规范(标准)中控制测量等级划分基本相同,局部可能略有差异,可细分等级。平面控制测量等级通常分为一、二、三、四、五等(可细分为一级、二级)和图根(可细分为一级、二级);高程控制测量等级通常分为一、二、三、四等和图根(可细分为一级、二级)。

控制测量可采用不同测量方法作业。平面控制测量主要作业方法主要包括 GNSS 测量(GNSS 静态相对定位、GNSS 单基站 RTK 定位测量、GNSS 网络 RTK 定位测量和 CORS 定位测量等)、三角形网(三角网、三边网和边角同测网)测量、导线测量和小三角测量(前方交会、后方交会等)等;高程控制测量作业方法主要包括水准测量(光学水准测量、数字水准测量和静力水准测量)、三角高程测量(光电测距三角高程、视距三角高程等)等。

(2)像片控制测量。像片控制测量(Photo Control Survey)又称为像片联测,是指在实地测定像片控制点(简称像控点)平面位置和高程的测量工作。像片控制测量包括像片控制点设计、像片控制点测量、像片控制点数据处理和像片控制点成果整理等几个工序。

像片控制点设计在测区航空影像的基础上进行,主要确定像片控制点布设方法、像片控制点测量方法、像片控制点测量方案、像片控制点数据处理方案、像片控制点成果资料整理要求和成果提交格式等。

像片控制点布设方法主要包括全野外布点法、单航线布点法和区域网布点法。全野外布点法指以一张像片或一个立体像对为单位布设像片控制点,所有像片控制点均采用全野外实地测量;单航线布点法指以一条航线(段)为单位布设像片控制点并进行野外实地测量的方法;区域网布点法指以几条航线段或几幅图为一个区域布设像片控制点并进行野外实地测量的方法等。全野外布点法的像片控制点数量最多,外业工作量最大,成果精度可靠,但对于部分纹理相近区域(如林地、草地等)布设像片控制点困难;单航线布点法的像片控制点数量适中,外业工作量中等,空中三角测量工作量较小,成果精度比较可靠,对于跨度不大的纹理相近区域可跨域布设像片控制点,存在相邻航线间像片控制点精度不均匀的缺点;区域网布点法的像片控制点数量最少,外业工作量最小,空中三角测量工作量较大,成果精度比较可靠,对于跨度不大的纹理相近区域可跨域布设像片控制点,整个区域像片控制点精度均匀。无人机航空摄影测量中影像像幅小,像片数量多,像片控制点布设困难,像片控制点布设方法通常不采用全野外布点法,主要采用区域网布点法,辅助采用单航线布点法。

像片控制点可分为平面控制点、高程控制点和平高控制点三种类型。

像片控制点测量方法根据成果精度要求选择相应等级的控制测量(通常等级较低)方法,其外业测量、数据处理控制测量相同。像片控制点测量方法与等级控制测量最重要的区别主要有两点:像片控制点野外选点和像片控制点刺点。在野外,像片控制点的点位一般选用像片上的明显地物点,通常要求地势较为平坦区域的目标清晰、易分辨、易测量、高精度的直角地物目标或点状地物目标;点位选定后,应在像片上精确刺出位置,并在像片背面绘出相关地物关系略图,以简明确切的文字说明其位置。

像片控制点测量完成后,要求对片控制点测量资料进行整理,提交像片控制点成果表及其刺点像片。

(3)像片调绘。像片调绘是摄影测量数据中一项最重要的工序,其目的是识别和解释此影像的类属及特性。像片判读(也称像片解译或判释)是像片调绘的主要工作内容,是根据地物的光谱特性像片的成像规律及判读特征,阅读和分析像片影像信息的综合过程。像片判读的内容见第 2 章"2.5 遥感数字图像判读"。

像片调绘采用放大片(目前已有人使用快拼正射影像)调绘,放大片比例尺为成图比例尺的 2 倍。调绘片采用隔号片,调绘面积线一般不应分割居民地、工矿企业和平行分割线状地物。调绘面积线右、下两边为直线,左、上两边为曲线。自由图边调出范围线 4 mm,不得产生漏洞。调绘面积线四周注明接边航线号及片号。自由图边应有检查者签名,接边像片应有接边者、检查者签名,调绘片右下方应有调绘者、检查者签名,注明调绘日期。

像片调绘的方法主要包括先外后内法、先内后外法。对像片各种明显的、依比例尺的地物,可只做定性数量描述,内业以立体模型为准。调绘片清绘采用红、蓝、黑三色清绘。红色用于调绘面积线、地类界用实线、自由图边、新增地物和片外注记等;蓝色用于水系及相应名称注记;其余用黑色。

像片调绘的补测。对于调绘像片上影象模糊、阴影遮盖的地物或者航空摄影后新增地物,应在调绘片上用交会法、截距法等以明显地物点为起始点补调,当大面积地物补调用上述方法保证不了成图精度时,应用解析法、交会法或截距法等进行补测。补测像片上用红色虚线绘出补测范围,另附补测略图供内业描绘。摄影后消失的地物在调绘片上用红色"×"划去。范围较大时可用红色虚线绘出范围注明已拆。

像片调绘主要内容包括居民地及设施调绘、独立地物调绘、交通道路设施调绘、管线垣栅调绘、水系调绘、境界调绘、地貌调绘、植被与土质调绘和名称注记调绘等内容;但军事设施和国家保密单位不进行实地调绘,只用 0.2 mm 黑实线绘出范围,内部用直径 7 mm 圆内注"军"或"密"字。

像片调绘主要成果包括调绘片成果和局部区域补测成果。

4.3.4 无人机摄影测量内业

无论何种摄影测量方式,其摄影测量内业数据处理流程和作业工序基本一致,主要包括遥感影像数据预处理、空中三角测量和测绘成果制作等工序。

(1)遥感影像数据预处理。

1)滤波处理。对数字化图像去除噪声的操作称为滤波处理。数字图像的噪声主要来源于图像的获取(图像的数字化)和传输过程。图像获取中的环境条件和传感器元件本身的质量均对图像传感器的工作情况产生影响。例如,使用 CCD 相机获取图像,光照程度和传感器温度是图像中产生大量噪声的主要因素;图像在传输过程中由于受传输信道的干扰而产生噪声污染。数字图像的噪声产生是一个随机过程,其主要形式有高斯噪声、椒盐噪声、泊松噪声和瑞利噪声等,滤波处理的主要方法有空域滤波和频域滤波。

a)空域滤波。空域滤波是使用空域模板进行图像处理的方法,它直接对图像的像素进行处理,属于一种邻域操作,空域模板本身被称为空域滤波器。空域滤波的原理是在待处理的图像中逐点地移动模板,将模板各元素值与模板下各自对应的像素值相乘,最后将模板输出的响应作为当前模板中心所处像素的灰度值。

b)频域滤波。频域滤波是变换域滤波的一种,是指将图像进行变换后(图像经过变换从时域到频域),在变换域中对图像的变换系数进行处理(滤波),处理完毕后再进行逆变换,最后获得滤波后的图像的过程。频域滤波的主要优势是在频域中可以选择性地对频率进行处理,有目的地让某些频率通过,而把其他的阻止。目前使用最多的变换方法是傅里叶变换。由于计算机只能处理时域和频域都离散的信号,处理信号之前需要进行离散傅里叶变换,而图像在计算机中的存储形态是数学矩阵,其信号都是二维的,所以最终进行数字图像滤波时,计算的是二维离散傅里叶变换。

2)镜头畸变校正。由于无人机有效载荷重量相对有人机较小,因此无人机搭载的航空摄影测量设备大多是非量测型相机,镜头存在着不同程度的畸变。镜头畸变实际上是光学透镜固有的透视失真的总称,它可使图像中的实际像点位置偏离理论值,破坏了物方点、投影中心和相应的像点之间的共线关系,即同名光线不再相交,造成了像点坐标产生位移,空间后方交会精度减低,最终影响空中三角测量的精度,制作的数字正射影像图也同样产生了变形。镜头畸变主要包括径向畸变(如枕形变形)和偏心畸变(如桶形变形),如图 4-11 所示。

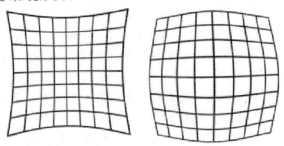

图 4-11 枕形变形和桶形变形

径向畸变主要是由透镜的径向曲率误差造成像主点的偏移,且离中心越远,变形越大;偏心畸变源于装配误差,分别由遥感光学组件轴心不共线和 CCD 面阵排列误差所造成。这些变形共同导致了遥感数字图像的畸变,图像畸变校正的数学模型表示为

$$\Delta x = (x-x_0)(k_1 r^2 + k_2 r^4) + p_1[r^2 + 2(x-x_0)^2] +$$
$$2 p_2(x-x_0)(y-y_0) + \alpha(x-x_0) + \beta(y-y_0)$$
$$\Delta y = (y-y_0)(k_1 r^2 + k_2 r^4) + p_1[r^2 + 2(y-y_0)^2] +$$
$$2 p_2(x-x_0)(y-y_0) + \alpha(x-x_0) + \beta(y-y_0)$$
$$r^2 = (x-x_0)^2 + (y-y_0)^2$$

$$(4-55)$$

式中，Δx，Δy 为像点改正值，(x,y) 为像点坐标，(x_0,y_0) 为像主点坐标，r 为像点向径，k_1，k_2 为径向畸变系数，p_1，p_2 为切向畸变系数，α 为像素的非正方形比例因子，β 为 CCD 阵列排列非正交性的畸变系数。

校正镜头畸变的方法是建立一个高精度检校场，检校场内的标志点坐标已知，用待检校的数码相机对其拍摄，在照片上提取数个标志点的像点坐标，然后根据共线方程，将标志点的物方坐标经透视变换反算出控制点的理想图像坐标，设为无误差的像点坐标，然后代入图像畸变校正的模型公式(4-55)中，即可求出畸变改正参数，完成镜头畸变的校正。其中，建立高精度检校场是关键，检校场可分为二维和三维两种。检校场的控制点精度要求非常高，通常在亚毫米级，标靶、标杆等相关器件也是由膨胀系数极小的特殊合金材料制作的。

(2)空中三角测量。空中三角测量是指在立体摄影测量中，利用像片对内在几何联系，根据少量的野外控制点，在室内进行控制点加密，求得加密点的高程和平面位置的测量方法。即利用一系列连续的带有一定重叠度的航测影像，根据事先测量的少量野外控制点的实际坐标值，以摄影测量中的几何关系建立相应的航线模型或区域网模型，从而解算出加密点的平面坐标和高程。主要作用是减少测区影像绝对定向时所需的控制点，在保证精度的情况下减少测量野外控制点的工作量，降低在不易测量控制点的地形复杂地段或者危险区域的测图难度。空中三角测量主要目的是为缺少野外控制点的地区测图提供绝对定向的控制点。自动空中三角测量作业流程如图 4-12 所示。

1)空中三角测量分类。空中三角测量按照摄影测量的技术发展阶段(或历史发展阶段)不同，同样可分为模拟空中三角测量、解析空中三角测量和数字空中三角测量等三种类型。现阶段空中三角测量全部采用数字空中三角测量技术。

a)模拟空中三角测量，又称为光学机械法空中三角测量，是在全能型立体测量仪器(如多倍仪)上进行的空中三角测量，在仪器上恢复与摄影时相似或相应的航线立体模型，根据测图需要选定加密点，并测定其高程和平面位置。

b)解析空中三角测量，又称为电算加密，是指用计算的方法，根据像片上量测的像点坐标和少量地面控制点，采用较严密的数学公式，按最小二乘法原理，用电子计算机解算待定点的平面坐标和高程。

c)数字空中三角测量，又称为自动空中三角测量，是指在数字摄影测量中，利用影像匹配方法在计算机中自动选择连接点，实现自动转点和量测，进行空中三角测量的方法。

2)解析空中三角测量方法。解析空中三角测量可以采用不同的方法，按照平差中采用的数学模型不同可以分三种：航带法、独立模型法和光束法。

a)航带法。航带法空中三角测量将一条航带作为研究的模型。先将一个立体像对看成一个单元模型，然后将多个立体像对构成的单元模型连接成一个航带，构成航带模型，然后再将整个航带模型看成一个单元模型进行解析计算处理。其主要流程如下：

➤ 像点坐标的量测和系统误差改正；

➤ 像对的相对定向；

➤ 模型连接及航带网的构成；

➤ 航带模型的绝对定向；

➤ 航带模型的非线性改正。

b)独立模型法。为了避免航带法平差误差的不断积累，可以将单元模型作为计算单元，由相互连接的单元模型构成航带网或者区域网。在此过程中误差被限制在单个模型范围内，从而避免了误差的传递积累。其基本思想是将单元模型(一个像对或者两个甚至三个像对)视为刚体，利用各模型彼此间的公共点进行平移、缩放或旋转等三维线性变换，连成一个区域。在变换过程中，尽量保证模型间的公共点坐标的一致性和控制点的观测坐标和其在地面摄影测量坐标的一致性。最后通过最小二乘法原理求得待定点的地面坐标。

c)光束法。光束法区域网空中三角测量是以一幅影像所组成的一束光线作为平差的基本单元，以中心投影的共线方程作为平差的基础方程而进行的解析计算方法。和前两种方法相比，光束法空三测量理论上更加严密而且精度更高，与此同时，它所需要的计算量更大，因此对计算机的容量和性能要求更高。随着计算机技术的发展，计算机的运算速度和容量得到了很大的提高，而且成本不断下降，使得光束法成为目前运用最广泛的方法，并且普遍运用于无人机低空摄影测量中，是其后期数据处理的核心内容之一。

3)数字空中三角测量作业流程。自动数字空中三角测量就是利用模式识别技术和多像影像匹配等方法代替人工在影像上自动选点与转点，同时自动获取像点坐标，提供给区域网平差程序解算，以确定加密点在选定坐标系中的空间位置和影像的定向参数。其主要作业流程如图 4-12 所示。

a)构建区域网。一般来说，首先需将整个测区的光学影像逐一扫描成数字影像，然后输入航摄仪检定数据建立摄影机信息文件，输入地面控制点信息等建立原始观测值文件，最后在相邻航带的重叠区域里量测一对以上同名连接点。

b)自动内定向。通过对影像中框标点的自动识别与定位来建立数字影像中的各像元行、列数与其像平面坐标之间的对应关系。首先，根据各种框标均具有对称性及任意倍数的 90° 旋转不变性这一特点，对每一种航摄仪自动建立标准框标模板；然后，利用模板匹配算法自动快速识别与定位各框标点；最后，以航摄仪检定的理论框标坐标值为依据，通过二维仿射变换或者是相似变换解算出像元坐标与像点坐标之间的各变换参数。

c)自动选点与自动相对定向。首先，用特征点提取算子从相邻两幅影像的重叠范围内选取均匀分布的明显特征点，并对每一特征点进行局部多点松弛法影像匹配，得到其在另一幅影像中的同名点。为了保证影像匹配的高可靠性，所选的点应充分地多。然后，进行相对定向解算，并根据相对定向结果剔除粗差后重新计算，直至不含粗差为止，必要时可进行人工干预。

d)多影像匹配自动转点。对每幅影像中所选取的明显特征点，在所有与其重叠的影像中，利用核线(共面)条件约束的局部多点松弛法影像匹配算法进行自动转点，并对每一对点进行反向匹配，以检查并排除其匹配出的同名点中可能存在的粗差。

e)控制点半自动量测。摄影测量区域网平差时，要求在测区的固定位置上设立足够的地面控制点。研究表明，即使是对地面布设的人工标志化点，目前也无法采用影像匹配和模式识别方法完全准确地量测它们的影像坐标。当今,几乎所有的数字摄影测量系统都只能由作业员直接在计算机屏幕上对地面控制点影像进行判识并精确手工定位,然后通过多影像匹配进行自动转点,得到其在相邻影像上同名点的坐标。

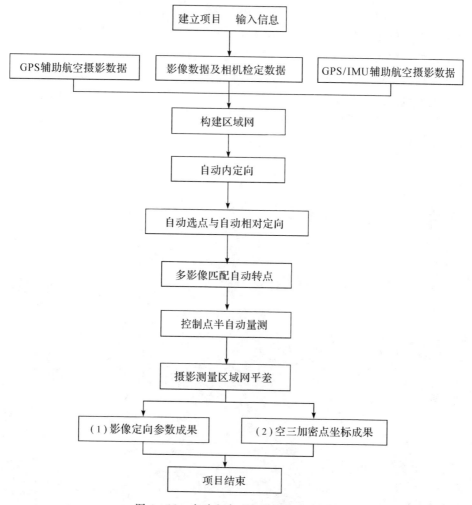

图 4 - 12　自动空中三角测量作业流程

f)摄影测量区域网平差。利用多像影像匹配自动转点技术得到的影像连接点坐标可用作原始观测值提供给摄影测量平差软件,进行区域网平差解算。

(3)数字测绘成果生产。空中三角测量完成后,可以按照任务要求开展数字测绘成果生产,无人机航空摄影测量成果主要包括数字高程模型 DEM、数字正射影像图 DOM、数字线划地形图 DLG 和数字栅格地形图 DRG,其中数字栅格地形图 DRG 不采用直接生产方式,通常采用数字线划地形图 DLG 转换获取。

数字测绘成果生产过程中,根据输入空中三角测量成果类型的不同,后续作业流程略有差异。若输入空三加密点成果,则按照先逐步开展内定向、相对定向、绝对定向工序,再进行模型重建工序,最后进行数字测绘成果生产;若输入影像定向参数成果,则直接进入模型重建工序,再进行数字测绘成果生产。

思考与练习

1. 写出中心投影的共线方程式并说明式中各参数的含义。

2. 什么是内方位元素？内方位元素有哪些？

3. 什么是外方位元素？外方位元素有哪些？

4. 什么是连续像对的相对定向？什么是绝对定向？

5. 简述无人机测绘成图技术的应用。

6. 无人机航摄影像的质量评价标准有哪些？

7. 无人机航摄影像预处理主要包括哪些步骤？

第5章 倾斜摄影测量技术

5.1 倾斜摄影测量概述

倾斜摄影测量技术是国际摄影测量领域近十几年发展起来的一项高新技术,该技术通过从垂直和倾斜的视角同步采集影像,获取到丰富的建筑物顶面及侧视的高分辨率纹理。它不仅能够真实地反映地物情况,高精度地获取物方纹理信息,还可通过先进的定位、融合和建模等技术,生成真实的三维城市模型。该技术已经广泛应用于应急指挥、国土安全、城市管理和房产税收等行业。

5.1.1 倾斜影像定义

倾斜影像为相机主光轴在有一定的倾斜角时拍摄的影像。倾斜影像示意图如图5-1所示。

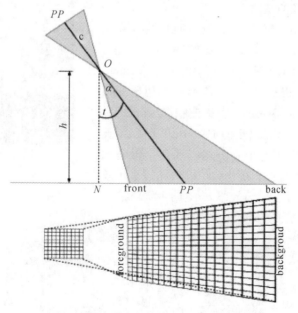

图5-1 倾斜影像示意图

按照主光轴倾斜角可以分为以下几类:

(1)垂直影像:$5° > t$;

(2)轻度倾斜影像:$5° < t < 30°$;

(3)高度倾斜影像：$t > 30°$；

(4)水平视角影像：$t + \alpha > 90°$。

传统的下视影像可以很好地观测到地面和屋顶特征，但缺少侧面信息，整幅影像具有固定的比例尺；而倾斜影像可以观测到建筑物侧面纹理，但是存在更多的遮挡，影像不同地方的比例尺也不一致。倾斜影像与下视影像对比如图 5-2 所示。

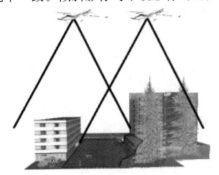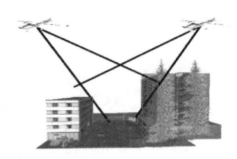

图 5-2　倾斜影像与下视影像对比

5.1.2　倾斜摄影发展历史

早在第一次世界大战期间，就有飞行员用一种叫作 Graflex 的相机拍摄倾斜航空影像（见图 5-3），用于战场侦察，其优点是不需要飞行到测区上方。但受当时胶片影像处理水平以及算法的制约，无法成功将倾斜影像进行拼接。所以，之后人们改用正直摄影的方式进行航空影像的获取。

1904 年 Schiempflug 研制了八镜头相机，搭载在飞艇上用于航空摄影（见图 5-4）。1920 年 Bagley 三镜头相机被大量生产和应用（见图 5-5）。1926 年 Aschenbrenner 研制了九镜头相机，1931 年该相机被用于测量南极。1930 年 Barr & Stroud 七镜头相机由 E. H. Thompson 研制。1930 年代出现的 Fairchild T-3A 五相机系统创新性地采用了一个垂直相机和四个倾斜相机的结构，称之为马耳他十字结构（见图 5-6），采用胶片介质，每幅影像幅宽 13.5 cm×15 cm，焦距为 150 mm。

图 5-3　一战时的 Graflex 航摄相机

图 5-4　1904 八镜头和 1926 九镜头

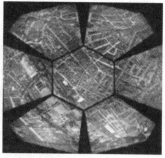

图 5 - 5　1920 三镜头和 1930 七镜头

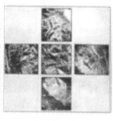

图 5 - 6　马耳他十字

国外从 20 世纪 90 年代就已经开始关注倾斜摄影测量技术,目前此技术在北美和欧洲的应用已经非常普遍。美国的 PICTOMETRY 公司研发了 Pictometry 倾斜影像处理软件,可以对倾斜影像实现精确定位,具备影像轮廓自动提取及自动贴纹理等功能。法国 Acute3D 公司自主开发的 Smart 3D Capture 是一款基于图形运算单元 CPU 进行快速三维场景运算的软件,是无须人工干预就可以生成实景真三维模型的软件解决方案。法国 Infoterra 公司的街景工厂 Street Factory 系统用于倾斜影像建立三维模型。俄罗斯的 Agisoft Photo Scan 软件、微软 Vexcel 公司 Ultramap 软件、以色列的 Vision Map 软件,以及基于 INPHO 软件的 AOS 系统都是基于倾斜摄影测量的三维建模软件。2015 年 9 月在世界测量和地理信息产业会议 IN-TERGEO 上,Skyline 正式发布新版本的三维建模软件 PhotoMesh 6.6,它运用了底层架构技术,并且设计了全新的用户界面,主要用于处理海量数据,此软件使实景三维建模进入了云计算时代。

国内方面,第一次引进倾斜摄影技术是在 2010 年。2010 年,北京天下图公司与美国 Pic-tometry 公司合作,把其公司的机载倾斜摄影设备和具体的生产方案带入中国,弥补了我国倾斜摄影技术领域的空白,这也是我们国家第一次成功引进具有世界领先水平的倾斜摄影技术。刘先林院士研制的 SWDC - 5 倾斜摄影系统同时从五个角度对建筑物进行拍摄,并且利用 POS 系统获取影像的位置、姿态信息,并且在河南进行了飞行试验。中科院遥感地球所也初步完成了四光学相机无人机遥感系统的研制设计,并且在江苏苏州及浙江嘉善成功地进行了飞行试验。武汉华正空间有限公司也研制了自己的地理信息应用平台系统"3DReal World",它所具有的"影像三维量测"技术能提供真实、实时和可量测的三维空间信息服务,该软件已经超越了国际上其他很多软件。广州市红鹏直升机遥感科技有限公司于 2010 年研发出国内第一台轻型倾斜相机,并于 2013 年率先在业内研发出了基于电动旋翼无人机的微型倾斜摄影产品,带动了国内低空倾斜航空摄影技术的迅速发展。

5.1.3 倾斜摄影特点

传统三维建模通常使用 3dsMax，AutoCAD 等建模软件，基于影像数据、CAD 平面图或者拍摄图片估算建筑物轮廓与高度等信息，进行人工建模。这种方式制作出的模型数据精度较低，纹理与实际效果偏差较大，并且生产过程需要大量的人工参与；同时数据制作周期较长，造成数据的时效性较低，因而无法真正满足用户需要。倾斜摄影三维建模与人工建模对比表见表 5-1。

表 5-1 倾斜摄影三维建模与人工建模对比表

生产方式	面积/km²	人力资源	工期/d	模型精度/m	生产效率/(工日·km⁻²)
倾斜摄影三维建模	8	2	2	0.02~0.06	2.0
人工摄影三维建模	8	80	70	0.50	700.0

倾斜摄影测量技术以大范围、高精度和高清晰的方式全面感知复杂场景，通过高效的数据采集设备及专业的数据处理流程生成的数据成果直观反映地物的外观、位置和高度等属性，为真实效果和测绘级精度提供保证。同时有效提升模型的生产效率，采用人工建模方式一两年才能完成的一个中小城市建模工作，通过倾斜摄影建模方式只需要三至五个月时间即可完成，大大降低了三维模型数据采集的经济代价和时间代价。目前，国内外已广泛开展倾斜摄影测量技术的应用，倾斜摄影建模数据也逐渐成为城市空间数据框架的重要内容。

相比其他三维实景建模方式，倾斜摄影建模具有以下几个方面优势。

（1）反映地物周边真实情况。相对于正射影像，倾斜影像能让用户从多个角度观察地物，能够更加真实地反映地物的实际情况，极大地弥补了基于正射影像应用的不足。

（2）倾斜影像可实现单张影像量测。通过配套软件的应用，可直接基于成果影像进行包括高度、长度、面积、角度和坡度等的量测，扩展了倾斜摄影技术在行业中的应用。

（3）建筑物侧面纹理可采集。针对各种三维数字城市应用，利用航空摄影大规模成图的特点，加上从倾斜影像批量提取及贴纹理的方式，能够有效地降低城市三维建模成本。

（4）数据量小易于网络发布。相较于三维 GIS 技术应用庞大的三维数据，应用倾斜摄影技术获取的影像的数据量要小得多，其影像的数据格式可采用成熟的技术快速进行网络发布，实现共享应用。

虽然倾斜摄影近年来发展迅速，三维实景建模优势明显，但也存在以下不足。

（1）倾斜航空摄影后期数据影像匹配时，因倾斜影像的摄影比例尺不一致、分辨率差异或地物遮挡等因素导致获取的数据中含有较多的粗差，严重影响后续影像空三精度。然而，如何利用倾斜摄影测量中所包含的大量冗余信息进行数据的高精度匹配才是提高倾斜摄影技术实用性的关键。

（2）倾斜摄影测量所形成的三维模型在表达整体的同时，某些地方存在模型缺失或失真等问题。因此，为了三维模型的完整准确地表达需要进行局部区域的补测，常用方法是人工相机拍照或者使用车载近景摄影测量系统进行补测。

（3）随着科技的发展，无人机成为倾斜摄影测量实用的载体，为了增加其便携性和灵活性，无人机的续航能力不强，因此，电池的续航能力成为其推广的限制条件，研制体积小长续航的电池迫在眉睫。

5.2　倾斜摄影基本原理

　　倾斜摄影技术是国际测绘遥感领域近年发展起来的一项高新技术,该技术通过在同一飞行平台上搭载多台传感器完成工作,常用的是五镜头倾斜摄影相机,如图 5-7 所示。倾斜摄影相机能够从一个垂直角度、四个倾斜角度同时获取地面多视角影像,地面物体的信息表达更为完整,其技术原理如图 5-8 所示。垂直地面角度拍摄获取的影像称为正片(一组影像),镜头朝向与地面成一定夹角拍摄获取的影像称为斜片(四组影像),地面同一建筑的五镜头倾斜摄影影像如图 5-9 所示。

图 5-7　五镜头倾斜摄影相机

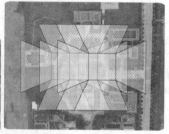

图 5-8　倾斜摄影测量示意图

图 5-9　同一建筑五镜头倾斜摄影影像

5.3 倾斜摄影测量作业流程

5.3.1 倾斜影像采集

倾斜摄影技术不仅在摄影方式上区别于传统的垂直航空摄影,其后期数据处理及成果也大不相同。倾斜摄影技术的主要目的是获取地物多个方位(尤其是侧面)的信息并可供用户多角度浏览、实时量测和三维浏览等获取多方面的信息。

(1)倾斜摄影系统构成。倾斜摄影系统分为三大部分,第一部分为飞行平台,比如无人机;第二部分为人员,比如机组成员和专业航飞人员或者地面指挥人员;第三部分为仪器部分,比如传感器(多头相机)、GPS 定位装置(获取曝光瞬间的三个线元素 X,Y,Z)和姿态定位系统(记录相机曝光瞬间的姿态,三个角元素 φ,ω,κ)。

(2)倾斜摄影航线设计及相机的工作原理。倾斜摄影的航线设计采用专用航线设计软件进行设计,其相对航高、地面分辨率及物理像元尺寸满足三角比例关系。航线设计一般采取30%的旁向重叠度,66%的航向重叠度,目前要生产自动化模型,旁向重叠度需要达到66%,航向重叠度也需要达到66%。航线设计软件生成一个飞行计划文件,该文件包含飞机的航线坐标及各个相机的曝光点坐标位置。实际飞行中,各个相机根据对应的曝光点坐标自动进行曝光拍摄。

5.3.2 倾斜影像数据加工

数据获取完成后,首先要对获取的影像进行质量检查,对不合格的区域进行补飞,直到获取的影像满足质量要求;其次进行匀光匀色处理,在飞行过程中存在时间和空间上的差异,影像之间会存在色偏,这就需要进行匀光匀色处理;再次进行几何校正、同名点匹配和区域网联合平差,最后将平差后的数据(内外方位元素)赋予每张倾斜影像,使得它们具有在虚拟三维空间中的位置和姿态数据,至此倾斜影像即可实时量测每张斜片上的每个像素对应的真实地理坐标位置。

倾斜摄影测量技术通常包括影像预处理、区域网联合平差、多视影像匹配、DSM 生成、真正射纠正和三维建模等关键内容,其基本流程如图 5-10 所示。

倾斜摄影数据加工的关键技术有以下几方面内容。

(1)多视影像联合平差。多视影像不仅包含垂直摄影数据,还包括倾斜摄影数据,而部分传统空中三角测量系统无法较好地处理倾斜摄影数据,因此,多视影像联合平差需充分考虑影像间的几何变形和遮挡关系。结合 POS 系统提供的多视影像外方位元素,采取由粗到精的金字塔匹配策略在每级影像上进行同名点自动匹配和自由网光束法平差,得到较好的同名点匹配结果。同时建立连接点和连接线、控制点坐标以及 GPS/IMU 辅助数据的多视影像自检校区域网平差的误差方程,通过联合解算,确保平差结果的精度。

(2)多视影像密集匹配。影像匹配是摄影测量的基本问题之一,多视影像具有覆盖范围大、分辨率高等特点。因此如何在匹配过程中充分考虑冗余信息,快速准确获取多视影像上的同名点坐标,进而获取地物的三维信息是多视影像匹配的关键。

由于单独使用一种匹配基元或匹配策略往往难以获取建模需要的同名点,因此近年来随着计算机视觉发展起来的多基元、多视影像匹配逐渐成为人们研究的焦点。目前在该领域的研究已取得很大进展,例如建筑物侧面的自动识别与提取。通过搜索多视影像上的特征如建筑物边缘、墙面边缘和纹理来确定建筑物的二维矢量数据集,影像上不同视角的二维特征可以转化为三维特征,在确定墙面时,可以设置若干影响因子并给予一定的权值,将墙面分为不同的类,将建筑的各个墙面进行平面扫描和分割,获取建筑物的侧面结构,再通过对侧面进行重构,提取出建筑物屋顶的高度和轮廓。

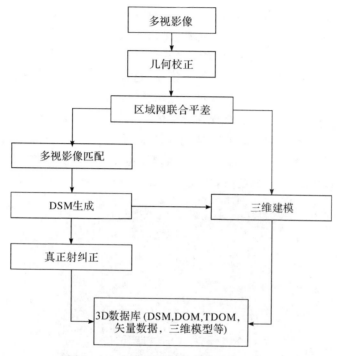

图 5-10　倾斜摄影测量技术基本流程图

（3）数字表面模型生产。多视影像密集匹配能得到高精度高分辨率的数字表面模型(DSM),充分表达地形地物起伏特征,已经成为新一代空间数据基础设施的重要内容。由于多角度倾斜影像之间的尺度差异较大,加上较严重的遮挡和阴影等问题,基于倾斜影像的DSM 自动获取存在新的难点。

可以首先根据自动空三解算出来的各影像外方位元素,分析与选择合适的影像匹配单元进行特征匹配和逐像素级的密集匹配,并引入并行算法,提高计算效率。在获取高密度 DSM 数据后,进行滤波处理,并将不同匹配单元进行融合,形成统一的 DSM。

（4）真正射影像纠正。多视影像真正射纠正涉及物方连续的数字高程模型(DEM)和大量离散分布粒度差异很大的地物对象,以及海量的像方多角度影像,具有典型的数据密集和计算密集特点。因此多视影像的真正射纠正,可分为物方和像方同时进行。在有 DSM 的基础上根据物方连续地形和离散地物对象的几何特征,通过轮廓提取、面片拟合和屋顶重建等方法提取物方语义信息,同时在多视影像上通过影像分割、边缘提取和纹理聚类等方法获取像方语义信息,再根据联合平差和密集匹配的结果建立物方和像方的同名点对应关系,继而建立全局优化采样策略和顾及几何辐射特性的联合纠正,同时进行整体匀光处理,实现多视影像的真正射纠正。

5.3.3 倾斜模型生产

倾斜摄影获取的倾斜影像经过影像加工处理,通过专用测绘软件可以生产倾斜摄影模型,模型有两种成果数据:一种是单体对象化的模型,一种是非单体化的模型数据。

单体化的模型成果数据,利用倾斜影像的丰富可视细节,结合现有的三维线框模型(或者其他方式生产的白模型),通过纹理映射,生产三维模型,这种工艺流程生产的模型数据是对象化的模型,单独的建筑物可以删除、修改及替换,其纹理也可以修改,尤其是建筑物底商这种时常变动的信息,这种模型就能体现出它的优势,国内比较有代表性的公司如天际航、东方道迩和 Skyline PhotoMesh 等均可以生产该类型的模型,并形成了自己独特的工艺流程。

非单体化的模型成果数据,后面简称倾斜模型,这种模型采用全自动化的生产方式,模型生产周期短、成本低,获得倾斜影像后,经过匀光匀色等步骤,通过专业的自动化建模软件生产三维模型,这种工艺流程一般会经过多视角影像的几何校正、联合平差等处理流程,可运算生成基于影像的超高密度点云,再通过点云构建 TIN 模型,并以此生成基于影像纹理的高分辨率倾斜摄影三维模型,因此也具备倾斜影像的测绘级精度。影像提取的中间数据(点云)效果图,如图 5-11 所示。通过点云构建 TIN 模型,如图 5-12、图 5-13 所示。

图 5-11　倾斜摄影建模处理中间数据(点云)效果图

图 5-12　倾斜摄影建模处理 TIN 模型(1)

图 5-13 倾斜摄影建模处理 TIN 模型(2)

纹理映射构建真实三维模型,如图 5-14 所示。

图 5-14 倾斜摄影构建真实三维模型

倾斜摄影建模处理全自动化生产方式大大减少了建模成本,模型生产效率大幅提高,大量的自动化模型涌现出来,目前国内比较有代表性的技术有上海埃弗艾代理的 Smart3D、华正及 AirBus 代理的(街景工厂)等。Smart3D 软件基于图形运算单元 GPU 的快速三维场景运算软件,可运算生成基于真实影像的超高密度点云,它能无须人工干预地从简单连续影像中生成逼真的三维场景模型,国内使用该软件的公司单位有广州红鹏、上海航遥、四维数创、河北测绘院、四川测绘院和湖南第二测绘院等。像素工厂通过对获得的倾斜影像进行几何处理、多视匹配和三角网构建,提取典型地物的纹理特征,并对该纹理进行可视化处理,最终得到三维模型;国外具有代表性的有苹果公司收购 C3 公司采用的自动建模技术、美国 Pictometry 公司的 Pictometry 倾斜影像处理软件提供的 EFS(Electronic Field Study)。

无论是单体化的还是非单体化的倾斜摄影模型,在如今的 GIS 应用领域都发挥了巨大的作用,真实的空间地理基础数据为 GIS 行业提供了更为广阔的应用基石。单体化的倾斜摄影模型在 GIS 应用中与传统的手工模型一致,这里就不再赘述。

5.4　倾斜摄影模型应用

由于倾斜影像为用户提供了更丰富的地理信息、更友好的用户体验,该技术目前在欧美等发达国家已经广泛应用于应急指挥、国土安全、城市管理和房产税收等行业。在国内政府部门用于国土资源管理、房产税收、人口统计、数字城市、城市管理、应急指挥、灾害评估和环保监测。在企事业单位用于房地产、工程建筑、实景导航和旅游规划等领域。

(1)城市管理。发展变迁记录每个时段的真三维数据都真实记录了城市发展变迁的历程,为智慧城市发展规划和建筑风貌研究等提供了重要的空间资料,具有重要的历史和社会价值,如图 5-15 所示。

违法违章建筑治理利用倾斜摄影三维数据真实、生产效率高的特点,可以为智慧城市建立完善且周期较短的数据更新机制,作为数字化的执法依据辅助城市违建管理工作,如图 5-16 所示。

图 5-15　城市三维实景历史模型对照

图 5-16　倾斜摄影三维模型发现违法违章建筑

　　精细化管理满足添加属性数据的需要,对象化的单位可以是整栋建筑或各个楼层定位。将人口信息精确定义至每套房间,将三维空间信息与属性信息挂接,可以实现以地管房、以房管人和人房一体的管理模式,如图 5 - 17 所示。

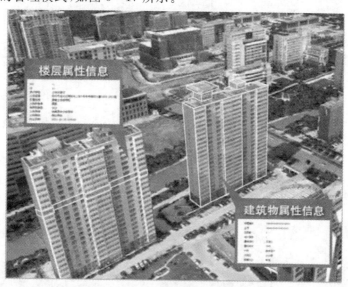

图 5 - 17　城市三维实景模型中建筑物属性信息

　　智慧城市数据中心以真三维影像数据作为智慧城市统一空间载体,即可将各种类型的数据通过空间实体自然地组织在一起,彻底打破各专业信息平台横向分割的局面,如图 5 - 18 所示。

图 5 - 18　智慧城市管理中的真三维模型数据

　　(2)城市规划。通过对比不同时期的倾斜影像,可检测出发生变化的建筑物,如新增的建筑,并能对发生变化的区域进行量算,为拆违工作提供了有力证据,如图 5 - 19 所示。

图 5-19　新增的建筑图

三维辅助规划加载规划设计方案,评审整体效果量化模拟对周边建筑日照时长的影响,对退红距离、楼间距的基本规划指标进行定量分析和计算,如图 5-20 所示。

图 5-20　城市三维模型用于辅助三维规划设计

(3)国土房产。房产管理清晰划分地表、地上和地下的空间权力,并将服务产权、户籍等属性信息与立体空间位置关联,真实记录建筑原貌,为日后的变化比对提供可靠依据,如图 5-21 所示。

图 5-21　城市三维模型用于土地房产信息管理

三维地理国情普查监测不同高度建筑的分布情况,根据用地面积、建筑面积得出实际容积率数据,为城镇发展规划提供依据,如图 5-22 所示。

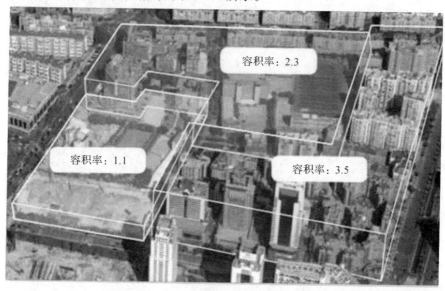

容积率: 2.3

容积率: 1.1

容积率: 3.5

图 5-22　城市三维模型用于地理国情普查监测

(4)公安应急。使用倾斜影像数据,可以在刑侦、营救抓捕行动中,利用卫片和二维地图圈定嫌犯的大概藏匿区域,同时利用近景影像进行分析,对通道进行布控,依据实景影像,快速定位到嫌犯藏匿的建筑物,调用建筑物内部结构图,制订精确抓捕计划,如图 5-23 所示。

图 5-23　城市三维模型用于公安应急方案制订

将倾斜影像和交通应急智慧系统进行集成应用,建设实景可视化的应急指挥系统,能够非常直观地完成对交通信号系统的监控管理、交通事故的量化分析、值勤警力的可视化调度,甚至对交通诱导设备进行快速地控制等,如图 5-24 所示。

图 5-24　城市三维模型用于应急智慧系统建设

思考与练习

1.简述倾斜摄影基本原理。

2.简述倾斜摄影测量作业流程。

3.简述倾斜影像数据加工与生产流程。

4.简述倾斜摄影影像图的应用。

第6章 无人机遥感影像处理软件

随着计算机智能技术、传感器技术、通信技术和信息技术的迅猛发展,数据处理系统自动化程度越来越高,高性能无人机影像处理软件也越来越多,国内外多家科研院所和企业开展了相关的研究工作,并推出了相应的产品。

6.1 常用遥感影像处理软件介绍

市面上针对无人机影像处理的软件,国内外都有很多,国内外比较有代表性的影像处理软件主要有以下几种。

(1)Pix4Dmapper:瑞士 Pix4D 公司的 Pix4Dmapper 是世界级研究机构 EPFL(瑞士洛桑理工学院)近 10 年的研究成果。Pix4Dmapper 是结合丰富的遥感图像处理、摄影测量及企业级空间信息等技术开发的全自动快速无人机数据处理软件。它支持多种类型的相机,除支持可见光光学相机影像外,还支持近红外、热红外及其他多光谱影像,这些影像都可以进行空三加密。此外,还可以将不同架次、不同相机和不同高度的数据同时处理,对于不同参数相机拍摄的测区,如同时搭载近红外传感器和可见光相机,可将它们在同一个工程中进行处理。如果所使用的无人机不能同时携带多个相机,可分别携带不同的相机,飞行多次,然后将其合并到一个工程中处理。

(2)Smart3DCapture:由原成立于 2011 年的法国 Acute 3D 技术软件公司在基于两个欧洲研究院 25 年研究的基础上研发的具有革命性的制作现实三维模型的软件,可以通过简单的图像生成具有高分辨率的真实三维模型。该公司 2015 年 4 月被 Bentley 公司收购,软件 Smart3DCapture 更名为 ContextCapture。Smart3DCapture 基于高性能摄影测量、计算机视觉与计算几何算法,在实用性、稳定性、计算性能和互操作方面能够满足严苛的工业质量要求。Smart3DCapture 可以通过简单的照片生成具有高分辨率的真实三维模型,几乎没有任何限制的照片拍摄要求,并且数据处理的过程也具有高伸缩性和高效率,整个处理过程不须人工干预,通常可以在数分钟至数小时的时间内完成数据处理。

(3)PixelFactory NEO:法国欧洲空客防务与空间公司在多年技术积累的基础上研制开发的海量地理影像数据处理系统,2016 年下半年由 Pixel Factory(像素工厂,简称 PF)和 Street Factory(街景工厂,简称 SF)合并而成,是可处理卫星影像、航空影像、倾斜影像和街道影像等各种地理影像数据并获取 DOM,DEM 和三维模型的产品,可以部署在私有云或商业公有云上,实现计算资源共享,以及远程协同数据处理操作方式。其中 Pixel Factory 是集自动化、并行处理、多种影像兼容性和远程管理等特点于一身的海量遥感影像自动化处理系统,具有若干个强大计算能力的计算结点,输入数码影像、卫星影像或者传统光学扫描影像,在少量人工干预的条件下,经过一系列的自动化处理,输出包括 DSM,DEM,正射影像和真正射影像等产品,并能生成一系列其他中间产品,代表了当前遥感影像数据处理技术的发展方向;Street Factory 是一套快速、全自动化处理任何倾斜、街道影像并生成三维城市模型的倾斜影像数据处理系统,在极少人工干预的情况下,可快速、全自动对倾斜影像成果进行空三加密、几何处理、多视匹配和三角网构建,提取典型地物纹理特征并进行可视化处理,得到具有量测意义的真实三维模型,代表着当今市场最先进的三维建模技术。

(4)Pixelgrid:由中国测绘科学研究院自主研发,北京四维空间数码科技有限公司进行成果转化和产品化,2008 年开始销售。PixelGrid 以其先进的摄影测量算法、集群分布式并行处理技术、强大的自动化业务化处理能力、高效可靠的作业调度管理方法和友好灵活的用户界面和操作方式,全面实现了对卫星影像数据、航空影像数据以及低空无人机影像数据的快速自动处理,可以完成遥感影像从空中三角测量到各种比例尺的 DEM/DSM,DOM 等测绘产品的生产任务。

(5)DPGrid:数字摄影测量网格(Digital Photogrammetry Grid,DPGrid)由中国工程院院士、武汉大学教授张祖勋提出。DPGrid 数字摄影测量网格系统打破了传统的摄影测量流程,集生产、质量检测和管理为一体,合理地安排人、机的工作,充分应用当前先进的数字影像匹配、高性能并行计算和海量存储与网络通信等技术,实现航空航天遥感数据的自动快速处理和空间信息的快速获取,其性能远远高于当前的数字摄影测量工作站,能够满足三维空间信息快速采集与更新的需要,实现为国民经济各部门与社会各方面提供具有很强现势性的三维空间信息。DPGrid 分为三种类型:基于刀片机(集群计算机)+磁盘阵列的 Blade based DPGrid、基于 PC 的数字摄影测量网格的 PC based DPGrid、移动式数字摄影测量网格的 M-DPGrid。

(6)MapMatrix:武汉航天远景科技有限公司研发的新一代摄影测量立体测图系统,具备强大的基础测绘标准 4D 产品生产能力,具有作业过程自动化、采编入库一体化和数据处理海量化(TB 级)的特点。MapMatrix 独特的传感器-模块无关设计,支持市面上从星载到机载(包括无人机)、热气球成像的诸多数据源。该系统使用多核处理技术、网络化并行处理技术、GPU 加速以及计算机视觉领域的最新成果,将摄影测量作业从传统的工作站模式提升到现代的网络化集群计算模式。

(7)SuperMap:北京超图股份有限公司的 SuperMap 软件作为全组件式 GIS 软件,集成了国际上先进的 GIS 开发技术并实现了与多种流行开发语言的无缝集成。同时 SuperMap 支持常用格式数据的输入输出及转换,从而提高了系统的兼容性。这几年 SuperMap 不断扩展自己的产品线,其真空间 GIS 将二、三维 GIS 技术进行了无缝融合,使得它们在底层数据模型的统一、存储管理、空间分析和可视化表达功能上达到一体化。例如大量的二维 GIS 数据可以直接在三维场景中被访问并显示出来,同时三维 GIS 中可以直接调用二维 GIS 的空间分析功能进行分析和显示,并且提供了丰富的三维空间分析功能。

虽然不同的软件依据的基本原理都是一致的,处理流程也大致相同,但是不同软件的不同特点,使得它们在具体使用细节上各有异同,下面以 Pix4Dmapper 软件为例,具体介绍建模的操作步骤。

6.2　摄影测量软件 Pix4Dmapper

Pix4Dmapper 目前已发行到了 3.0 以后版本,本节内容根据 V2.1 和 V2.2 版本进行介绍。

6.2.1　Pix4Dmapper 使用简介

(1)软件登陆。Pix4Dmapper 软件目前分为几个不同的版本,可分为探索版、农业版、专业版和企业版,当用户登入的时候可以根据所购买的软件的不同版本选择登入。对于某些对数据要进行高度保密的单位,也可以使用软件的离线激活模式,也就是说用户的计算机不需要联网,也可以使用软件。

Pix4Dmapper V2.2 界面如图 6-1 所示。

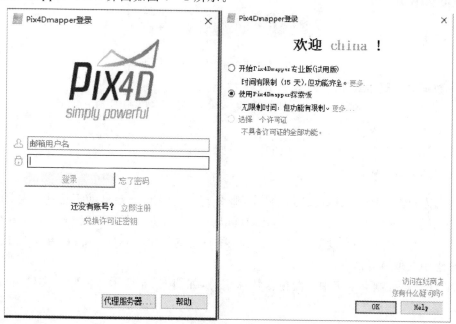

图 6-1　Pix4Dmapper V2.2 界面

(2)作业流程图。Pix4Dmapper 软件航空影像建模主要包括以下三个步骤(见图 6-2):

第 1 步:建立测区,导入数据(航空影像、控制点成果、相机参数和 POS 数据等),项目初始化处理;

第 2 步:全自动化数据处理,包括点云及纹理生成、自动空中三角测量等,生成并输出 3D 成果;

第 3 步:DSM,DOM,植被指数图等成果生成,2.5D,2D 成果数据输出。

(3)原始资料准备。原始资料包括影像数据、POS 数据、控制点数据以及相机参数。在制作控制点数据之前,开展以下准备工作:①确认将要航空摄影及数据处理的坐标系统、高程系统;②确认原始数据的完整性,检查获取的影像中有没有质量不合格的像片;③查看 POS 数据文件,主要检查航带变化处的像片号,防止 POS 数据中的像片号与影像数据像片号不对应,出现不对应情况时应手动调整。

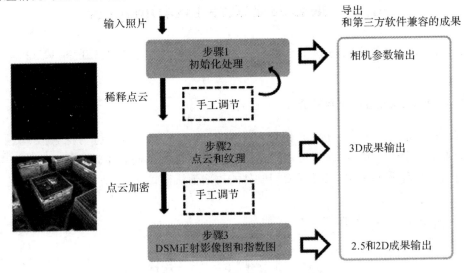

图 6-2　Pix4Dmapper 工作流程图

POS 数据的一般格式如图 6-3 所示。

相片号	纬度	经度	高度	俯仰角	翻滚角	航偏角
DSC00727.JPG	33.862951	109.844301	1091	281.973907	0.382010	2.231632
DSC00728.JPG	33.863103	109.843754	1091	284.330505	-0.488670	0.056306
DSC00729.JPG	33.863252	109.843196	1090	285.813690	-0.365072	-0.556191
DSC00730.JPG	33.863374	109.842663	1089	281.517975	0.060655	1.591669
DSC00731.JPG	33.863515	109.842079	1087	280.518188	0.079881	1.904784

图 6-3　POS 数据一般格式

某些无人机把 GPS 信息直接写入照片,那么 Pix4Dmapper 会自动把这些信息从照片中提取,而不需要任何的人工干预。另外,Pix4Dmapper 软件并不强调一定需要飞行姿态,它只需要像片号、经度、纬度和高度就可以。还有一些特定的飞机,Pix4Dmapper 可以直接从他们的飞行日志中获取所有信息。

控制点文件、控制点名字中不能包含特殊字符,如图 6-4 所示。控制点文件可以是.txt或者.csv 格式。

	标签	类型	X [m]	Y [m]	Z [m]	精度 水平 [m]	精度 垂直 [m]
3	GCP34	3D GCP	2645179.683	1132492.342	714.556	0.020	0.020
5	GCP35	3D GCP	2645181.267	1132427.704	710.632	0.020	0.020
2	GCP36	3D GCP	2645120.890	1132344.425	713.047	0.020	0.020
3	GCP37	3D GCP	2645104.456	1132422.482	713.208	0.020	0.020

图 6-4　控制点文件格式

(4)建立工程并导入数据。

1)建立工程。打开 Pix4Dmapper,选"项目"—"新项目"(或者直接在界面上选择"新项目"),如图 6-5 所示,选上"航拍项目",然后输入项目名称、设置路径(项目名称以及项目路径不能包含中文),选上"新项目",然后选择"下一步"。

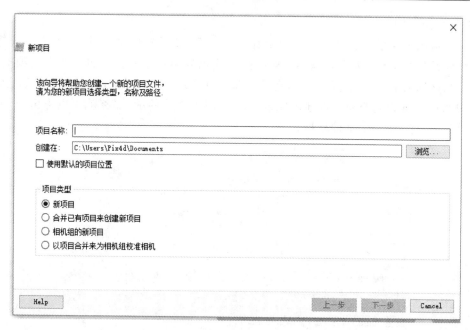

图 6-5　Pix4Dmapper 项目设置界面

2)加入影像。点"添加图像",选择加入的影像。影像路径可以不在工程文件夹中,路径中不要包含中文,点"下一步",如图 6-6 所示。

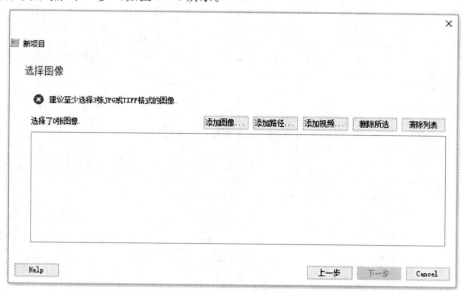

图 6-6　导入影像数据

3)设置影像属性。图像导入后,需要对图像坐标系、地理定位和方向、相机型号、选择输出坐标系和处理选项模板等影像数据属性进行设置,如图 6-7、图 6-8 和图 6-9 所示。

a)图像坐标系。设置图像数据坐标系,默认是 WGS84(经纬度)坐标,这不需要进行任何更改。

b)地理定位和方向。设置 POS 数据文件,点"从文件选择 POS 文件"。

c)相机型号。设置相机文件。通常软件能够自动识别影像相机模型,确认各项设置后,点

"下一步"进入下一步。

d)选择输出坐标系。设置需要输出数据的坐标系,如果有控制点的话,就需要选择和控制点的坐标系相互一致。比如西安 80 坐标系,点击已知坐标系并在高级坐标系选项上打钩,然后在已知坐标系下方点击"从列表",就可以选择中国的三大坐标系,分别为北京 54、西安 80以及中国 2000。如果需要使用本地坐标系并且有 PRJ 文件的话,那么就可以点击"从 PRJ",从而可以导入自己的 PRJ 文件坐标。

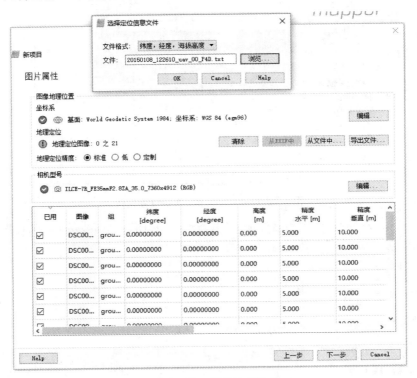

图 6-7 设置影像数据属性

图 6-8 输出坐标系设置

　　e)处理选项模板。设置需要处理的项目模板,根据项目、相机的不同,可以选择不同的模板,点击所需模板,然后点击"结束"来创建项目。

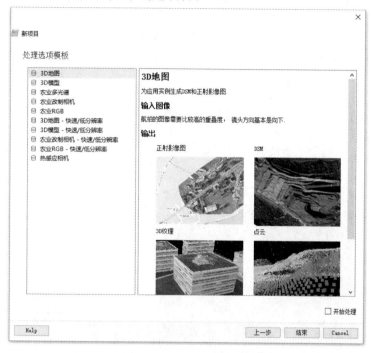

图 6-9　处理选项模板设置

　　(5)数据质量快速检测——外业(可选项目)。数据质量快速检测步骤在外业获取数据后进行(见图 6-10),是一个可选项,可以不做,其目的只起到一个数据质量检查的作用。

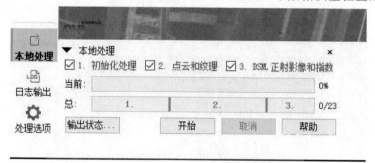

图 6-10　数据质量快速检测界面

　　快速处理出来的结果精度比较低,所以快速处理的速度会快很多。因此快速处理建议在飞行现场用笔记本进行,发现问题方便及时处理。如果快速处理失败了,那么后续的操作也可能出现相同结果。

　　点击左下角"处理选项",然后在处理选项窗口中点击"1. 初始化处理",在右边"常规"下选择"快速检测",最后点击"OK",设置如图 6-11 所示。点击左上角"本地处理",只勾选"1. 初始化处理",其他选项不勾选,点"开始",等待软件运行完,可以查看快速处理得到的成果(一张影像拼图),检查快速处理质量报告,如图 6-12 所示。

　　质量快速检测报告主要检查两个问题:Dataset 以及 Camera optimization quality。

Dataset(数据集):在快速处理过程中所有的影像都会进行匹配,这里我们需要确定大部分或者所有的影像都进行了匹配。如果没有就表明飞行时像片间的重叠度不够或者像片质量太差。

Camera optimization quality(相机参数优化质量):最初的相机焦距和计算得到的相机焦距相差不能超过5%,不然就是最初选择的相机模型有误,需要重新设置。

图6-11 数据质量快速检测——处理选项

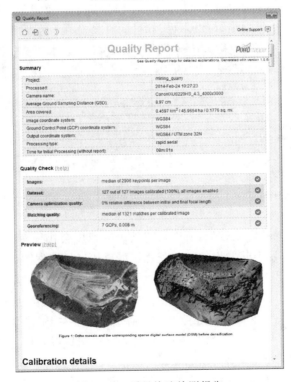

图6-12 质量快速检测报告

(6)控制点管理。控制点必须在测区范围内合理分布,通常在测区四周以及中间都要有控制点。要完成模型的重建至少要有 3 个控制点。通常 100 张像片要有 6 个控制点左右,更多的控制点对精度也不会有明显的提升(在高程变化大的地方更多的控制点可以提高高程精度)。控制点不要做在太靠近测区边缘的位置,也不能布在一条直线上,要分布在不同的平面高程上。另外控制点最好在 5 张影像上能够同时找到(至少要两张)。

1)方法 1:使用像控点编辑器加入控制点(见图 6 - 13)。这种方法需要将控制点在像片上逐个刺出,控制点比较难以找到,一般来说,首先要确定一个控制点的大体位置,然后推断出像片编号,在一张像片上确定控制点位置后,就可以在这张像片的前后左右进行刺点。刺出后可以由软件自动完成初步处理、生成点云、生成 DSM 以及正射影像。

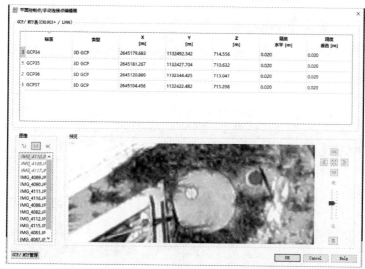

图 6 - 13　在像控点编辑器中手动加入、编辑控制点

a)导入测量控制点。点击"GCP/MTP 管理",出现如下对话框(见图 6 - 14 和图 6 - 15)。点击"导入控制点",在出来的对话框中选择要导入的控制点文件,文件格式可以为 .txt 或 .csv,然后点"OK"(见图 6 - 16)。在 GCP/MTP 管理器(见图 6 - 17)中可以看到标签栏前面都是 0,那就说明这些控制点还没有刺点,下一步所要做的就是需要把这些控制点和图像相关联。

图 6 - 14　GCP/MTP 管理选择界面

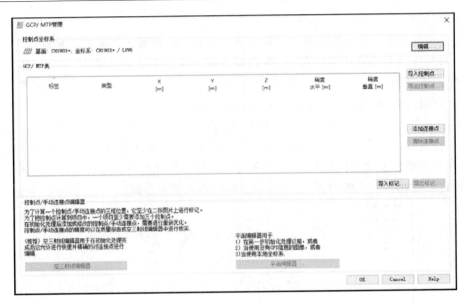

图 6-15　GCP/MTP 管理控制点导入初始界面

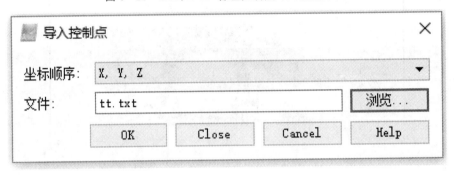

图 6-16　控制点导入文件选择界面

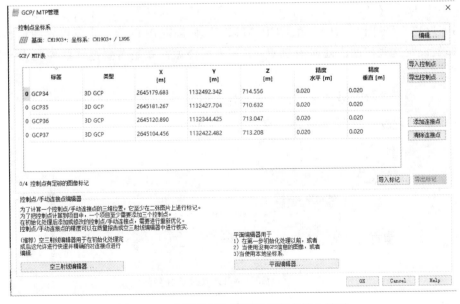

图 6-17　GCP/MTP 管理器控制点导入界面

如果具备标记的话，那么也可以直接导入标记，在 GCP/MTP 管理器中导入标记（见图 6-18），点击"OK"，软件中就可以看到所有和导入控制点相关的图像已经刺出（见图 6-19）。

图 6-18　导入控制点标记文件格式选项

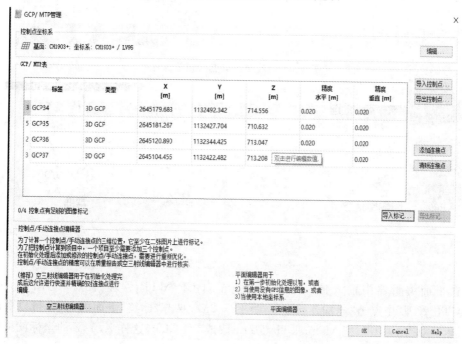

图 6-19　导入控制点标记文件格式界面

b)在图像上刺出控制点。如果没有标记文件，并且软件第一步已经处理完成，那么再给图片刺点的话就非常容易，因为在项目的连接点三维显示中可以很好地发现所有导入控制点的位置。首先我们选择点击左侧栏目中的一个控制点，在右侧栏目中，这个控制点所拍摄的照片就会很清晰地显示出来，而下来所需要做的就只是在右侧刺上和这个控制点相关的所有像片（见图 6-20）。

2)方法 2:空三射线编辑器 RayCloud 添加控制点。这种方法非常容易添加控制点，首先软件要进行初始化处理，然后在空三射线编辑器显示控制点，软件会通过 POS 数据预测出所有控制点的位置。使用这种方法添加控制点，是平面控制点编辑器和空三射线编辑器的组合，使得添加控制点非常方便。

a)完成初步处理。点击左侧栏"本地处理"，勾选"1. 初始化处理"，其他选项不勾选，如图

6-21 所示,点"开始"进行运行。

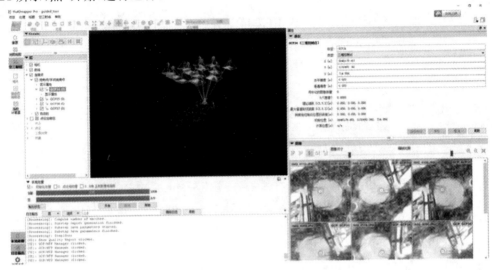

图 6-20　控制点刺点后相关像片

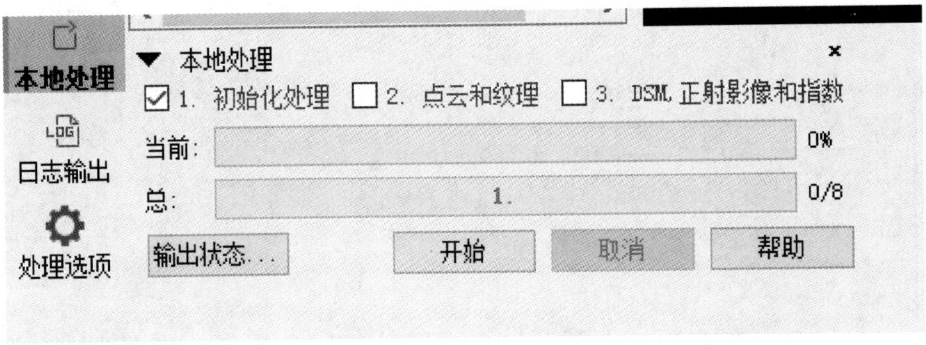

图 6-21　初步处理选项

b)在平面编辑器中输入控制点坐标。点击"GCP/MTP 管理"图标(见图 6-22),在"GCP/MTP 管理"中点击"添加连接点"(见图 6-23),双击"标签"下面的名字,可以更改控制点名称,然后双击"类型",把 Manual Tie Point 改成 3D GCP,这样 X,Y,Z 的坐标就可以输入进去,如图 6-24 所示,点击"OK"。

点击左侧栏空三射线,然后点击连接点—控制点/手动连接点—控制点名称(刚刚添加),在空三射线编辑器里面可以清晰地看到控制点的位置,并且在右侧栏所有的控制点投影图像已经显示出来,我们需要做的就是在右侧图像上刺点就可以了(见图 6-25)。如何进行刺点呢?非常简单,在每张像片上左击图像,标出控制点的准确位置(至少标出两张),这时控制点的标记会变成一个黄色的框中间有黄色的叉,表示这个控制点已经被标记,如图 6-26 所示(标了两张像片后,这个标记中间多了一个绿色的叉,则表示这个控制点已经参与计算并重新得到位置)。

图 6-22　"GCP/MTP 管理"图标界面

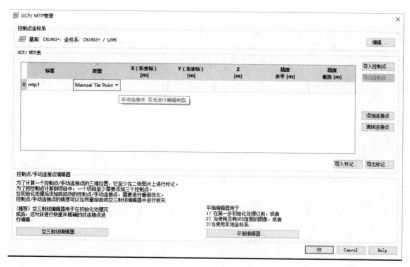

图 6-23　GCP/MTP 管理"添加连接点"界面

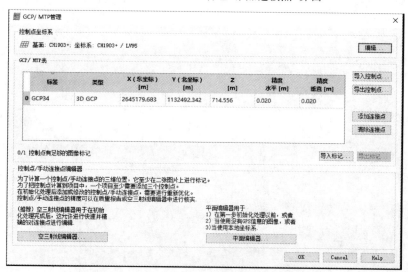

图 6-24　管理"添加连接点"界面修改控制点属性

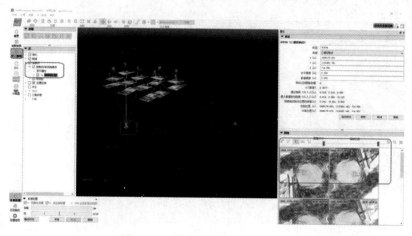

图 6-25　控制点刺点后相关像片

　　检查其他影像上的绿色标志,逐个进行标记,然后点击"使用"。当点击两张图片以后,也可以点击自动标记,软件会自动地标记上所有相对应的像片。但是需要进行检查,如果标记与控制点位置能够对应上,那么这个控制点不需要再标注,如果所标记位置相差比较远,那么就需要重新点击来纠正,否则会影响到项目的精度。请注意,自动标记的功能如果是倾斜摄影,最好不要使用。

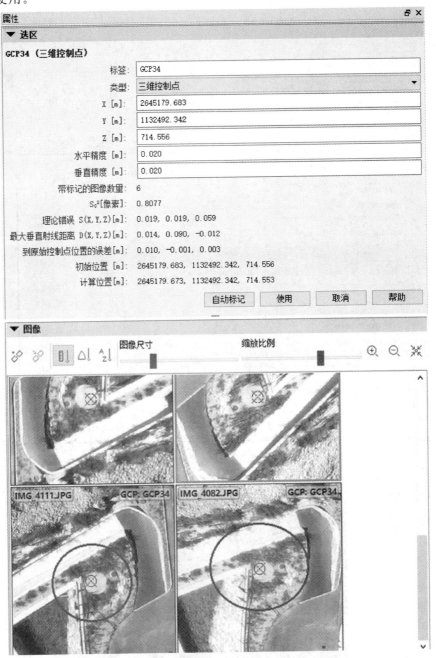

图 6-26　控制点相关像片刺点

　　小诀窍:当点击的时候点错了像片,或者自动标记了不对应的像片,只要把鼠标移动到相对应的照片上,按 Delete 键,这张相片上的点击点就会被删除。

　　然后对其他的控制点分别进行上面的操作。当所有的点都标记完成后,点菜单栏"运行",选择"Reoptimize(重新优化)",把新加入的控制点加入重建,重新生成结果,检查质量报告。

　　c)设置 GCP 输出坐标系统。一般来说,控制点坐标系基本上是在创建新项目时就已经设置完毕(见图 6 - 27),如果在创建新项目的时候没有设置好控制点的坐标系,那么也可以重新或者再次设置。点击图标"GCP/MTP 管理",在出现的 GCP/MTP 管理对话框中,在最上侧控制点坐标系一栏中点击"编辑",出现如下对话框,选择坐标系统的输入方式,设置好 GCP 坐标系统后点"OK"。

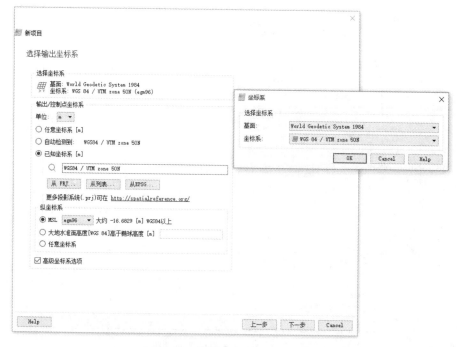

图 6 - 27　设置 GCP 输出坐标系统

　　(7)全自动处理。当项目创建完成,控制点信息已经全部加入(如果有的话),坐标系已经确定之后,那么,整个项目就可以进行快速地全自动处理。点击左侧栏"本地处理",系统出现如图 6 - 28 所示的对话框。

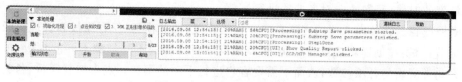

图 6 - 28　"本地处理"对话框

　　在前面添加控制点过程中,如果初始化处理已经运行了,那么这里就不需要再次运行了。根据需要选择所需要运行的步骤,点击"开始"运行。如果初始化处理没有运行过,那么就需要把 1,2,3 每个步骤都勾选,然后点击"开始"。一般建议先处理第一步,初始化处理,然后检查项目质量报告,如果质量报告里面各项参数能够满足项目的需求,那么我们就可以继续做第二及第三步,如果质量报告中某些参数没有达到标准,那么就需要对项目的某些参数进行调整,再次进行处理第一步,或者进行重新优化,再次检查质量报告,只有在质量报告的条件满足的前提下才能继续往下处理。

1)处理区域:点云/正射影像图。可以设置生成的点云以及正射影像图的范围,点击左侧栏的地图视图,然后在右侧栏下选择层,在点云加密区用右键选择绘制来确定需要生成点云和正射影像的范围。

2)自动处理选项设置。点击左侧栏的处理选项就会弹出处理选项的对话框(见图6-29),在这个对话框中,总共分为四大类,分别对应了初始化处理,点云和纹理,DSM、正射影像和指数以及资源及信息发送,下面就对各步骤选项分别予以简单的说明。

图6-29 处理选项设置对话框

首先可以在处理选项界面左下角勾选"高级",这样在界面中会把所有的选项及功能进行显示。需要说明的是,在创建项目选择模板的时候,各处理选项基本上会按照选择的模板类型进行各参数加载,我们一般会选择这些默认的参数,只有在项目处理出现问题,或者需要特定的项目精度的时候,我们才会对各选项进行调整。

a)模板设置。在处理选项的底部有三项模板设置:加载模板、保存模板和管理模板。

➤ 加载模板:在创建新项目的时候,可以根据项目类型的不同加载不同的模板,模板中会自动加载此类应用的各项参数,从而不需要客户进行手动的调整。点击加载模板,各类模板就会自动显示,根据项目需求选择适合的模板类型即可,加载模板参数选择对话框如图6-30所示。

➤ 保存模板:保存模板分为更新模板及创建新模板。更新模板只能应用于客户自己创建的新模板,Pix4Dmapper本身的模板无法进行更新。创建新模板就是客户可以根据项目需求,首先设置好各个步骤的各项参数,得出最完美的处理结果,然后可以把这个模板进行保存。在今后处理类似项目的时候,就可以加载自创的模板。加载模板参数保存对话框如图6-31所示。

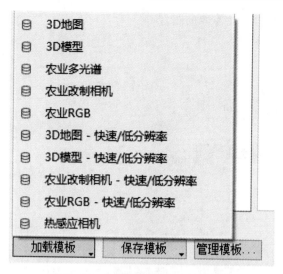

图 6-30　加载模板参数选择对话框

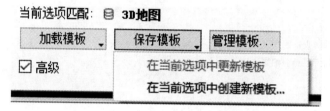

图 6-31　加载模板参数保存对话框

➢ 管理模板：主要功能是创建新模板，复制、删除模板，在这个选项中还可以导入/导出各种模板。除了软件本身默认自带的模板以外，客户还可以到 Pix4D 官网上下载各种模板，然后导入到软件就可以直接应用了。模板管理对话框如图 6-32 所示。

图 6-32　模板管理对话框

b）初始化处理选项设置。初始化处理选项主要分为三个选项：常规、匹配及校准。

➢ 常规：常规主要是对图像比例采用什么方法进行设置，全面高精度处理及快速检测就不再重复阐述，定制默认为原始图像的尺寸。2 倍图像比例一般应用于比较小的照片：比如640×320，这样的话，软件可以生成更多的特征点，而后进行匹配。1/2,1/4,1/8 的图像比例主要应用于非常大的重叠度，大像幅的相机以及大项目的处理，这样可以加快对整个项目的处理时间。请注意，选择 1/2,1/4,1/8 的图像比例，整个项目的精度将会递减，也就是说 1/2 的图像比例可能会稍微降低项目精度，那么 1/8 的图像比例，项目精度将会降低很多。初始化处理常规选项设置如图 6-33 所示。

➢ 匹配：主要分为对图像的匹配和匹配策略。如果无人机是以 90°镜头朝下的飞行路线进行航拍，那基本上就选择航拍网格或走廊型航线，如果无人机是以 45°左右的角度进行航拍，有固定的航线，比如绕兴趣点飞行，或者上下移动等，那么就选择自由飞行或者倾斜拍摄，这主要针对一些比如围绕房子或雕像的图像等。

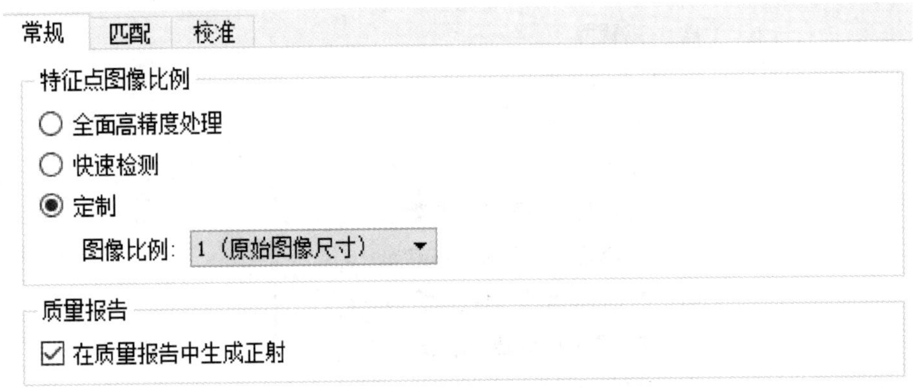

图 6-33 初始化处理常规选项设置

初始化处理匹配选项设置如图 6-34 所示。

图 6-34 初始化处理匹配选项设置

定制:请注意在此选项中选择的匹配数量越多,那么处理时间将会越长。

使用时间:匹配的时候将会考虑图像所拍摄的时间戳,它允许用户设置多少图像(在拍摄时间之前和之后)被用于一对匹配。

利用图像地理信息三角测量:此选项仅适合用于带有地理位置信息的图像,主要是利用图像的位置构成三角,然后每个图像可以与由一个三角形构成的图像进行匹配。

使用距离:此选项仅适合用于带有地理位置信息的图像,每个图像可以与一个相对距离内的图像进行匹配。连续图像之间的相对距离:比如我们设置相对距离为 5,而连续图像之间的平均距离为 2 m,那么软件就会计算出 $5×2=10$(m)的一个半径球体,并自动设置一个中心图像,然后与在这个半径为 10 m 之内的球体内的所有图像进行匹配。

使用相似度:匹配具有最相似内容的 n 个图像。

使用 MTPs:通过共享手动连接点连接的图像将被匹配。

为多相机使用时间:主要用于不同相机对同一区域多个架次的图像进行匹配,它使用其中一个架次的图像时间然后与其他架次的图像进行计算匹配。

匹配策略:使用几何验证匹配,处理速度会比较慢,但是结果会更加精确,如果不选的话,匹配仅依靠图像的内容来进行匹配,如果勾选几何验证匹配,那么几何信息就建立了特征点之间位置信息,此选项适合农场的耕地、带有玻璃的外墙等项目的匹配。

➤ 校准:初始化处理校准选项设置如图 6-35 所示。

图 6-35　初始化处理校准选项设置

特征点数量:分为自动及手动设置特征点的数量。

校准:一般默认就是"标准",此步骤是一个进行自动空中三角测量以及光束法局域网平差以及相机自检校计算的过程,软件会自动进行相机的多次校准直到得出一个满意的重建结果;"其他":主要用于具有精确地理位置信息,但低纹理内容,并且地形相对平坦的图像项目;"精确地理定位及方向":此项目仅适用于航拍图像具有非常精确的地理位置信息及各个方向角度,该校准方法要求所有图像经过地理定位和方向。相机优化:①内方位元素优化:全部:优化所有的内方位元素,由于小相机比如无人机上搭载的相机,对于抖动、温度等比较敏感,从而影响相机的校准,因此,建议处理这类相机拍摄的图像时选择此选项;最重要的:优化最重要的内方位元素。此选项在处理某些相机时有用,如相机用缓慢滚动的快门速度;无:不优化任何内方位元素,如果使用的相机已经进行严格的校准,而且相机参数一定要被使用,就会选这个选项;自动查找:强制最优内方位元素接近初始值,此情况非常罕见,主要应用于同时发现了两个不同的最佳焦距值的情况。②外方位元素优化:全部:优化相机的位置及旋转角度,以及一些遵循线性卷帘式相机模型;无:不使用任何优化的外方位元素,此选项仅适用于当校准部分选择有精确地理定位及方向;方向:此选项仅适用于当校准部分选择有精确地理定位及方向,而角度方向没有如地理位置那么精确时使用;再次匹配:选项对影像进行更多的匹配,会得到更好的匹配效果。在测区内有大量植被、森林时建议选上,选上会增加处理时间;预处理:此选项仅对 Bebop 无人机拍摄的图像有效,它能够自动去除 Bebop 所拍摄到的天空部分;导出:可以选择需要导出的各种参数。

注意:如果需要使用第一步生成的外方位元素做立体观测的话,那么建议同时生成未畸变图像,比如使用航天远景时,就必须采用 Pix4D 生成的未畸变图像来画线,否则会产生不必要的视差。

3)点云和纹理选项设置。点云和纹理选项主要分为四类:点云、三维网格纹理、高级和插件。以下逐项简单说明。点云和纹理选项点云设置如图 6-36 所示。

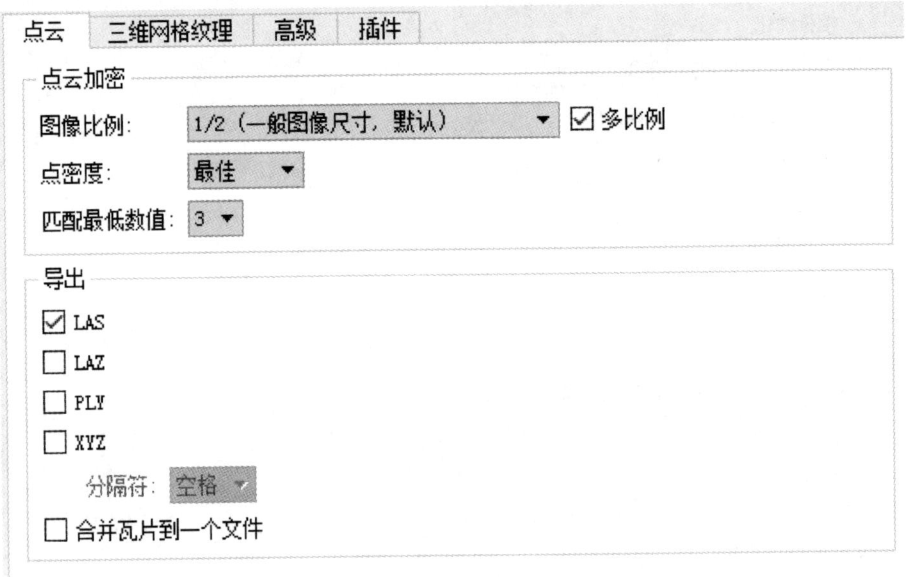

图 6-36 点云和纹理选项点云设置

a)点云。

➤ 点云加密:

图像比例:1/2 为默认图像比例,这也是建议使用的选项。1 为图像原始尺寸,这会生成更多的点,但是会花更多的时间,至少是 4 倍的默认选项的时间,也会使用更多的内存。主要应用于城市,或者有明显轮廓的地形。一般不建议使用 1/4 和 1/8,这两种比例一般用于农场或植被地形,会生成比较少的点,但是对于植被面的特征点的提取会更加有效。

多比例:选上后会额外生成更多的 3D 点,体现更多的细节。比如选择默认的 1/2 图像比例,那么软件也会对 1/4 和 1/8 的图像比例进行运算。

➤ 导出:可以选择需要导出的点云格式。合并瓦片到一个文件可以把所有的分块点云合并成一个整体的点云文件。

b)三维网格纹理。点云和纹理选项三维网格纹理设置如图 6-37 所示。

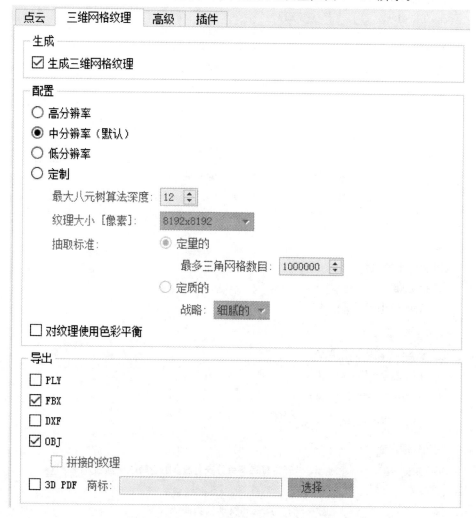

图 6-37　点云和纹理选项三维网格纹理设置

➤ 生成:此选项勾选就会生成三维纹理模型。

➤ 配置:默认为生成 8 192×8 192 纹理大小的三角网格,如果项目需要一个比较高精度的三维模型,那么就可以选择高分辨率的选项,同时勾选"对纹理使用色彩平衡",这可以保证纹理的色彩比较统一。

➤ 导出:可以选择需要导出的模型格式。

c)高级。点云和纹理选项高级设置如图 6-38 所示。

➤ 点云加密:匹配窗口大小主要用于网格的尺寸来匹配原始图像的加密点。7×7 是更快的处理速度,建议用于正射拍摄的航线;9×9 是在原始图像中找到更多的加密点的精确位置,建议用于倾斜航拍或者在地面上拍摄的图像。

➤ 图像组:主要用于有不同波段组成的图像项目。图像组点云:用于生成点云;几何体纹理:用于网格的几何形状的计算;网状纹理:用于网格的纹理。

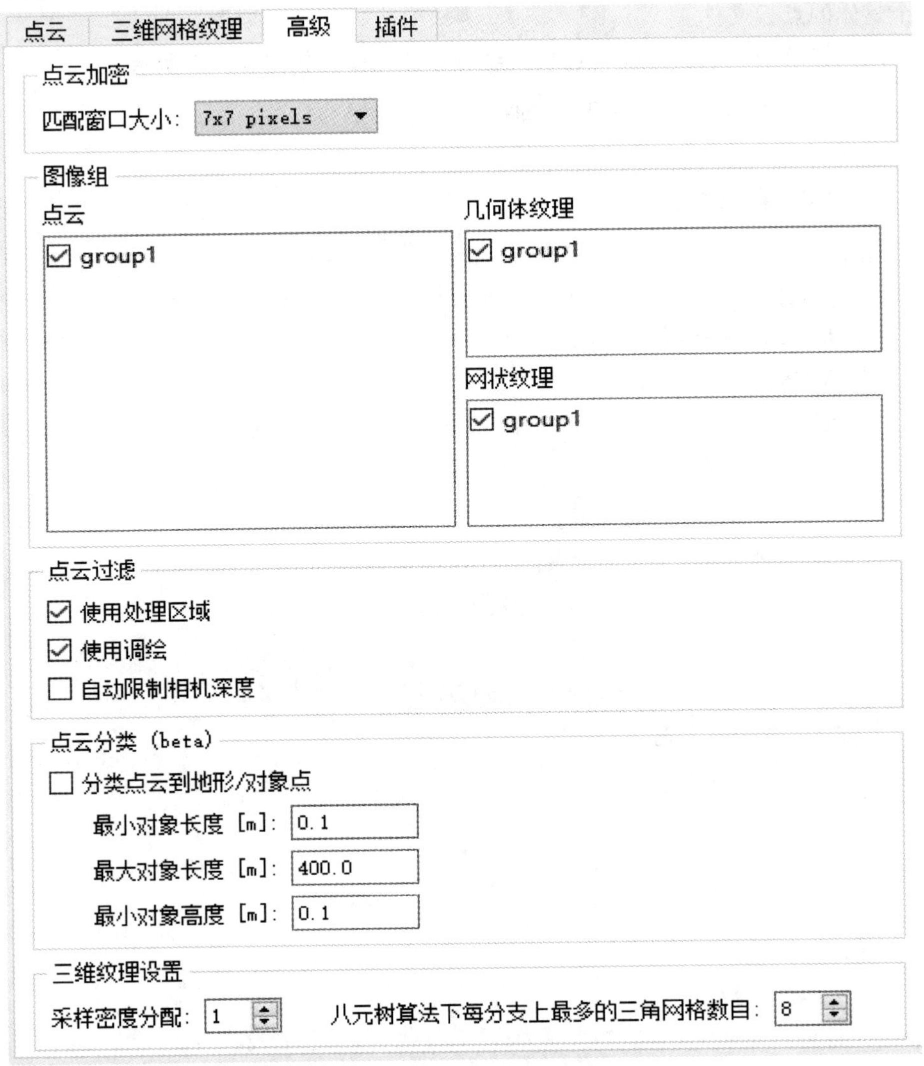

图 6-38 点云和纹理选项高级设置

➤ 点云过滤:使用处理区域:如果已经画了一个加密区域,那么勾选上这个后,生成的成果只在这个区域内;使用调绘:可以生成一些输出成果,这些成果可以用来改变 RayCloud 视图中加密点云和三维纹理,从而获得更好的成果;自动限制相机深度:防止背景物体的重建,建议在倾斜/地面拍摄项目工程中使用。

➤ 点云分类:分类点云到地形/对象点:最小对象长度:小于这个长度的对象将不被认为是一个对象,比如 1 m;最大对象长度:小于这个长度的对象将不被认为是一个对象,比如 50 m;最小对象高度:低于这个高度的对象将不被认为是对象,比如 10 m DTM,在 1～50 m 以外的长度,低于 10 m 的对象将在 DTM 中显示。

➤ 三维纹理设置:采样密度分配:该值从 1(默认值)到 5。增加该值将在点密度较低的区域创建更多的三角形。然而,这也可能会在噪点比较多的区域生成不必要的三角形,建议在模型中有空洞而且该模型没有很多的噪点的情况下使用;八元树算法下每分支上最多的三角网格数目:数值从 8(默认值)到 128,更高的数值会导致较不详细的成果(有更快的计算时间),因为区域细分较少。

d)插件。需要另外支付,详情请参阅软件。

4)DSM、正射影像和指数选项设置如图 6 - 39 所示。

a)DSM 和正射影像图。

图 6 - 39　DSM、正射影像和指数选项 DSM 和正射影像设置

➤ 分辨率:自动的:默认值为 1,软件就自动生成以地面分辨率为倍数的 DSM 和正射影像图;定制:用户可以自定义相对应的地面分辨率的正射影像图。

➤ DSM 过滤:使用噪波过滤:可以设置点云噪波过滤,点云生成的时候会产生一些错误,那么过滤的功能就会把这些错误去掉,并从其他临近的点取样计算重新生成;使用平滑表面:一旦使用噪波过滤,那么根据点云会有一个表面生成,这个表面会有很多不正确的小气泡,使用点云平滑可以改善或去掉这些气泡。类型:尖锐:可以保留更多的转角、边缘特征。平滑:平滑整个区域。中等:是前两者的一个综合。

➤ 栅格数字表面模型(DSM):距离倒数加权法:主要在多点之间进行插值,建议在有很多建筑物的项目工程中使用;三角测量:是基于 Delaunay 三角测量时使用,建议用于农业领域、体积计算等领域。

➤ 正射影像图:勾选生成正射影像图。

b)附加输出如图 6 - 40 所示。

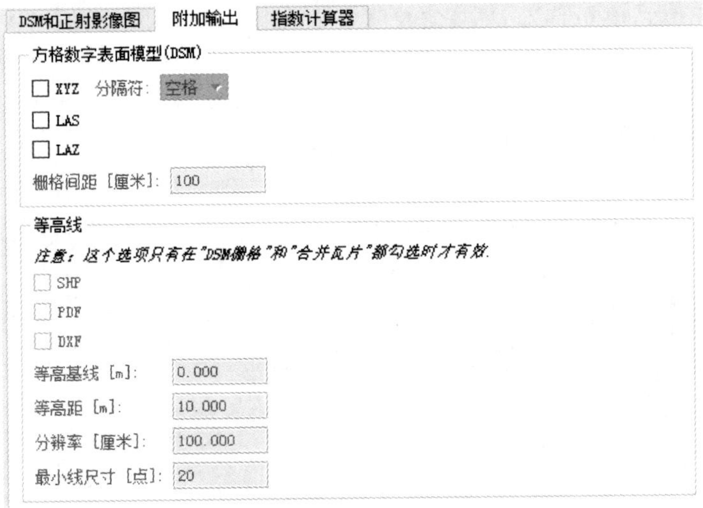

图 6-40　DSM、正射影像和指数选项附加输出设置

➤ 方格数字表面模型(DSM)：此选项可以生成不同格式的 DSM。

➤ 等高线：登高基线：如果项目海拔高度是 315 m，等高基线是 30 m，那么第一条等高线就是 315+30=345（m）；等高距：高程区间必须小于 DSM 的高度（最大值－最小值），比如一个项目的海拔最小值为 400 m，最大值为 650 m，等高基线是 0 m，区间值为 50 m，那么就会生成等高线 400 m，450 m，500 m，550 m，600 m 和 650 m。

注意：区间值越小，等高线文件就越大，所花的时间也更多。

c)指数计算器设置界面如图 6-41 所示。

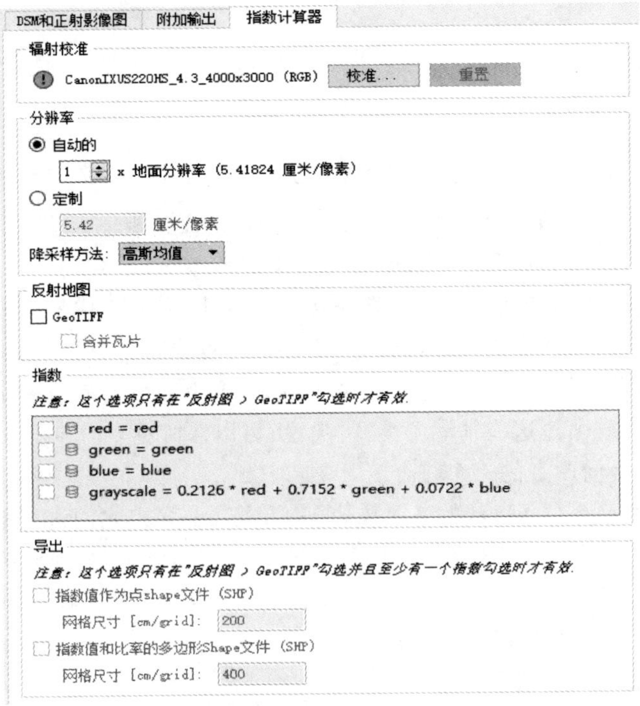

图 6-41　DSM、正射影像和指数选项指数计算器设置

➤ 辐射校准：允许用户校准图像的反射率，主要把光照和传感器的影响考虑在内。

（8）质量报告分析。

1）质量检查报告如图 6-42 所示。

图 6-42　质量检查报告选项界面

质量报告首先要检查上述 5 个绿色的钩，如果其中有些是为黄色或者红色，那么就需要检查问题所在。

a）Images（图像）：在图像上能够提取的特征点的数量，如果图像比例＞1/4，那么每张图像上提取的特征点应该是 10 000 个点以上；如果图像比例＜1/4，那么每张图像上提取的特征点数量应该是 1 000 个点以上。

b）Dataset（数据集）：主要是显示在一个 block 中能够进行模型重建的图像数量。如果显示有几个 block，那么可能是飞行时像片间的重叠度不够或者像片质量太差。一般来说，在一个 block 中，需要校准的图像要＞95％。

c）Camera Optimization（相机参数优化）：最初的相机焦距以及像主点和计算得到的相机焦距和像主点误差不能超过 5％，如果显示有超过 5％的误差，那么就需要到相机设置对话框中加载优化过的参数，在项目文件中尽量多加一些手动连接点，然后重新开始第一步的处理，一直到在质量报告中显示通过。相机参数输入界面如图 6-43 所示。

图 6-43　相机参数输入界面

d) Matching(匹配):每校准图像匹配的中位数。如果图像比例>1/4,那么每校准图像上计算出的匹配数应该是 1 000 以上;如果图像比例<1/4,那么每校准图像上计算出的匹配数应该是 100 以上。

e) Georeferencing(地理定位):此项主要用于检查控制点的误差,首先确认项目使用了控制点,第二控制点的误差小于 2 倍的平均地面分辨率。如果没有布控制点,那么也会显示黄色警告,这可以忽略不计。

2)区域网空三解算误差、自检校相机误差和控制点误差。

a)区域网空三解算误差。区域网空三解算误差如图 6-44 所示,Mean Reprojection Error 就是空三解算误差,以像素为单位。相机传感器上的像素大小通常为 6 μm,不同相机可能不一样。换算成物理长度单位就是 0.102×6 μm。

Bundle Block Adjustment Details

Number of 2D Keypoint Observations for Bundle Block Adjustment	17686
Number of 3D Points for Bundle Block Adjustment	6441
Mean Reprojection Error [pixels]	0.102

图 6-44　空三解算误差

b)相机自检校误差如图 6-45 所示。上下两个参数不能相差太大(例如 Focal Length 上面是 4 mm,下面是 2 mm,那么肯定是初始相机参数设置有问题),R1,R2,R3 三个参数不能大于 1,否则可能出现严重扭曲现象。

⑦ Internal Camera Parameters

CanonIXUS220HS_4.3_4000x3000 (RGB). Sensor Dimensions: 6.198 [mm] x 4.648 [mm]

EXIF ID: CanonIXUS220HS_4.3_4000x3000

	Focal Length	Principal Point x	Principal Point y	R1	R2	R3	T1	T2
Initial Values	2839.640 [pixel] 4.400 [mm]	2019.760 [pixel] 3.129 [mm]	1547.000 [pixel] 2.397 [mm]	-0.043	0.026	-0.006	0.001	0.002
Optimized Values	2821.438 [pixel] 4.372 [mm]	1992.436 [pixel] 3.087 [mm]	1557.419 [pixel] 2.413 [mm]	-0.035	0.010	0.004	0.004	-0.000
Uncertainties (Sigma)	54.174 [pixel] 0.084 [mm]	7.725 [pixel] 0.012 [mm]	7.362 [pixel] 0.011 [mm]	0.008	0.021	0.019	0.000	0.000

图 6-45　相机自检校误差

c)控制点误差如图 6-46 和图 6-47 所示。Error X,Error Y,Error Z 为三个方向的误差。

Geolocation Details

⑦ Ground Control Points

GCP Name	Accuracy XY/Z [m]	Error X [m]	Error Y [m]	Error Z [m]	Projection Error [pixel]	Verified/Marked
GCP34 (3D)	0.020/ 0.020	0.019	-0.001	-0.003	0.692	3/3
GCP35 (3D)	0.020/ 0.020	-0.013	0.012	0.018	0.500	5/5
GCP36 (3D)	0.020/ 0.020	-0.011	-0.015	-0.019	0.266	2/2
GCP37 (3D)	0.020/ 0.020	0.013	-0.019	-0.050	0.756	3/3
Mean [m]		0.001929	-0.005527	-0.013123		
Sigma [m]		0.014100	0.012385	0.024838		
RMS Error [m]		0.014231	0.013562	0.028092		

Localisation accuracy per GCP and mean errors in the three coordinate directions. The last column counts the number of calibrated images where the GCP has been automatically verified vs. manually marked.

图 6-46　控制点误差

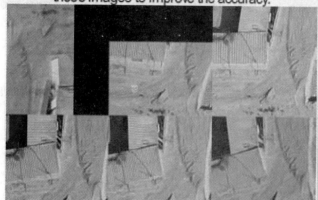

图 6 - 47　包含控制点像片位置

同时,在精度报告的结尾,可以显示控制点在哪些像片中已经刺出来,另外还有哪些像片没有刺出来。如果精度不够好,根据需要可以在这些像片中刺出这些点,提高精度。

(9)点云编辑及输出。

1)编辑点云数据,成果可直接输出。点云编辑及输出工具条如图 6 - 48 所示。

图 6 - 48　点云编辑及输出工具条

a)新处理区域:可以绘制特定的区域来生成点云和正射影像图;

b)新比例约束:主要对于没有任何 GPS 的图像数据,可以根据特定的比例,比如车库的长度、宽度,从而推算出整个项目中其他对象的尺寸;

c)新方向约束:主要对于没有任何 GPS 的图像数据,可以根据特定的方向,从而对整个项目的角度进行调整;

d)新任意正射面:可以对项目中的任何平面创建正射影像图,比如房屋的侧面、高架桥桥墩的侧面等,尤其在工程检测中非常有用;

e)新视频动画:可以在三维模型中创建用户自定义的三维视频动画,视频动画完成后可以以 MP4 的格式进行导出;

f)新折线:可直接获取高程点、量取对象距离、长度和高度等;

g)新平面:可实现地物面积量取;

h)新堆体:可实现体积计算,如图 6-49 所示,为堆叠对象创建,可直接在点云上量取表面积以及体积等物理信息。

图 6-49 点云体积计算示例

请注意:从版本 2.2 开始,体积计算的图标移动至左侧栏,并且只有在第三步处理完成后才能够进行体积测量。

2)正射影像图编辑。完成第三步骤的操作以后,就得出了正射影像成果,如图 6-50所示。

图 6-50 正射影像成果示例

正射影像图的编辑基本流程为在正射影像图上找出需要编辑的某一块区域,然后点击"绘制",在右侧栏选择需要替代的图像,点击"保存"。最后点击"导出",导出以后才能把所有的更改保存到原始的正射影像图上。这里的"保存"按钮只是起到了把更改保存到计算机缓存的作用。

(10)常见问题。

1)低精度快拼影像。在初始化处理完成以后,可以跳过第二步,直接去做第三步,如果只是想得出一个低分辨率的正射影像图,那么可以调整生成的正射影像图的地面分辨率,比如,可以做 8 倍的原始地面分辨率的正射影像图,那么软件就会很快速地生成,如图 6-51 所示。如果只是想得到快拼图,那么可以在快速检测前把这个勾选上,运行快速检测就可以以最快速度获取低分辨率影像图。

图 6-51　DSM 和正射影像图分辨率设置

2)多个工程合并。这里以合并两个工程为例,首先确保这两个工程重叠度要够(相邻航带旁向重叠度为 75% 以上),如果航带间重叠度不够可以设计两个工程重叠一条航带。然后分别建立两个工程项目,并运行完初始化处理,在两个项目的重叠区域添加至少三个手动连接点,然后每个项目进行重新优化,保存退出。工程合并初始选项界面如图 6-52 所示。

请注意:两个项目中间所添加的连接点必须是在同一个位置,需要有同样的命名。所添加的连接点最好不要设置在一条直线上,最好布置在不同的高程上。

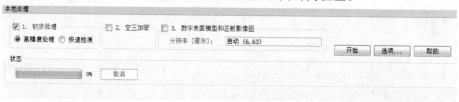

图 6-52　工程合并初始选项界面

再新建一个工程,注意选择新项目下的"合并已有项目来创建新项目"。然后点"下一步"。合并工程选项界面如图 6-53 所示。

图 6-53　合并工程选项界面

项目合并创建完成后,软件会自动对新建的合并工程进行初步处理。下一步要检查质量报告,注意因为融合了两个测区,所以每个测区都会生成一个块(blocks),现在要把两个块接在一起(如果获取的 POS 精度足够好,那么不用手动连接测区也是有可能的)。工程合并初步处理质量检查概况,如图 6-54 所示。

Quality Check (help)

Images:	median of 44946 keypoints per image	✓
Dataset:	34 out of 34 images calibrated (100%), all images enabled 2 blocks	⚠
Camera optimization quality:	0.21% relative difference between initial and final focal length	✓
Matching quality:	median of 30472.4 matches per calibrated image	✓
Georeferencing:	no GCP	⚠

图 6-54　工程合并初步处理质量检查概况

　　软件进行初步处理后,会有一个很稀的点云生成,如果在项目合并以前没有添加手动连接点,那么也可以在这一步添加。

　　在点云视图中,添加手动连接点。添加连接点的方法与在 RayCloud 中刺出控制点的方法类似,不过加入的连接点类型为手动连接点(Manul Tie Point),而且不用输入坐标,也可以直接加入控制点。建议至少加入三个连接点。(注意:在加入连接点 Apply 后,影像上绿色的标记与黄色的标记可能距离有点远,没关系,在后面重新优化后就会基本重合)。

　　在完成加入手动连接点后,选择重新优化(Reoptimize),重新生成质量报告,检查质量报告。如图 6-55 所示,现在两个测区已经合并在一起,所以只有一个块,Dataset 中也没有提示不合格。工程合并后最终质量检查概况如图 6-55 所示。

Quality Check (help)

Images:	median of 44946 keypoints per image	✓
Dataset:	34 out of 34 images calibrated (100%), all images enabled	✓
Camera optimization quality:	0.15% relative difference between initial and final focal length	✓
Matching quality:	median of 29951.2 matches per calibrated image	✓
Georeferencing:	no GCP	⚠

图 6-55　工程合并后最终质量检查概况

　　同时质量报告中还会显示添加的连接点误差,检查这些误差,如果需要可以再去调整这些点或者手动添加更多的点。工程合并连接点质量检查如图 6-56 所示。

Geolocation and Ground Control Points

GCP name	Tolerance XY/Z [m]	Error X [m]	Error Y [m]	Error Z [m]	Projection error [pixel]	Verified/Marked
User CP: mtp1_1					0.876	13 / 13
User CP: mtp2					2.137	6 / 6
User CP: mtp3					2.634	12 / 12

图 6-56　工程合并连接点质量检查

　　完成以上步骤后,可以把这个测区继续与其他测区融合,或者接着完成空三加密、生成 DSM 和 DOM。

　　3)拆分成子项目。软件可以对大数据量的项目自动拆分,可以在不同的计算机上处理第一步,然后再经过第二、第三步进行合并。软件自动拆分的子项目在合并的时候不需要添加任何手动连接点。项目自动拆分影像数据量设置如图 6-57 所示。

　　点击菜单"项目"—"拆分成子项目"……

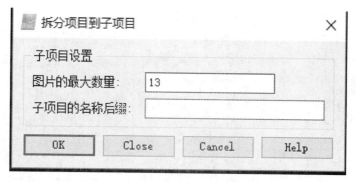

图 6-57　项目自动拆分影像数据量设置

4)点云编辑裁剪框(见图 6-58)。裁剪框是一个非常有用的工具,主要用于对点云编辑,由于点云呈现的形式为三维视图,当编辑的时候,可能一不小心就把后面的点云删除了。其实可以在需要编辑的点云区域添加一个裁剪框,那么就只能编辑在裁剪框之内的点云,而外面的点云就不会被误删。

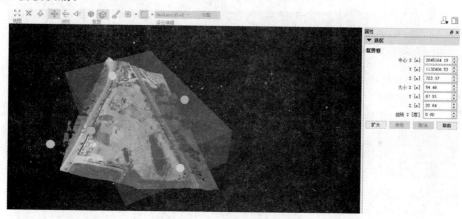

图 6-58　点云编辑裁剪框

6.2.2　Pix4Dmapper 应用场景

Pix4Dmapper 以其强大的数据处理能力、友好的人机交互方式使得无人机遥感的门槛大大降低,将进一步扩展无人机遥感应用的深度和广度,遥感数据的获取将更加快捷、规范,成果信息的获得将更加快速和自动,地表数据的社会化服务将更加智能和易于访问。下面简单介绍一些 Pix4Dmapper 应用的具体场景。

(1)电力巡线(见图 6-59)。传统的人工巡线方式已经满足不了现代电力系统的广泛需求,其存在的问题有以下几方面:

1)巡线距离长,工作量大,步行巡线效率非常低;

2)自然灾害,例如冰雪水灾、地震等,巡线工作无法展开;

3)山区巡线具有高风险,例如有毒生物、陷阱或捕兽夹等;

4)爬塔爬线本身也是一个非常危险的作业。

使用无人机,将极大地减轻人力巡线压力,提高运管的效率。常规巡检可利用电力线三维模型配合红外设备检查高效输电线是否有接触不良、漏电、过热或外力破坏等隐患;灾害应急时可快速生成正射影像图,及时提供有效信息。

图 6-59 电力巡线影像

　　(2)交通监管(见图 6-60)。传统交通监控主要依赖于交警路面巡逻、定点摄影头监控等,所呈现的视角比较狭隘,图像不够清晰,当事故现场周边发生交通堵塞时,很难获取到第一手现场的图像资料,同时还存在着众多的监控漏洞及死角。载人直升机巡逻,需支付高昂的费用,加上庞大的机身无法深入狭小街道上空进行拍摄或调查,其可实施性几乎为零。无人机参与城市交通管理能够发挥自己的专长和优势,帮助公安城市交管部门共同解决城市交通顽疾,不仅可以从宏观上确保城市交通发展规划贯彻落实,而且可以从海陆空立体角度和微观上进行实况监视、交通流和应急救援等调控。

图 6-60 交通现场监管

　　(3)海洋灾害监测(见图 6-61)。近年来,浒苔、赤潮、海冰和风暴潮等海洋自然灾害频发,不断影响我国沿海地区的生产和生活,造成了巨大的经济损失。然而,由于对这些灾害缺乏全面、及时的信息掌握,造成了预报不及时、监测不准确和处置不合理等结果。利用无人机遥感技术获取灾情信息比其他常规手段更加快速、客观和全面,能够达到灾前预报、灾中监测和灾后评估"三效合一"的监测效果,是对传统卫星、航空遥感技术的重要补充。

图 6 - 61　海洋灾害监测示意图

(4)病虫害监测(见图 6 - 62)。病虫害是影响作物产量的直接因素,是世界各国的主要农业灾害之一。大规模的病虫害会给农业生产和国民经济造成巨大损失,据联合国粮农组织统计,世界粮食产量因病虫害造成的损失占粮食总产量的 20% 以上。

利用遥感监测技术跟追病虫害进展情况,有利于展开精准治理工作,做到及时发现、及时处理,也有利于早期防治。其原理是病虫害会造成作物叶片细胞结构色素、水分和氮元素等性质发生变化,从而引起反射光谱的变化,所以病虫害作物的反射光谱和正常作物可见光到热红外波段的反射光谱有明显差异。

图 6 - 62　农业植物病虫害监测

(5)三维建模(见图6-63)。相比于传统的卫星和常规航空遥感,无人机遥感获取的数据时效性更强,准确性更高,分辨率更高,对时间要求紧迫的监测任务适应能力更好,成本较低。相对于传统的二维模型,三维模型对于信息表达更加直观,能够科学、有效和直观地反映地理空间信息,不需要太多专业知识,用户就能够轻松地理解并运用所呈现的信息。

Pix4Dmapper不仅能够对无人机影像进行大场景三维模型创建,对于普通用户用手机等工具近距离拍摄的满足一定重叠度要求的系列照片,也能够实现小场景三维重建。

图6-63 三维模型创建示例

6.3 倾斜摄影建模软件 ContextCapture

倾斜摄影测量三维实景建模行业主流软件包括 Bently 公司的 ContextCapture(Smart3D)、俄罗斯 Agisoft 公司的 PhotoScan 和瑞士 Pix4D 公司 Pix4Dmapper 等。这几个建模软件各有优缺点,PhotoScan 比较轻量级,但生成模型的纹理效果不太理想;Smart3D 生成的三维模型效果最为理想,人工修复工作量较低,但软件比较复杂不易上手,且价格较高;而Pix4Dmapper 是以正直航空摄影影像处理为主的软件,操作简单、上手容易且价格便宜,但后处理工作量多,生成模型效果不是太理想。如表6-1所示对这三种实景建模软件的基本情况进行了简要对比。

表6-1 三种常见实景建模软件基本情况对比

对比项	ContextCapture	PhotoScan	Pix4Dmapper
软件体系	重	轻	中
输出格式种类	多	少	少
精细程度	高	中	中
难易程度	高	低	中
后处理工作量	少	大	多

如图6-64所示是这三个主流重建软件的图标:

图6-64 三种常见实景建模软件图标

Smart3DCapture 目前已发行到了 4.4 以后的版本，本节内容根据 V4.0 版本进行介绍。

6.3.1　ContextCapture 简介

（1）ContextCapture 软件总体流程。ContextCapture 的输入数据源为一组对静态建模主体从不同角度拍摄的数码照片，同时需要这些照片的额外辅助数据：传感器属性（焦距、传感器尺寸、主点和镜头失真）、照片的未知参数（如 GPS）、照片姿态参数（如 INS）和控制点等，如图 6-65 所示。

ContextCapture 在影像数据辅助数据成功、系统处理参数设置完成后可自动进行处理，无需人工干预，在一定时间内（几分钟到几小时，甚至几十小时，具体处理时间与输入的数据大小、类型有关），可输出高分辨率的带有真实纹理的三角网格模型，该三角网格模型能够准确精细地复原出建模主体的真实色泽、几何形态及细节构成。

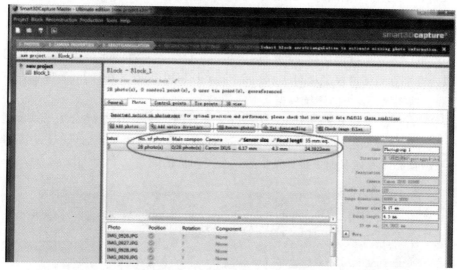

图 6-65　ContextCapture 的输入数据源

ContextCapture 软件处理数据的工作流程如图 6-66 所示。

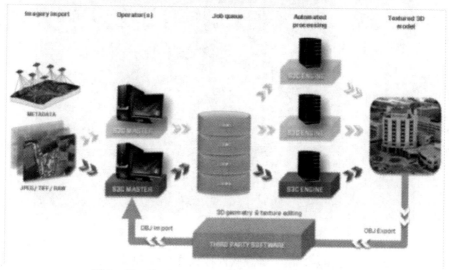

图 6-66　ContextCapture 软件处理数据工作流程图

（2）ContextCapture 软件系统架构。ContextCapture 采用了主从模式（Master－Worker），所包括的两大模块是 ContextCapture Master 和 ContextCapture Engine。

ContextCapture Master 是 ContextCapture 的主要模块。通过图形用户接口，向软件定义输入数据，设置处理过程，提交过程任务，监控这些任务的处理过程与处理结果可视化等。注意，Master 并不会执行处理过程，而是将任务分解为基础作业并提交给 Job Queue。

ContextCapture Engine 是 ContextCapture 的工作模块，采用计算机后台运行，无须与用户交互。当 Engine 空闲时，一个等待队列中的作业执行，主要取决于它的优先级和任务提交的时间。一个任务通常由空中三角测量和三维重建组成。空中三角测量和三维重建采用不同的且计算量大的密集型算法，如关键点的提取、自动连接点匹配、约束调整（空中三角测量）、密度图像匹配、实景三维模型重建、无接缝纹理映射、纹理贴图包装和细节层次生成等。ContextCapture Engine 支持工作站集群处理，可以在多台计算机上运行多个 ContextCapture Engine，并将它们关联到同一个作业队列中，这样会大幅降低处理时间。

（3）ContextCapture 工具模块。

1）Acute3D Viewer 可视化模块（见图 6－67）。Acute3D Viewer 是免费的轻量可视化模块，它可以处理多重精细度模型（LOD）、分页（Paging）和网络流（Streaming），能够在本地或离线环境下顺畅地浏览 TB 级的三维数据。

Acute3D Viewer 支持软件的原生 s3c 格式来查看浏览模型，它也整合了三维测量工具和瓦片选择工具，测量方面包括三维空间位置、三维距离和高差等信息。这里的瓦片选择工具对于后期模型的核心区域提取和重建都是十分具有实用价值的。

图 6－67　Acute3D Viewer 可视化模块

2）ContextCapture Settings。用于管理软件授权许可证和相关其他的软件配置，如图 6－

68 所示。

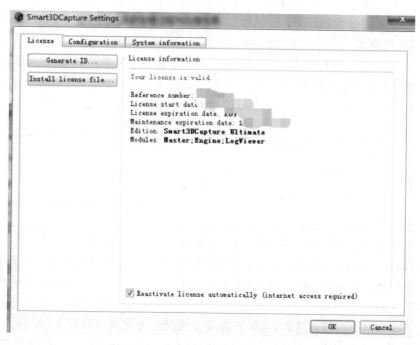

图 6 - 68　ContextCapture Settings 界面

3）ContextCapture Composer。ContextCapture Composer 是为 Acute3D Viewer 修改设定各种三维格式化工程文件所设置的工具。当需要为 osgb 数据手动生成索引在 Acute3D Viewer 中查看时需要使用这个工具，如图 6 - 69 所示。

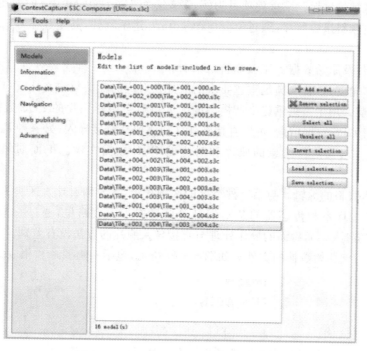

图 6 - 69　ContextCapture Composer 界面

（4）ContextCapture 硬件配置环境。软硬件要求方面，操作系统需要 Windows XP/Visa/7/8 64 位，至少 8G 内存和拥有 1G 显存与 512 个 CUDA 核心的 NVIDIA GeForce 显卡。建议使用 GTX 系列显卡。

（5）ContextCapture 建模对象的适用范围。在实际的建模生产过程中，ContextCapture 能够针对近至中距离的景物建模，也可以对自然景观的大场景建模，但最适用于复杂的几何形态及哑光图案表面的物体。如表 6-2 所示简单列出了建模目标体的基本特征。

表 6-2　ContextCapture 建模对象的适用范围

适合对象	复杂的几何形态及哑光图案表面的物体	小范围	服装、人脸、家具、工艺品、雕像、玩具……
		大范围	地形、建筑、自然景观……
不适合对象	模型会存在错误的孔、凹凸或噪音	纯色的材料	墙壁、地板、天花板、玻璃、金属、水、塑料……

在三维数据格式方面，Smart3D 可以生成很多的格式，比如 s3c，osgb，obj，fbx，dae，stl 等，一般用得最多的还是 osgb，obj 和 fbx 格式的数据，其中 obj 和 fbx 可以在多个建模软件里互导。这些数据格式也可采用成熟的技术快速进行网络发布，比如 osgb 格式可以直接在 Wish3D 云平台上传，实现共享应用。在绝大多数的情况下，自动生成的三维模型可以直接使用。但是对于一些具体的行业应用，可能就需要使用第三方建模软件比如 maya 或 3dmax 等对模型的局部误差进行修饰，再通过 retouch 操作导入 ContextMaster，重新提交新的重建任务。

6.3.2　ContextCapture 使用简介

本节以大区域的地形三维重建项目为例，简要介绍 ContextCapture 的使用情况。原始数据为一组无人机倾斜摄影照片，通过 ContextCapture 建模软件，其重建生成三维地形的过程将介绍如下。

（1）工具软件及原始数据。工具软件为 ContextCapture 三维建模软件；原始数据为一组垂直拍摄而且多角度、重叠度满足重建要求的航片及对应的辅助数据文件（POS 数据）。

（2）方法步骤。用于三维重建生产模型的无人机航空摄影照片的 POS 数据有两种情况：一是照片自带有 GPS 数据信息，可以直接新建区块将照片直接导入；另一种是照片和 POS 数据分开，即包括一组无定位信息的照片和对应的 POS 数据文本。下面对第二种情况进行讨论。

1）区块导入表格的编辑。与第一种情况的区别在于，需要编辑导入区块的表格，将照片的文件路径、参考坐标系和传感器的基本信息等信息嵌入到表格里，通过它来实现对照片和 POS 信息数据的导入。而后面的操作处理与直接导入照片的方法没有差别。

首先，我们看到原始数据的文件夹如图 6-70 所示，包括一组照片和相应的 POS 文件。

图 6-70　文件夹

可以看到，POS 数据是以文本文档的形式存在的（见图 6-71）。

IMG_1146.JPG 6.5431844404445938 46.65610031903519 734.99873529467732
IMG_1147.JPG 6.542351342478578 46.656014551537041 729.75440302398056
IMG_1148.JPG 6.5415357809527332 46.65608601090311 731.3504877621308
IMG_1149.JPG 6.5406653874675849 46.656080915501938 730.54023610148579
IMG_1150.JPG 6.5398164124475091 46.656134243663466 731.68655797839165
IMG_1151.JPG 6.5389547519783457 46.656179431924144 730.41250289790332
IMG_1152.JPG 6.5381049745810618 46.656199943679766 732.38904223777354
IMG_1153.JPG 6.5372308574813687 46.656234721383484 732.04370780941099
IMG_1154.JPG 6.5363798235922017 46.656269121253153 731.76345525775105
IMG_1155.JPG 6.5355053342655225 46.656329818407258 728.73226987291127
IMG_1156.JPG 6.5346584577401394 46.656336340612469 732.0547888148576
IMG_1157.JPG 6.5343272539301225 46.65600566297492 727.82602770067751
IMG_1158.JPG 6.5351565135538179 46.656028302055226 730.805000949651
IMG_1159.JPG 6.5359936018462381 46.655968429687881 729.38288532663137
IMG_1160.JPG 6.5367795703513139 46.65599129414872 729.91892214957625
IMG_1161.JPG 6.5376325320814423 46.655974116699817 731.61561812274158
IMG_1162.JPG 6.5384450678965393 46.65593106947577 729.01767829805613
IMG_1163.JPG 6.539240702500976 46.655910495349644 730.35581850167364
IMG_1164.JPG 6.5401331420294442 46.655893331179115 732.44642950128764
IMG_1165.JPG 6.5410052652930366 46.655853865905165 730.1693919133395
IMG_1166.JPG 6.5418142789645781 46.655822567444574 729.97506438847631
IMG_1167.JPG 6.5426579351279894 46.655775096071473 730.9176422227174

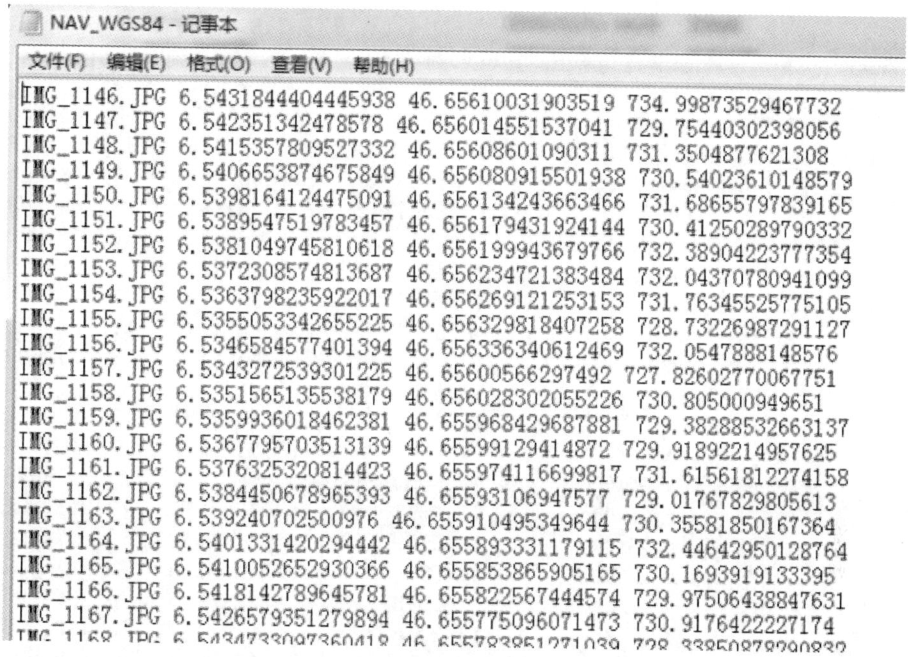

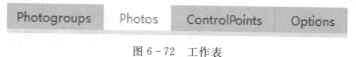

图 6 - 71　文本文档

在导入区块的过程当中，需要导入 Excel 表格。先将这个文件将其转换为 Excel 表格，Excel 表格需要包含如图 6 - 72 所示的 4 个工作表。

图 6 - 72　工作表

结果如图 6 - 73 所示。

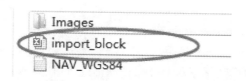

图 6 - 73　结果

Photogroups 工作表中，名称列需要与照片工作表的 PhotogroupName 一致（见图 6 - 74）。

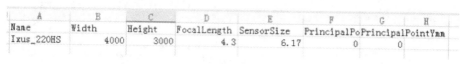

A	B	C	D	E	F	G	H
Name	Width	Height	FocalLength	SensorSize	PrincipalPo	PrincipalPointYmm	
Ixus_220HS	4000	3000	4.3	6.17	0	0	

图 6 - 74　对照一致

Photos 工作表的编辑结果如图 6 - 75 所示。

ControlPoints 工作表中，由于无人机航拍的区域不是很大，且对于建模成果的精度没有设定范围，只追求建成模型的速度，因此本次先不设控制点，很多用户都是误把照片放到了这个工作表中，致使处理出现问题，需要注意一下。编辑结果如图 6 - 76 所示。

	A	B	C	D	E
1	Name	PhotogroupName	Latitude	Longitude	Height
2	IMG_1146.JPG	Ixus_220HS	46.65610032	6.54318444	734.9987353
3	IMG_1147.JPG	Ixus_220HS	46.65601455	6.542351342	729.754403
4	IMG_1148.JPG	Ixus_220HS	46.65608601	6.541535781	731.3504878
5	IMG_1149.JPG	Ixus_220HS	46.65608092	6.540665387	730.5402361
6	IMG_1150.JPG	Ixus_220HS	46.65613424	6.539816412	731.686558
7	IMG_1151.JPG	Ixus_220HS	46.65617943	6.538954752	730.4125029
8	IMG_1152.JPG	Ixus_220HS	46.65619994	6.538104975	732.3890422
9	IMG_1153.JPG	Ixus_220HS	46.65623472	6.537230857	732.0437078
10	IMG_1154.JPG	Ixus_220HS	46.65626912	6.536379824	731.7634553
11	IMG_1155.JPG	Ixus_220HS	46.65632982	6.535505334	728.7322699
12	IMG_1156.JPG	Ixus_220HS	46.65633634	6.534658458	732.0547888
13	IMG_1157.JPG	Ixus_220HS	46.65600566	6.534327254	727.8260277
14	IMG_1158.JPG	Ixus_220HS	46.6560283	6.535156514	730.8050009
15	IMG_1159.JPG	Ixus_220HS	46.65596843	6.535993602	729.3828853
16	IMG_1160.JPG	Ixus_220HS	46.65599129	6.53677957	729.9189221
17	IMG_1161.JPG	Ixus_220HS	46.65597412	6.537632532	731.6156181
18	IMG_1162.JPG	Ixus_220HS	46.65593107	6.538445068	729.0176783
19	IMG_1163.JPG	Ixus_220HS	46.6559105	6.539240703	730.3558185
20	IMG_1164.JPG	Ixus_220HS	46.65589333	6.540133142	732.4464295
21	IMG_1165.JPG	Ixus_220HS	46.65585387	6.541005265	730.1693919
22	IMG_1166.JPG	Ixus_220HS	46.65582257	6.541814279	729.9750644
23	IMG_1167.JPG	Ixus_220HS	46.6557751	6.542657935	730.9176422
24	IMG_1168.JPG	Ixus_220HS	46.65578385	6.54347331	728.3385088
25	IMG_1169.JPG	Ixus_220HS	46.65533978	6.543660728	724.0927742

图 6-75 Photos 工作表的编辑结果

	A	B	C	D
1	Name	Easting	Northing	Height
2				
3				

图 6-76 编辑结果

Options 工作表中,包含坐标系和照片路径的信息,设置如图 6-77 所示。

OptionName	Value
SRS	WGS84
BaseImagePath	C:\Users\cxx\Desktop\test\Images

图 6-77 设置

到这一步为止,区块导入的表格就算编辑完成了。

2)创建工程。打开 ContextCapture 软件,输入工程名称和存储路径,注意不要勾选"Create an empty block",需要直接导入表格来导入区块,示意图如图 6-78 所示。

此时,导入上述的 Excel 表格如图 6-79 所示。

注意前面的 Excel 表格当中,各个工作表的英文名称务必要正确,下面就是漏了一个字母,提示表格导入失败,如图 6-80 所示。

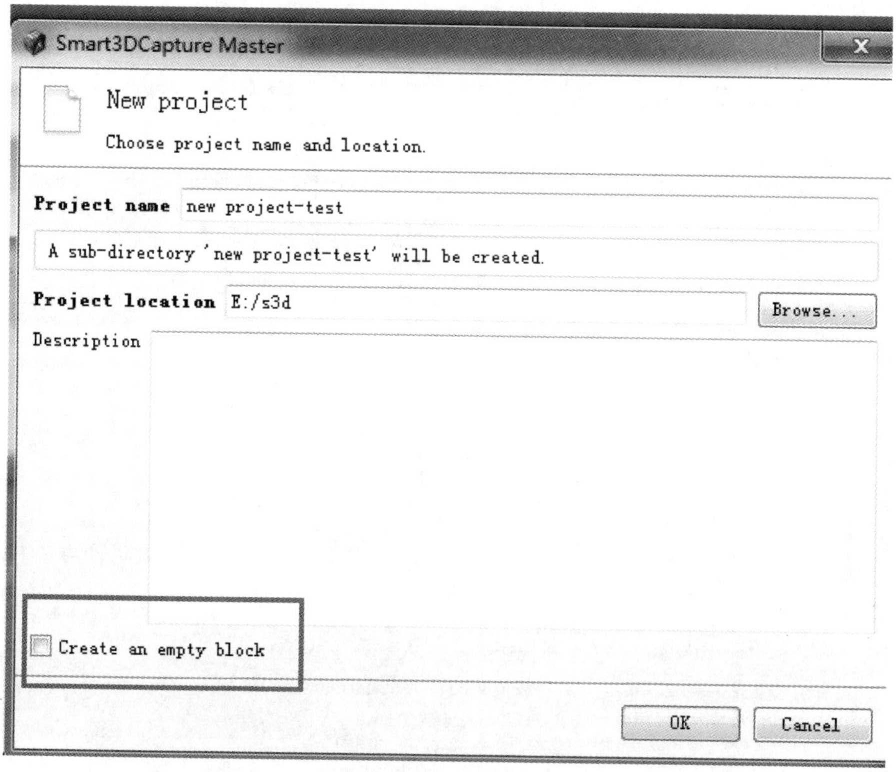

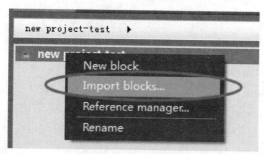

图 6 - 78　示意图

图 6 - 79　导入表格

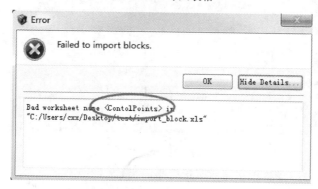

图 6 - 80　提示表格导入失败

返回修改,重新导入,结果如图6-81所示。

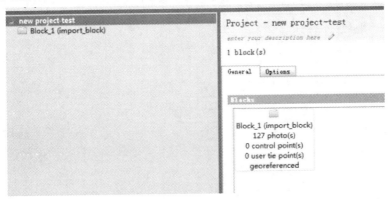

图6-81　重新导入

可以看到,一个工作区块被顺利导入,接下来就可以开始处理工作了。

3)空三处理。区块导入之后,首先要对照片组做个文件检查,查看是否有丢失的情况(见图6-82)。

图6-82　文件检查

检查无误即可接着处理,否则返回照片组重新整理。

如图6-83所示可以看到,之前区块导入的表格关于影像组的基本信息都体现出来了。

图 6 - 83　基本信息

照片组的每一张影像都可以预览到其图像且可以打开其路径,空三还没开始前,每张影像的姿态是未知的,如图 6 - 84 所示。

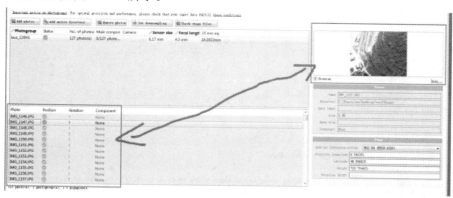

图 6 - 84　预览图像

3Dview 中,如图 6 - 85 所示,每张影像代表一个点,可以看到它们都是按照一定规则排列的,没有飘离出去;若有,可以直接删除。

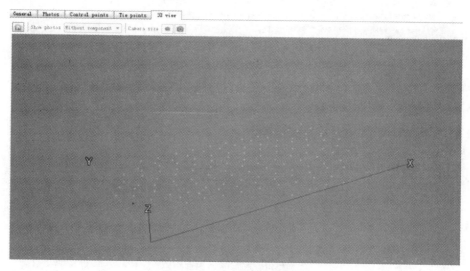

图 6 - 85　3Dview 中的影像点

一切检查工作均正常后,点击空三按钮(见图 6 - 86)。

图 6 - 86　空三按钮

输入空三名称(见图 6-87)。

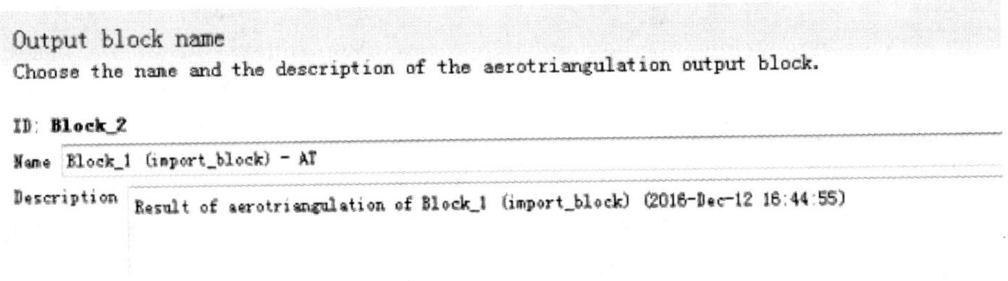

Output block name
Choose the name and the description of the aerotriangulation output block.

ID: **Block_2**
Name Block_1 (import_block) - AT
Description Result of aerotriangulation of Block_1 (import_block) (2016-Dec-12 16:44:55)

图 6-87 输入空三名称

选择定位方式(见图 6-88)。

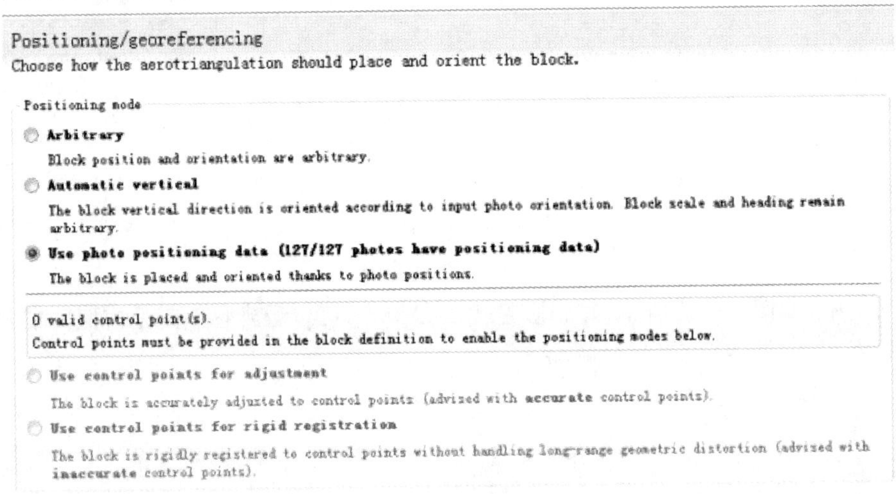

Positioning/georeferencing
Choose how the aerotriangulation should place and orient the block.

Positioning mode
○ **Arbitrary**
   Block position and orientation are arbitrary.
○ **Automatic vertical**
   The block vertical direction is oriented according to input photo orientation. Block scale and heading remain arbitrary.
◉ **Use photo positioning data (127/127 photos have positioning data)**
   The block is placed and oriented thanks to photo positions.

0 valid control point(s).
Control points must be provided in the block definition to enable the positioning modes below.

○ Use control points for adjustment
   The block is accurately adjusted to control points (advised with accurate control points).
○ Use control points for rigid registration
   The block is rigidly registered to control points without handling long-range geometric distortion (advised with inaccurate control points).

图 6-88 选择定位方式

设置默认当前参数(见图 6-89)。

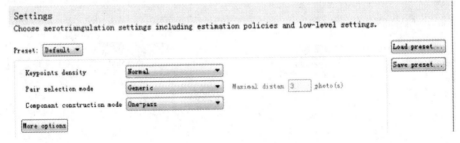

图 6-89 设置默认当前参数

提交后,准备空三处理(见图 6-90)。

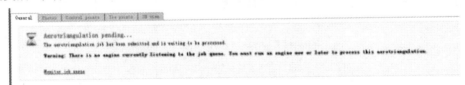

图 6-90 提交空三处理

开启 Engine,空三处理开始(见图 6 - 91)。

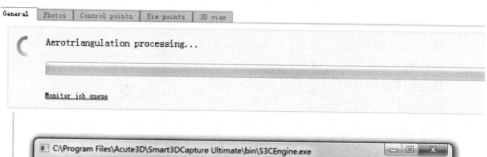

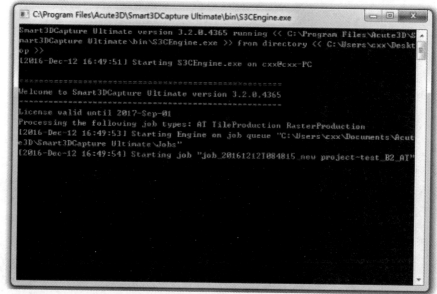

图 6 - 91　空三处理开始

空三结束后查看精度报告,发现每张照片都被识别处理(见图 6 - 92)。

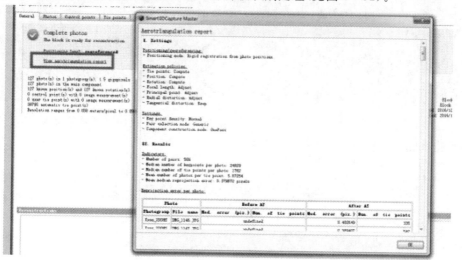

图 6 - 92　精度报告

影像组的照片全部被定位完毕(见图 6 - 93)。

Photo	Position	Rotation	Component
IMG_1146.JPG	✓	✓	✓ Main
IMG_1147.JPG	✓	✓	✓ Main
IMG_1148.JPG	✓	✓	✓ Main
IMG_1149.JPG	✓	✓	✓ Main
IMG_1150.JPG	✓	✓	✓ Main
IMG_1151.JPG	✓	✓	✓ Main
IMG_1152.JPG	✓	✓	✓ Main
IMG_1153.JPG	✓	✓	✓ Main
IMG_1154.JPG	✓	✓	✓ Main
IMG_1155.JPG	✓	✓	✓ Main
IMG_1156.JPG	✓	✓	✓ Main
IMG_1157.JPG	✓	✓	✓ Main

图 6-93　影像组的照片全部定位

3Dview 中照片摄取范围与区域模型之间的关系如图 6-94 所示。

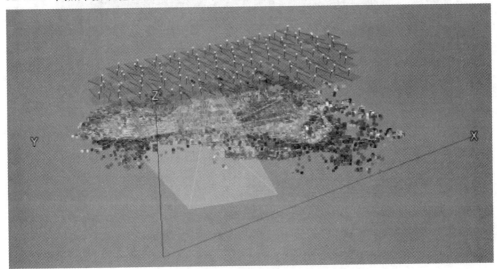

图 6-94　3Dview 中照片摄取范围与区域模型之间的关系图

4)重建生成三维模型。点击提交重建按钮(见图 6-95)。

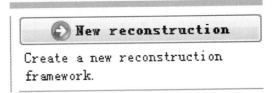

图 6-95　点击提交重建

在 Spatial framework 中调整模型生成区域的大小(见图 6-96)。

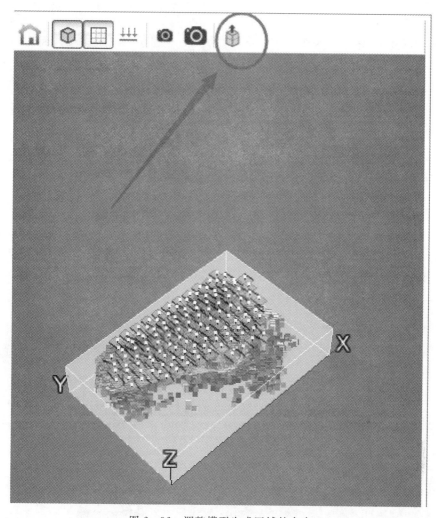

图 6-96　调整模型生成区域的大小

　　这里重点说明下模型分块生成的方法。同样在 Spatial framework 中,默认是不分块的(No tiling),如图 6-97 所示。

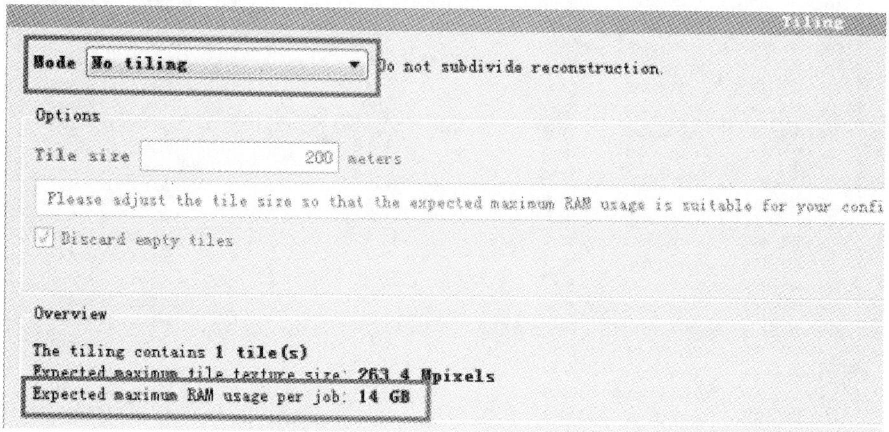

Tiling

Mode **No tiling**　▼　Do not subdivide reconstruction.

Options

Tile size [　　　　　200] meters

Please adjust the tile size so that the expected maximum RAM usage is suitable for your confi

☑ Discard empty tiles

Overview

The tiling contains **1 tile(s)**
Expected maximum tile texture size: 263.4 Mpixels
Expected maximum RAM usage per job: **14 GB**

图 6-97　模型分块生成方法

如图 6-97 所示第二个框中的 Expected maximum RAM usage per job 代表每项处理任务的最大期望内存值,这就要求处理该任务的计算机可用内存必须保证大于这个内存值,集群处理中每台计算机的可用内存必须有高于期望内存的容量。而当前的处理任务中,期望内存值是 14 G,对于处理它的只有 4 G 装机内存的计算器显然是不可行的,这时,需要做出分块处理,使得每块处理所需的内存控制在计算器的可用内存以下。因此,我们将数据规则分块处理,将每块的边长分为 200 m,共 23 个区块,期望内存降低为 2.7 G,示意图如图 6-98 所示。

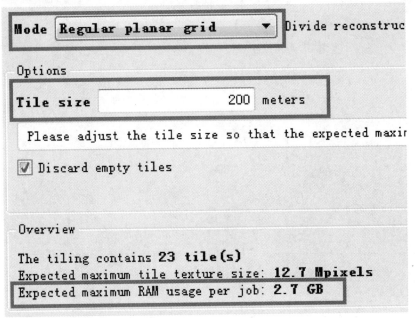

图 6-98 示意图

分完块的数据,各瓦片可以在 Reference 3D Model 预览(见图 6-99)。

Tile	Status	Retouching	Tag	Description	Last modified
Tile_+001_+000	Unprocessed	None			2016/12/13 9:44:41
Tile_+002_+000	Unprocessed	None			2016/12/13 9:44:41
Tile_+003_+000	Unprocessed	None			2016/12/13 9:44:41
Tile_+004_+000	Unprocessed	None			2016/12/13 9:44:41
Tile_+005_+000	Unprocessed	None			2016/12/13 9:44:41
Tile_+000_+001	Unprocessed	None			2016/12/13 9:44:41
Tile_+001_+001	Unprocessed	None			2016/12/13 9:44:41
Tile_+002_+001	Unprocessed	None			2016/12/13 9:44:41
Tile_+003_+001	Unprocessed	None			2016/12/13 9:44:41
Tile_+004_+001	Unprocessed	None			2016/12/13 9:44:41
Tile_+005_+001	Unprocessed	None			2016/12/13 9:44:41
Tile_+000_+002	Unprocessed	None			2016/12/13 9:44:41
Tile_+001_+002	Unprocessed	None			2016/12/13 9:44:41
Tile_+002_+002	Unprocessed	None			2016/12/13 9:44:41
Tile_+003_+002	Unprocessed	None			2016/12/13 9:44:41
Tile_+004_+002	Unprocessed	None			2016/12/13 9:44:41
Tile_+005_+002	Unprocessed	None			2016/12/13 9:44:41
Tile_+000_+003	Unprocessed	None			2016/12/13 9:44:41
Tile_+001_+003	Unprocessed	None			2016/12/13 9:44:41
Tile_+002_+003	Unprocessed	None			2016/12/13 9:44:41
Tile_+003_+003	Unprocessed	None			2016/12/13 9:44:41
Tile_+004_+003	Unprocessed	None			2016/12/13 9:44:41
Tile_+005_+003	Unprocessed	None			2016/12/13 9:44:41

图 6-99 Reference 3D Model 预览

一切准备就绪(见图 6－100)。

General
Spatial framework
Reconstruction constraints
Reference 3D model
Processing settings
Ready for production
You can modify the spatial framework and processing settings before starting production.
Regular planar grid (grid size 200 meters)
23 tile(s)
0 tile(s) completed, 0 tile(s) retouched
Highest precision

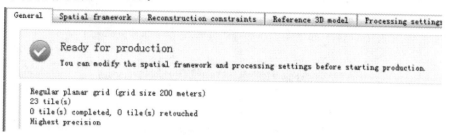

图 6－100　准备就绪

提交生成模型(见图 6－101)。

Submit new production...
Define and submit new production.

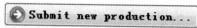

图 6－101　提交生成模型

输入模型名称(见图 6－102)。

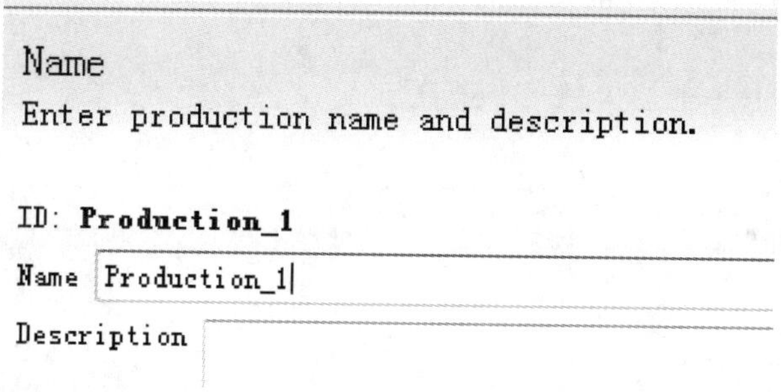

Name
Enter production name and description.
ID: Production_1
Name
Production_1
Description

图 6－102　输入模型名称

选择模型种类(见图 6－103)。

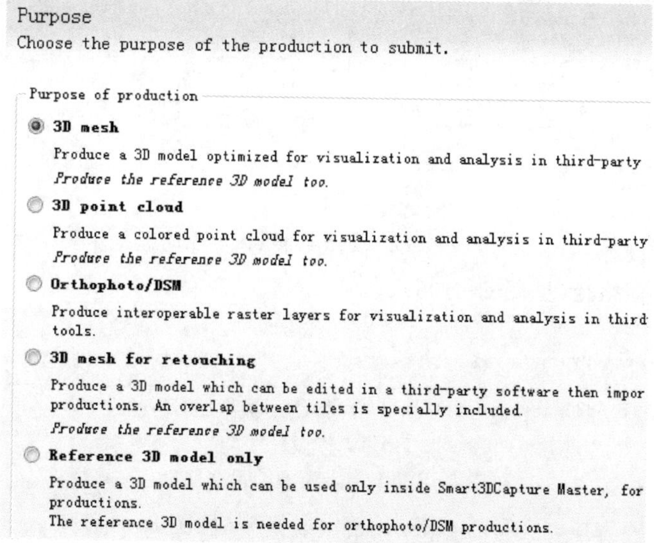

Purpose
Choose the purpose of the production to submit.
Purpose of production
3D mesh
Produce a 3D model optimized for visualization and analysis in third-party
Produce the reference 3D model too.
3D point cloud
Produce a colored point cloud for visualization and analysis in third-party
Produce the reference 3D model too.
Orthophoto/DSM
Produce interoperable raster layers for visualization and analysis in third
tools.
3D mesh for retouching
Produce a 3D model which can be edited in a third-party software then impor
productions. An overlap between tiles is specially included.
Produce the reference 3D model too.
Reference 3D model only
Produce a 3D model which can be used only inside Smart3DCapture Master, for
productions.
The reference 3D model is needed for orthophoto/DSM productions.

图 6－103　择模型种类

生成 OSGB 的三维模型(见图 6－104)。

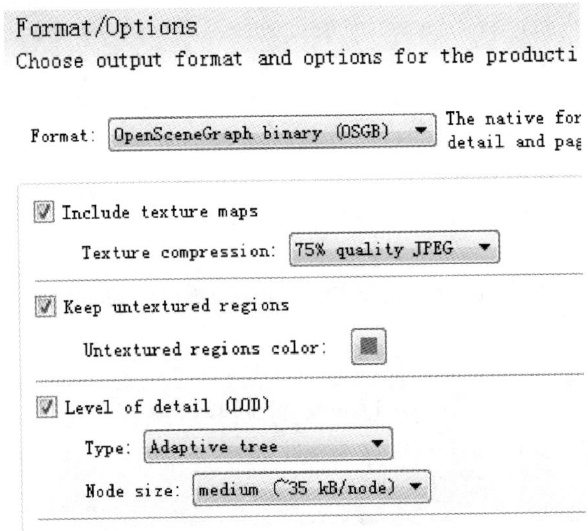

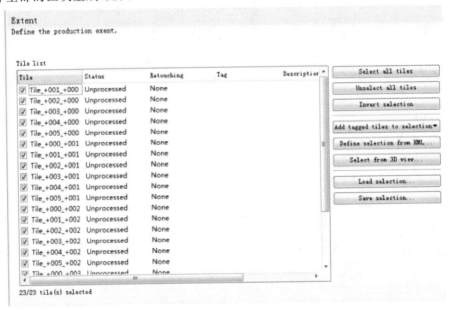

图 6－104　生成 OSGB 的三维模型

选择全部的区块生成(见图 6－105)。

图 6－105　选择全部的区块生成

指定模型的保存路径(见图 6－106)。

图 6－106　指定模型的保存路径

到这里参数设置完毕,打开 Engine,开始生成模型(见图 6－107)。

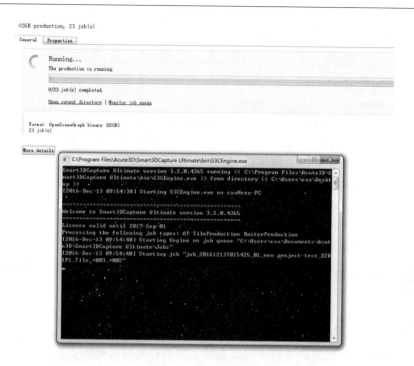

图 6-107　生成模型

模型生成后可以看到各个瓦片的生成情况（见图 6-108）。

图 6-108　生成情况

处理中的参数选择及坐标系(见图 6 - 109)。

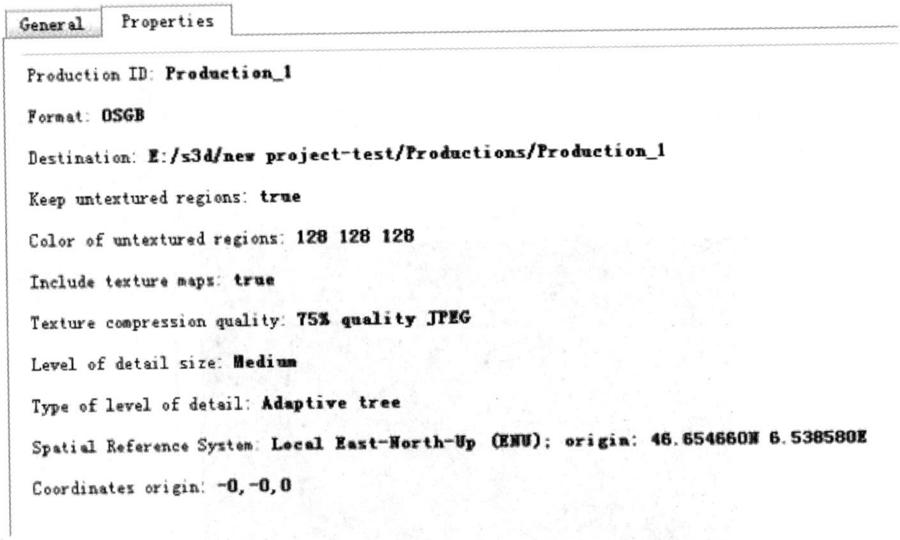

图 6 - 109　参数选择及坐标系

以上就是对于大区域地形的照片三维重建生成处理模型的整个工作流程。

6.3.3　ContextCapture 应用场景

ContextCapture 以其强大的数据处理能力、友好的人机交互方式使得无人机遥感的门槛大大降低,将进一步扩展无人机遥感应用的深度和广度,遥感数据的获取将更加快捷、规范,成果信息的获得将更加快速和自动,地表数据的社会化服务将更加智能和易于访问。ContextCapture 具体应用场景见第 5 章 5.4 节"倾斜摄影模型应用"。

思考与练习

1. 常用遥感影像处理软件有哪些? 试比较其差别与功能。
2. Pix4Dmapper 行业应用范围有哪些? 演练 Pix4Dmapper 应用软件。
3. 演练 ContextCapture 软件。

第7章 无人机遥感应用

随着无人机遥感技术的快速发展,无人机遥感技术的产业化应用取得较快发展,广泛应用于重大突发事件和自然灾害的应急响应、国土资源调查与监测、海洋测绘、农林业、环境保护、交通、能源、互联网和移动通信等多个领域。

7.1 重大突发事件和自然灾害应急响应

重大突发事件和自然灾害应急响应中,无人机遥感应用的突出贡献是能够第一时间快速反应,快速获取高分辨率灾情调查数据,辅助政府进行快速决策,是无人机应用最突出的领域。

(1)洪灾救援。近年来,受特殊的自然地理环境、极端灾害性天气以及经济社会活动等多种因素的共同影响,各地山丘区洪水、泥石流和滑坡灾害频发,造成的人员伤亡、财产损失、基础设施损毁和生态环境破坏十分严重。随着信息技术的不断发展,以"3S",LIDAR,三维仿真等为主的现代化技术不断用于山洪灾害的防治和研究,为相关部门开展防灾减灾工作提供了科学的决策依据。利用航测的三维地形图、实测水文资料及河道断面为基础建立边界条件及特征值,可以以此来推演洪水在真实河道内的淹没范围及程度,进而确定合理的预警指标、安全转移路线及临时安置点等。

2012年8月6日,云南省大理州洱源县炼铁乡和凤羽镇因暴雨引发特大山洪泥石流地质灾害。云南省测绘地理信息局无人机组赶往灾区,对受灾地域47 km²的信息实施低空采集,获取地面分辨率为0.2 m的影像981幅,为灾后救援提供了可靠的决策依据。

(2)火灾救援。当大规模火灾发生时,使用飞机协同消防员救火会事半功倍。当前,救火无人机主要是用来帮助消防员完成救火任务。由于火灾很难被控制,如果在空中没有一只"眼睛"纵览全局,很容易错过最佳的灭火时机。而无人机这只"眼睛"可以帮助消防员确定火灾朝哪个方向发展,哪里可能出现危险,哪里最先需要扑救。森林火灾具有非常大的破坏性,而森林一旦发生火灾,不仅对人类的劳动成果带来巨大损失,也破坏了生态系统,对生态环境会造成严重的负面影响。

2015年8月12日,天津滨海新区爆炸事故发生后,13日凌晨3点,北京消防调派两架无人机、8名官兵赶赴现场,6时15分,增援力量抵达现场,利用无人机航摄影像绘制出360°全景图,为后续救援工作的展开提供了十分关键的信息支持。

(3)气象灾害监测。利用无人机航空遥感系统提供的灾情信息和图像数据可以进行灾害损失评估与灾害过程监测,估计灾害发生的范围,准确计算受灾面积及其灾害损失评估。例如对于雨雪、冰冻灾害可以对低温的发生强度以及低温冷害的分布范围实施实时动态监测,并且能够迅速地研究低温冷害发生发展的一般规律,为相关部门及时采取有效救灾措施提供及时全面的信息。

为了调查东太平洋热带气旋生成源地,2005 年美国国家航空航天局与哥斯达黎加合作,开展热带云系生产过程研究,完善热带气旋生成模式。美国海洋大气局大西洋气象实验室用气象无人机对 Ophelia 飓风进行了长时间的观测飞行。

(4)地质灾害监测。我国是地质灾害最为严重的国家之一。无人机航空遥感系统提供的地质灾害区图像包括地质、地貌、土壤、水文、土地利用和植被等信息,这些信息构成地质灾害灾情评估的基础数据,对于提高该区域地质灾害管理和灾情评估的科学性、准确性和有效性非常重要,而且可以大大提高减灾、抗灾和防灾的效率和现代化水平。对于山体滑坡和泥石流等重大地质灾害,可以分析灾害严重程度及其空间分布,帮助政府分配紧急响应资源,快速准确地获取泥石流环境背景要素信息,而且能够监测其动态变化,为准确的预报提供基础数据。

2010 年 8 月,怒江贡山特大泥石流灾害发生后,现场环境十分恶劣,整个泥石流沟长有 14 km,车辆无法前进,救援人员只能徒步推进 3 km。在此情况下,云南省国土资源厅及云南省测绘局首次使用无人机,依托当地一个小学操场起飞,对整个泥石流发生点进行图像采集,为救灾提供了重要信息。

(5)地震救援。2008 年 5 月 12 日,四川汶川突发特大地震,造成了巨大的人员与财产损失。由于灾区交通通信全部中断,地震灾区的灾情信息无法获取。受天气及设备限制,在地震发生的第一时间错过了通过遥感或航空摄影获取灾区灾情严重程度与空间分布的最佳机会,这给及时确定救援方案带来了一定的影响。这时,由中国科学院遥感应用研究所牵头成立的无人机遥感小分队,在第一时间利用无人机在 400~2 000 m 的低空遥感平台采集到高分辨率影像。无人机凭借其机动快速、维护操作简单等技术特点,获取到灾区的房屋、道路等损毁程度与空间分布,地震次生灾害如滑坡、崩塌等具体情况,以及因此而形成的堰塞湖的分布状况与动态变化等信息,发挥了重要作用,为救援、灾情评估、地震次生灾害防治和灾后重建工作等提供了科学决策依据。

7.2 国土、城市、海洋等领域应用

无人机遥感应用于国土调查、基础测绘、城市管理和海洋监测等领域,是对我国传统遥感基础性常备型业务的重要补充和技术提升,尤其注重精度和完整辖区覆盖度,发展势头强劲,技术和经济价值巨大,是促进无人机遥感技术进步的需求驱动源。

7.2.1 国土资源行业

(1)应急防灾体系建设。无人机低空遥感体系的建立,能切实提高突发事件的响应和处理能力,一方面能及时反映地质灾害事故发生后的真实影响范围和损失估量等详实数据,为领导辅助决策提供重要参考依据;另一方面能通过对地质灾害多发点进行定时无人机低空巡查,获取实时的灾害点信息,有效预防地质灾害的发生,减少灾害损失。同时,通过低空遥感的灾害评估数据及时公开,既能大大提高为人民服务的能力,又能提升国土资源管理公众形象。

(2)地籍数据库变更。利用无人机遥感技术,可以进行地籍变更范围快速提取,利用自动相关制图软件完成地形数据快速测图,形成数字化的 4D 产品。同时采用高精度的倾斜摄影

成像手段,在云下 500 m 高空飞行可以完成 1∶500 航拍图的测量,并通过边缘提取、自动构面等技术制作完成地籍入库数据和地籍数据库的年度变更。

(3)农村集体土地承包经营权确权颁证。农村集体土地承包经营权确权颁证牵涉范围广泛,特别是有些在偏远、道路崎岖的山林,需要花大量的时间去支导线,既降低了测量的精度,也加大了测量环境的复杂性。无人机遥感技术利用丰富的影像信息和采集效率,具有较高的精度和效率,可以很好地实现农村集体土地承包经营权确权颁证"一体化"发证设想,并同时完成大比例尺区域的快速测图与发证。

(4)动态巡查监管。通过无人机遥感监测成果,可及时发现和依法查处被监测区域国土资源违法行为,建立利用科技手段实行国土资源动态巡查监管,违法行为早发现、早制止和早查处的长效机制。特别在违法用地不易发现地区,利用无人机低空遥感真彩色正射影像数据,执法人员可以更清楚直观地查看违法事实,并通过数据抽取和深加工制作现场照片,成为立案证据。

(5)国土资源"一张图"建设。无人机低空遥感成果可以广泛应用于国土资源"一张图"基础数据中。最直观的则是影像数据,也可以是通过影像处理进行空三测量形成信息化的 4D 产品,经过半自动化的处理入库,有力地补充了"一张图"核心数据库,保证了数据的实时性和统一性,既提高了技术人员及部门的话语权,也更便于提高领导决策的科学性和准确性,为各级部门领导及主要决策者定期提供最实时的土地管理相关信息。

7.2.2　城市管理

无人机飞行条件要求低、反应快、控制操作简单、传送图像便捷和价格便宜等优势使得无人机在城市管理和建设中具有广阔的应用前景。

(1)城市灾害的监控。当城市的爆炸、火灾和水灾等灾害发生时,有时救援人员无法或不能很快进入受灾的区域。这时可利用无人机携带的照相或摄像设备对受灾区域进行侦察,同时将航拍图像传送回来,便于救援人员及时了解灾情。例如,在危险品爆炸火灾现场,在不清楚现场情况下,可首先利用无人机对现场进行侦察,并将侦察数据传回,帮助救援人员及时了解现场情况,做出正确的决策。

(2)小区域的航拍测绘。利用旋翼无人机携带摄像机进行航拍,可获得城市中小区域的影像数据,对这些数据进行专门处理后,可以得到一些测绘数据,也可以方便地形成三维图像。如对某个小区进行简单的测绘;对小型旅游景点航拍图像进行后期处理,可方便、迅速和低成本地生成三维图,用于宣传与推荐。

(3)城市违章建筑的巡查。清理城市违章建筑是城市管理的重要工作。通过航拍图像可以及时发现新出现的违章建筑,特别是高楼上的违章建筑,这些违章建筑危险性大且具有隐蔽性,只有在空中才能发现。通过无人机提供的航拍图像,不仅能够轻易发现是否存在违章建筑,对违章建筑定位,而且可以测量违章建筑的面积和高度。

(4)城市反恐绑架。城市反恐是城市管理中面临的新问题。在反恐指挥控制中,掌握恐怖分子的分布、人质的情况等对指挥决策有重要的作用。无人机可以在人员的操控下,飞到恐怖分子所在区域,采用悬停等控制飞行方式,通过窗口等观察屋内的情况。如果恐怖绑架地发生在高楼层,利用无人机悬停是侦察的最佳手段。

(5)大型活动现场监控。城市中的大型活动,如集会等,常常监管难度很大。由于人数多,出现突发事件的可能性很大。通过无人机在空中监控活动区域,可以帮助管理机构实时掌握活动现场情况,根据需要重点观测某个区域,及时发现异常并持续监控。

7.2.3 海洋监测管理

(1)灾害监测。

1)灾前预报:利用无人机在灾害频发时段加强对海域的巡检,视察防暴大堤是否受损,调查浒苔、赤潮和海冰的分布,预测走向,及时向可能受到危害的地区发布灾害预警;并且可通过长时间的观测,掌握灾害发生的规律,以便在后期做到提前预知,采取应对措施。

2)灾中监控:在海洋灾害发生时,一方面,通过无人机可以调查灾害发生的范围、程度,制订合理的消灾方案;另一方面,利用无人机在空中可以获取实时的遥感影像、视频,便于布置消灾方案,指挥消灾任务,观察消灾成效。

3)灾后评估:与 GIS 技术相结合,通过对无人机获取的受灾海域遥感数据进行分析,提取受灾范围、受灾等级和损失程度等量化信息,指导灾后补救和后期防范。

(2)海洋测绘。港口、河流入海口和近海岸等水陆交界地带是人类活动相对频繁的海域,在人为因素和自然因素的作用下,这些区域的地形地势变化也比较频繁。在人为因素方面,随着经济的发展和需求,人们对水陆交界海域的开发利用度不断增强,例如填海造地、养殖区扩展和港口平台搭建等;在自然环境因素的作用下,海岸侵蚀造成海岸线变更,入海口冲击、淤积等原因造成入海口地形变更。加强对这些海域的测绘,对于指导人们开发和利用水陆交界海域具有重要意义。

利用无人机进行海洋测绘,比传统的测绘方法速度快,并能深入海水区域,获取的遥感数据具有更高的空间分辨率,可以完成大比例尺制图。从无人机遥感影像中可以提取海岸、入海口和港口等海域的轮廓线及其变化,结合 GIS 技术对面积、长度和变化量等量化分析并预测变化趋势。在填海造地时,利用无人机搭载 LiDar 实时测量填造区域,指导工程的实施。利用 SAR 和高光谱遥感数据可以探测浅海区域的海底地形,绘制海底地形图。利用 LiDar 数据建立海岸线 DEM,为风暴潮的预警提供参考。在海岛礁测绘中,利用无人机同时搭载 LiDar 和光谱传感器获取多源数据,提取海岛礁的轮廓线、面积、DEM 和覆被类型等信息,可建立三维海岛礁模型。

(3)海洋参数反演。海洋是全球气候变化中的关键部分,海表温度、盐度和海面湿度等环境参数是全球气候变化、全球水循环和海洋动力学研究的重要输入参数。遥感技术是快速大范围监测海洋环境参数的有效手段,可以对海洋长时间连续观测,为气候变化、水循环和海洋动力等研究提供数据依据。无人机可以监测局部重点海域的环境参数,是卫星遥感大范围监测的重要补充,为海洋区域气候、海洋异常变化、海洋生物环境、入海口海水盐度变化和沿海土地盐碱化等研究提供数据信息。无人机获取的海洋环境参数还可以为海上油气平台、浮标和人工建筑等设备设施的耐腐蚀性、抗冻性研究提供数据支持。

无人机配备微波辐射计、热红外探测仪和高光谱成像仪等传感器探测海洋得到遥感数据,利用海洋参数的定量遥感反演算法模型反演海洋的各个参数。目前,反演模型大多是统计模型,利用遥感数据与反演的海洋参数之间建立起统计关系,通过统计回归的方法可以反演得到海洋温度、湿度和盐度等环境参数。

(4)海事监管。无人机配备高清照相机、摄像机及自动跟踪设备,可以执行海上溢油应急监控、肇事船舶搜寻、遇险船舶和人员定位和海洋主权巡查等任务，能够快速到达事故现场，立体地查看事故区域、事故程度和救援进展等情况，即刻回传影像和视频，在事故调查、取证等工作中为事故救援决策提供实时、准确的信息，监视事故发展，是海事监管救助的空中"鹰眼"；而且由于无人机的特殊性——抗风等级大、遥控不受视觉条件限制，因此比舰载有人直升机更适于恶劣天气下的搜寻救助工作；一旦发生危险，不会危及参与搜救人员的生命，最大限度地规避了风险，是海洋恶劣天气下搜寻救助的可靠装备。目前，我国利用无人机进行海域巡检、监管已经开始进入业务阶段。

7.3　农林、环保、科教文化等领域应用

7.3.1　农林应用

无人机遥感在农林行业的应用主要以调查、取证和评估为主，更注重调查现状和地理属性信息，如作物长势、病虫灾害、土壤养分、植被覆盖或旱涝影响等信息，对绝对定位精度、三维坐标观测精度要求较低。在农业领域，我国无人机遥感已在农业保险赔付、小面积农田农药喷施以及农田植被监测方面有了一定的应用；林业方面，无人机遥感在森林调查中的应用还很少，主要应用在林火监测。

（1）农业信息化。无人机作为新型遥感和测绘平台，相比于传统的卫星航空观测更加方便灵活易实现，分辨率也更高，数据信息也具有相当或更高的准确度，因此在农业信息化领域得到了广泛的应用。比如，在土壤湿度监测方面，无人机也能起到重要作用。监测区域土壤湿度有利于对农作物进行信息化管理。传统的土壤湿度监测站不能满足大面积、长期的土壤湿度动态实时监测的要求，限制了其在农业信息化、自动化方面的发展及应用，而光学设备在高空中会受到云层的阻碍，使观测不易实行，因此无人机的应用成为解决问题的关键。无人机可以搭载可见光近红外光设备作为检测手段，通过对比图像的特性，得到关键信息，保证所建立的模型的高准确性，完成土壤湿度的合理化监测、信息采集与建模，是农业信息化的关键一步。

（2）农作物植保。无人机技术在农作物植保方面的应用主要体现在作物的病虫害监测以及农药喷洒方面。病虫害是影响农作物产量和质量的关键因素之一，对于农药喷洒，传统的人工以及半人工的方式已经不能满足现代农业生产的规模化种植的需要，而且喷药人员中毒事件时有发生。无人机用于农药喷施就具有极大的优势，在国内外的应用中，日本等发达国家将无人机用于植保已经比较成熟，我国无人机植保起步较晚，但随着近年来无人机行业的火热，植保无人机一经推出便引起广泛关注。植保无人机可以有效地实现人和药物的分离，安全高效。目前国内植保无人机领域的研究在不断加深，推广速度和市场认知度也在不断提高，植保无人机的市场前景非常广阔。

（3）农业精准化。农业精准化是当前农业发展的必然趋势，主要是利用信息技术来对农业进行定时、定量和定位地管理与操作，目的是以最小的成本获取最大的利润收入，并且减少农业污染，改善农业生态环境，将资源利用最大化。实现农业精准化要建立在农业信息化的基础之上，无人机可以随时地监测作物长势、土地条件变化、病虫害预防和农药肥料施用效果等信息，并可作为农业生产决策的关键定量参考信息，从而可以有所依据地对作物进行相应的支持处理，既节省了资源，又实现了可持续发展。

7.3.2　环保应用

由于无人机遥感系统具有低成本、高安全性、高机动性和高分辨率等技术特点,使其在环境保护领域中的应用有着得天独厚的优势,在建设项目环境保护管理、环境监测、环境监察和环境应急等方面,无人机遥感系统均能够发挥其强有力的技术支持作用。

(1)建设项目环境保护管理。在建设项目环境影响评价阶段,环评单位编制的环境影响评价文件中需要提供建设项目所在区域的现势地形图,大中城市近郊或重点发展地区能够从规划、测绘等部门寻找到相关图件,而相对偏远的地区便无图可寻,即便是有也是绘制年代久远或图像精度较低而不能作为底图使用。如果临时组织绘制,又会拖延环境影响评价文件的编制时间,有些环评单位不得已选择采用时效性和清晰度较差的图件作为底图,势必对环境影响评价工作的质量造成不良影响。无人机遥感系统能够有效解决上述问题,它能够为环评单位在短时间内提供时效性强、精度高的图件作为底图使用,并且可有效减少在偏远、危险区域现场踏勘的工作量,提高环境影响评价工作的效率和技术水平,为环保部门提供精确、可靠的审批依据。

(2)环境监测。传统的环境监测通常采用点监测的方式来估算整个区域的环境质量情况,具有一定的局限性和片面性。无人机遥感系统具有视域广、及时连续的特点,可迅速查明环境现状。借助系统搭载的多光谱成像仪生成多光谱图像,直观全面地监测地表水环境质量状况,提供水质富营养化、水华、水体透明度、悬浮物和排污口污染状况等信息的专题图,从而达到对水质特征污染物监视性监测的目的。无人机还可搭载移动大气自动监测平台对目标区域的大气进行监测,自动监测平台不能够监测的污染因子,可采用搭载采样器的方式,将大气样品在空中采集后送回实验室监测分析。无人机遥感系统安全作业保障能力强,可进入高危地区开展工作,也有效地避免了监测采样人员的安全风险。

(3)环境应急。无人机遥感系统在环境应急突发事件中,可克服交通不利、情况危险等不利因素,快速赶到污染事故所在空域,立体地查看事故现场、污染物排放情况和周围环境敏感点分布情况。系统搭载的影像平台可实时传递影像信息,监控事故进展,为环境保护决策提供准确信息。无人机遥感系统使环保部门对环境应急突发事件的情况了解得更加全面、对事件的反应更加迅速、相关人员之间的协调更加充分、决策更加有依据。无人机遥感系统的使用,还可以大大降低环境应急工作人员的工作难度,同时工作人员的人身安全也可以得到有效的保障。

2010年7月16日,大连新港一艘30万吨级油轮因违规操作引起输油管线爆炸,引发大火和原油入海,约50 km² 海面受到污染。国家环境保护部第一时间调配无人机赶赴现场,开展了"天-空-地"同步监测,这是环境保护部首次利用无人机开展重大环境事故的应急监测。无人机在恶劣条件下多次成功完成低空飞行作业,提供了海面油污监测数据,动态反映溢油发生发展情况,为环境应急管理提供了重要技术支持。

(4)环境监察。当前,我国工业企业污染物排放情况复杂、变化频繁,环境监察工作任务繁重,环境监察人员力量也显不足,监管模式相对单一。无人机遥感系统可以从宏观上观测污染源分布、排放状况以及项目建设情况,为环境监察提供决策依据;同时通过无人机监测平台对排污口污染状况的遥感监测也可以实时快速跟踪突发环境污染事件,捕捉违法污染源并及时取证,为环境监察执法工作提供及时、高效的技术服务。

7.3.3　科教文化应用

在科研教育领域,主要是开展航空科技与遥感等技术理论方法研究,通过无人机遥感实践来从事理论教学和技术验证、科研创新,并在影视文化旅游等方面开展一些文化创意、多元素融合的活动,内容包括无人机教学、竞赛表演、影视记录、广告宣传和科考探险等。在该领域,对精度和地理属性要求不高,注重的是活动的过程、蕴含的科技文化内涵以及这些相关事务带来的社会影响等。目前,一些院校开设了无人机遥感相关专业,如西北工业大学、北京航空航天大学等。

中国开展的第 33 次南极科学考察中,有北京师范大学专门派遣的一个无人机组。截至 2017 年 2 月,他们在南极共完成无人机航拍作业 47 架次,获取南极中山站周边地区航拍影像 14 000 余张,累积覆盖面积超过 500 km²。除进行南极环境遥感监测外,还协助考察队"空中探路"进行了海冰运输等保障工作。

7.4　矿业、能源、交通等领域应用

无人机遥感已被广泛应用在矿石开采、电力和石油管线的选址与巡检、交通规划和路况监测等各项工作中。在矿业领域,利用无人机遥感技术获取矿区数据资料,实现矿区的有效监测,从而为矿区的开采工作提供保障;在电力与石油管线等能源领域,对重大工程的选址、选线、巡线、运行和管理等作用明显,能够满足施工建设过程的持续监测需求;在交通领域,无人机遥感技术能够从微观上进行实况监视、交通流的调控,构建水陆空立体交管,实现区域管控,确保交通畅通,应对突发交通事件,实施紧急救援。

7.4.1　矿业应用

随着我国国民经济的迅速发展,矿产资源的需求越来越大,矿产资源对国民经济发展的瓶颈制约凸显。面对经济发展的迫切需求,找矿的难度越来越大。无人机遥感是地质找矿的重要新技术手段,在基础地质调查与研究、矿产资源与油气资源调查和矿山开采等方面都发挥了重要作用。无人机遥感技术在矿业的各个重要环节都能派上用场,例如爆破、规划、采矿操作以及矿井的生态重建等。

(1)爆破。矿井所在地往往在比较偏远的地区,现有的地图信息就很有可能不全面。在爆破工作初期倘若能够直观熟悉周边整体环境,对爆破行动而言十分有益。在过去,这一任务往往由专业的航拍公司来完成,相应的成本也十分昂贵。这也导致了在实际操作过程中只有到后期爆破阶段才会采用航拍手段来获取地图。

而在今天,无人机可以以较低的成本完成更好的工作。无人机可以在短时间之内制作出一个地区的高清地图,有时快的话只需几个小时。由于飞行高度一般得保持在 2 000～2 500 ft,传统的飞行器必须配备 8 000 万像素以上的摄像头,而无人机最低可以飞行在 250 ft 的高度,只需配备一个 1 600 万像素的摄像头就能够绘制出更好效果的地图。至于卫星地图,由于距离遥远,其拍摄效果并没有无人机拍摄效果好,而且成本会更加昂贵。

无人机在初期爆破阶段可以快速地进行航拍,成本仅需几千美元。而相较之下,传统的飞行器拍摄图像则需要 10 倍的花费。

(2)采矿操作。在实际的采矿工作中无人机可以发挥很大的作用,当前无人机最常用的一种应用是测量矿物体积。传统的矿物储量测量方式是由地面的调查员配备 GPS 在矿井进行测量,如今许多矿井仍然采用这种方式。而无人机同样可以完成这一任务,与人工测量相比更为安全。

无人机可以给墙体与斜坡建模,估算矿井的稳定性。无人机还可以飞到离矿井墙体很近的地方观察细节。用无人机进行 3D 建模的成本也比较低廉,因此无人机还可以重复调查以验证所采集的数据的准确性。

(3)生态重建。在矿井的生态重建阶段,了解到矿井在开采前后的模样十分重要。通过无人机获取数据生成准确的三维图像可以帮助矿区尽可能地恢复到开采之前的模样。利用无人机定期调查还能帮助人们了解到生态恢复的进程如何。

2015 年 8 月 25 日,赣州市首次使用固定翼无人机进行矿业秩序巡查,上午对广东省和江西省交界区域进行非法开采的摸底巡查,下午对寻乌县石排工业园稀土矿山环境恢复治理区域进行拍摄,当天两次巡查的航拍总面积约 60 km^2,飞行时间约 3 h。

7.4.2 能源领域应用

随着国民经济的迅速发展,国家对能源的需求越来越大,能源与人民的幸福生活息息相关,能源对于国民经济发展的重要性也越来越大,能源战略一直是每个国家的重点战略。随着数字成像及平台、计算机和自动控制等技术的发展,无人机在能源领域中的应用越来越广泛,下面列出几种典型应用。

(1)能源勘测设计行业。无人机目前在能源设计行业中的应用主要包括以下方面:一是通过无人机摄影测量与遥感为能源项目勘测设计提供基础测绘资料(包括 4D 测绘成果、场址实景三维模型等)和航拍地形图。大型无人机设备可测量大范围地形图;二是通过无人机辅助完成野外现场选址踏勘工作,可以比传统作业模式了解到项目区域更详细的信息,减轻部分调研工作;三是在施工图设计阶段,通过共享的平台,现场施工人员可以直观地看到设计成果并与设计者进行互动,设计人员可根据现场施工实际情况及时对设计方案进行调整,提高施工效率和设计成果质量;四是在项目施工现场可通过无人机实时监测施工进度、工程量测量计量和施工安全监控等,在建设智慧工地中发挥重要作用。

(2)光伏行业。无人机可为光伏行业定制测绘、测温和自动巡检等光伏行业解决方案,如大疆禅思 XT 相机在屋顶光伏板检测与大型光伏电站的运维上具备明显优势。禅思 XT 相机可以在短时间内扫描处于工作状态中的光伏板,能清晰地用影像呈现温度异常。通过使用禅思 XT 进行检测,用户能迅速确定出现故障的光伏板,及时进行修复,保障发电站处于最佳的状态。

(3)风力发电场、石油和天然气设备巡检。安全和效率是现代化的能源设施检测与维修系统的首要要求,用无人机可从空中对大型的设施进行全面检测。传统手段在大型设施检测中很难达到两者的统一,特别对于风力发电机的检测更为复杂,也更具挑战;传统检测风力发电机需要将工作人员运送到高空中进行作业,不仅有很大的安全隐患,而且需要在检测前停工,影响发电效率。

与传统手段相比,使用无人机让风力发电机检测变得安全、便捷。无人机定位精准,可从空中接近风力发电,检测人员的安全风险大幅降低(见图 7-1)。而且先进的环境感知避障功能与精确到厘米级的稳定飞行定位技术,可有效避免撞击事故,确保飞行安全。

图 7-1　无人机用于风力发电机检测

(4)电力线路巡检。输电线和铁塔构成了现代电网,输电线路跨越数千千米,交错纵横,电塔分布广泛、架设高度高,使得电网系统的维护困难重重。以往电力巡线工作是通过直升机来完成的,现在,先进的无人机技术让电力巡线工作变得更简单、高效(见图 7-2)。

图 7-2　无人机用于电力线路巡检

(5)核电站巡检。原子能是当今最有效的能源之一。为保障核设施的安全,必须对反应堆进行严格的巡检。然而近距离检测可能给相关人员带来辐射危害,使用无人机进行远程巡检能将危害降至最低。无人机搭载可见光相机和红外相机开展工作,高精度红外相机能够显现 0.1 ℃的温差成像差别,可有效地探测肉眼无法觉察到的潜在裂缝以及结构变形;可见光相机可满足不同巡检场景的需求。

(6)石油管道巡检。无人机巡检系统以技术领先、性能稳定著称,可完成各种对地探测和巡察任务。将无人机用于输油管道的巡检,可直观显示管道线路及地表环境的实际状况,为能源管道系统快速、准确获取第一手信息,实现高效、科学决策,保证输油管道安全运行提供了最新的技术解决方案,同时也是石油能源应急联动系统的重要组成部分(见图 7-3)。

图 7-3　无人机用于石油管道巡检

7.4.3　交通应用

交通行业每年新增公路里程约 100 000 km,铁路约 1 000 km,每项市场空间也在数十亿元,对无人机的遥感应用需求旺盛。

(1)桥梁检测。桥梁多跨越江河,凌空于山涧,在桥梁日常检查与定期检查中,传统观察手段有限,危险性高,准确率低,效率低,经济投入大。针对净空较高、跨河桥梁的检测,无人机的应用可达到事半功倍的效果。

无人机通过搭载不同的传感器获得所需的数据并用于分析,根据桥梁检测的特殊性,通过在无人机侧方、顶部和底部多方位搭载高清摄像头、红外线摄像头,可方便地观察桥梁梁体底部、支座结构、盖梁和墩台结构等病害情况,视频及图片信息可实时回传。斜拉桥与悬索桥的主塔病害情况检测也不需要人员登高作业,桥梁检测工作更为安全。

红外线摄像头辅助,可快速地检查出桥梁结构中渗漏水、裂缝等病害。多旋翼无人机可定点悬停,便于对病害部位仔细检查。相比桥检车与升降设备,无人机轻巧灵动,效率高,投入小。

(2)施工监控。施工规划阶段,无人机搭载高清摄像镜头与测绘工具,回传施工用地的图像、高程、三维坐标以及 GPS 定位,后台分析软件对数据识别拼接、3D 建模及估测土方量等,对施工场地的布置和道路选线等提供强有力的信息支持。

施工阶段,无人机采集影像资料,可直观地获取工地施工进展情况,在桥梁合龙等关键工序实施过程中,借助无人机开阔的视野也可协助发现施工现场的安全隐患情况。

(3)线路巡检。在公路线路、海航内行航线的线路巡检中,无人机效率高,可增加巡检频率,加强对线路的了解。

通过公路巡查,可采集全线道路信息,包括车辙、坑槽等破损路面的图片信息采集,回传给地面站,由后台分析软件对图片分析归类,形成分析报告,辅助现场养护任务的决策。公路两侧的违章占地、摆放也可以通过图像对比技术,得到及时发现与处理。

在高速公路危险品事故应急处理问题中,无人机可代替人员进行初步的事故现场勘查,为事故处理方案的制订提供一手信息,若现场信息不明,贸然出动工作人员进入事故现场,可能会造成不需要的伤亡。

（4）交通协管。无人机在交通协管中,可用于拥堵事件采集、事故快处快赔、视频抓拍执法、重点车辆查处、案件分析和道路监控等。

交通节点高空视频采集。可对道路基础数据进行采集、存储和应用,对各大路口、重要路段和交通附属设施进行高空视频采集,长期保存,以供交通大数据分析使用。数据可供交通规划、交通建设等部门应用。

交通拥堵节点数据的采集、分析。固定视频的补充,有些地方没有装固定的视频采集点,或者固定采集点的角度没有办法做到很好的体现,用无人机,可以更好地了解拥堵点交通的情况。

道路交通工程改造前后对比数据的采集、分析。改造前后可以通过视频采集做一个对比,一目了然。

7.5 公共安全领域应用

无人机遥感在公共安全领域的应用主要是提供了一种轻便、隐蔽和视角独特的工具,确保安全领域工作人员人身安全的同时能够得到最有价值的线索和情报,对获取时效性和图像分辨率要求较高,对无人机系统的出勤率要求较高。目前电动多旋翼机的使用最多,其次是跨境特殊任务的长航时高隐蔽性无人机。

（1）常规公共安全领域。小型无人机可以应用于反恐处突、群体性突发事件和活动安全保障等方面。比如一旦发生恐怖袭击事件,无人机可以代替警力及时赶往现场,利用可见光视频及热成像设备等,把实时情况回传给地面设备,为指挥人员决策提供依据。或者是发生群体性事件、大型活动或搜索特定人员等方面,小型无人机可以快速响应、机动灵活,既可以传输实时画面,又可以投送物品、传递信息等,如果加装喇叭也可以喊话传递信息。

（2）边防领域。小型无人机的机动性高、续航时长等,利用地面站软件对飞行路线进行设置,可以对边境线进行长时间巡逻,或者专门对某些关键区域进行缉私巡逻。比如我国云南等一些山区,存在罂粟农作物种植的情况,通过小型固定翼无人机,配备光谱分析装置,对该区域进行定期扫描式检测飞行,可以达到高效监管的作用。

（3）消防领域。小型无人机可以配备红外热成像视频采集装置,对区域内热源进行视频采集,及时准确地分析热源,从而提前发现安全隐患,降低风险和损耗。比如某高层建筑突发火灾,地面人员没办法看到高层建筑物中的真实情况,这时可以派出无人机飞到起火的楼层,利用机载视频系统对起火楼层人员状况进行实时观察,从而引导相关人员进行施救。

（4）海事领域。一旦发生海难,仅仅利用海面船只进行搜寻的效率太低,因而利用无人机搭载视频采集传输装置,对海难出事地点附近进行搜寻,并以此为中心点,按照气象、水文条件等,对飞行路线进行导航设置,可以及时搜寻生还者,引导附近救援船只营救。还有就是一些重点航道、关键水域,海事部门也可以通过无人机对非法排污船只进行监测,以此取证。

7.6 互联网、移动通信和娱乐应用

无人机在互联网、移动通信和娱乐行业中的应用以面向大众服务为主,通常以数据采集及

共享方式体现,热点应用主要有无人机无线网络、无人机物流和影视拍摄等。互联网、移动通信相继介入无人机业务,扩大市场,利用无人机作为载体实现区域无线网覆盖,提供更智能、便捷的服务。

7.6.1 互联网应用

无人机遥感在互联网领域的应用具有良好的规模效应和百姓认知度,在高分遥感数据获取、街景数据采集、影像和电子地图导航、旅游餐饮娱乐场所数据采集和广告图像等方面应用较多,利用无人机产生的各种创意创新业态方面也初现端倪。

无人机作为一种快速发展的空间立体数据获取平台,能够获取大量的、覆盖面广的和时效性强的数据,服务于互联网领域的导航、旅游等多个方面。无人机遥感与互联网领域的结合,有利于主动打破无人机局限于航拍的功能,实现了"互联网+无人机"的新的发展思路和模式,进一步放大无人机的平台效应,为无人机的发展潜能创造更广阔的想象和开发空间。中国互联网快速发展,提供的业务不断丰富,网络需求日益增强,随着"互联网+"的提出和实施,无人机遥感与互联网的结合将进一步紧密,其主要趋势包括以下方面。

(1)无人机与拍客。拍客借助无人机航拍视频短片在网络上分享,网友可以在网上寻找前所未有的、丰富的航拍视频和图片资源而不必付费。在国内优酷、土豆和深圳大疆公司已开展相关合作的探索,这种合作可能会改变现有航拍产业的格局,使得这个产业不再是专业人士的专利;改变现有视频网站业务模式,专业级的航拍视频也许会给视频带来新的流量和利润增长点;还将使得农业、地质、矿业和城建等行业更多地通过航拍上传网络走进大众视野,促进科技传播。这必将促进无人机在互联网领域得到更为广泛的应用。

(2)无人机与新媒体。无人机的出现将使得媒体在报道新闻时未必非要"到现场去",可以利用无人机在灾难或突发事件现场传回照片、音频和视频,而在现场的记者也可以利用无人机查看他无法进入的地点,并获取第一手资料。特别是诸如地震、核泄漏和海啸等重大灾害,无人机的应用将使得新闻更加客观和及时。

(3)无人机与空中网络热点。谷歌很早就公布了利用热气球在某些地区实现互联网接入,而 Facebook 则更进一步,有媒体报道,Facebook 提出了一个利用太阳能无人机在全球提供互联网的项目。他们预计,大约 1 000 架这样的无人机就能让整个地球时刻保持着高速的互联网连接。随后,谷歌也更新了他们的计划,将利用无人机充当"Wi-Fi 基地台",为全球数十亿人提供无线网络服务。

(4)无人机与云计算。云计算和大数据服务需要大量的数据节点来服务,特别是在没有网络覆盖的区域,相关工作极为不便。因而,廉价的无人机可以充当空中数据资源节点,将相关信息源源不断地传向下一个节点。由于无人机价格低廉、数据节点可以模块化,极大地降低了使用成本。

(5)无人机与快递。无人机充当诸如快递员的角色,国内外具备快递服务的公司已开展了相关的飞行试验,如亚马逊、京东、阿里巴巴和顺丰等。这项技术有助于打通电商整合社区服务的"最后 1 km",推进相关 O2O 企业的发展,在未来有很大的应用空间。

尽管目前受限于一些技术难题及相关制度的制约,无人机正式商用尚需时日,但不可否认,属于无人机的时代即将到来,而它和互联网的结合无疑还有更多可能。

7.6.2　移动通信领域

无人机遥感在移动通信领域的集成应用以移动通信智能手机为主要渠道,目前利用手机控制无人机、传输遥感数据以及开发有关 App,做调查分析和外业核查数据采集编辑等工作,偏于局部细节,但是可极大地提高作业效率。

近年来,移动通信在全球范围内迅猛发展,数字化和网络化已成为不可逆转的趋势。我国移动通信制造业的生产规模比较大,生产技术与管理水平比较高,保持了快速健康的发展势头。2015 年国务院办公厅印发《关于加快高速宽带网络建设推进网络提速降费的指导意见》,指出到 2017 年年底 4G 网络全面覆盖城市和农村,移动宽带人口普及率接近中等发达国家水平。

无人机遥感技术与移动通信技术的结合无疑是无人机遥感平台可以利用移动通信技术解决遥控遥测数据远程传输,利用基于移动通信技术的移动终端进行飞行控制,利用无人机搭载无线 Wifi 设备,为移动终端创建无线热点信号,实现无人机与移动通信技术的优势互补,相互促进。同时,无人机遥感平台可以继承基于 GPRS/3G/4G 技术的无线通信设备,实现无人机遥感平台控制信息的远程传输,实现在全国范围内对无人机遥感平台的控制和监管,合理调度资源,保证飞行安全,为空管部门实现对无人机的监管提供技术手段。

7.6.3　文化娱乐活动

目前无人机遥感用于百姓娱乐活动,主要是采集影视文化资源,获得视觉冲击力和艺术效果,用于提升文化领域的商业价值。

各种影视片中广袤的草原、沙漠等优美风光和从上而下的角度特写已屡见不鲜,这种画面极具气势,为影视片增色不已。以往拍摄这些角度,制作公司需雇佣直升机,拍摄人员在直升机上俯拍完成,画面虽优美,但造价却相当高昂,无人机航拍的出现,让影视拍摄变得更加简单。

无人机航拍作为现代影视界重要的拍摄方式之一,跟传统飞行航拍方式相比较,无人机航拍更为经济、安全和便于操控。因此,无人机航拍受到了影视创作与技术人员的热捧。近年来应用无人机航拍制作的影视作品层出不穷,专题片、影视剧、广告宣传片和音乐电视等都采用了无人机完成航拍作业,并且取得了令人瞩目的社会与经济效益。

影视圈使用无人机的成功案例比比皆是,无论是新晋导演韩寒的处女秀《后会无期》,还是炙手可热的节目《爸爸去哪儿》,抑或是经典大片《哈利·波特》系列、《007 天幕坠落》《变形金刚 4》等,都能从幕后发现无人机的踪影。

7.7　测绘行业应用

随着无人机技术和遥感技术的不断发展,无人机遥感作为除航天和传统航空外的地理信息获取重要技术段,已成为众多测绘单位的标配装备,应用十分广泛,无人机遥感技术在测绘行业中具有非常重要的作用。无人机测绘技术在国家生态环境保护、矿产资源勘探、海洋环境监测、土地利用调查、水资源开发、农作物长势监测与估产、农业作业、自然灾害监测与评估、城市规划与市政管理、森林病虫害防护与监测、公共安全、国防事业、数字地球以及广告摄影等领域得到广泛应用,市场需求前景十分广阔。无人机可以机载多种遥感任务设备,如轻型光学相机系统、高分辨率数码相机系统、倾斜摄影相机系统、全景相机系统、红外相机系统、紫外相机系统和轻小型的多光谱成像仪、合成孔径雷达系统、机载激光扫描系统、磁测仪等用以获取信息,并通过计算机和相应的专业软件对所获取的图像信息进行处理,按照一定精度要求制作成图像。在实际应用中,为适应测绘测量的发展需求,提供相应的资源信息,需获取正确、完整的遥感影像资料,无人机测绘技术可直接获取相应的遥感信息,并在多个领域中得以应用。无人机测绘行业应用主要包括以下几个方面。

(1)4D测绘成果生产。无人机航空摄影测量是无人机遥感的重要组成部分,是航天摄影测量和传统航空摄影测量的有力补充,航天摄影测量适合大区域(1 000 km² 以上,面积越大,成本越低)中比例尺(1:5 000,1:10 000 及以下)4D测绘成果生产,传统航空摄影测量适合大范围(500 km² 以上,面积越大,成本越低)大比例尺、中比例尺 4D测绘成果生产,而由于无人机航空摄影测量具有无人机飞行相对航高低(50~1 000 m)、飞行速度慢(通常小于 200 km/h)、受气候条件影响小(可云下超低空飞行)、遥感影像分辨率高(影像最高 GSD 可小于 5 cm)、起降场地要求低、系统价格低廉、作业方式灵活(可测区内起降,受空中管制和气候影响较小)、安全性较高、作业时效性好、系统性价比高、作业周期短和效率高等特点,更适合小范围(300 km² 以下)大比例尺、中比例尺 4D测绘成果生产、地质灾害监测及应急测绘等领域。

无人机航空摄影测量主要使用的机载遥感任务设备包括轻型光学相机系统、高分辨率数码相机系统和轻小型的多光谱成像仪、合成孔径雷达系统、机载激光扫描系统等(见图 7-4)。

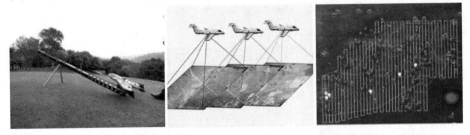

图 7-4　无人机航空摄影测量主要使用的机载遥感任务设备

(2)倾斜摄影三维实景建模。倾斜摄影技术是国际测绘领域近些年发展起来的一项高新技术,是摄影测量与遥感未来的主要发展方向,它颠覆了以往正射影像只能从垂直角度拍摄的局限,通过在同一飞行平台上搭载多台传感器,同时从一个垂直、四个倾斜等五个不同的角度采集影像,将用户引入了符合人眼视觉的真实直观世界。该技术在欧美等发达国家已经广泛应用,如应急指挥、国土安全、数字城市(工程)管理、生态与环境治理、工程勘测设计、数字旅游开发、数字文物保护和房产税收等。无人机倾斜摄影三维实景建模主要使用的机载遥感设备包括各种轻小型或微型倾斜摄影相机系统,软件系统主要包括 Bentley 公司的 ContextCapture 软件、Skeline 格式的 PhotoMesh 软件、Pictometry 公司的 Pictometry 软件、法国欧洲空客防务与空间公司的 PixelFactory NEO(原 Street Factory 街景工厂)、俄罗斯的 Agisoft Photo Scan 软件、微软 Vexcel 公司 Ultramap 软件、以色列的 Vision Map 软件,以及基于 INPHO 系统的 AOS 软件、武汉天际航信息科技股份有限公司的 DP - Modeler 等。

传统三维建模通常使用 3dsMax,AutoCAD 等建模软件,基于影像数据、CAD 平面图或者拍摄图片估算建筑物轮廓与高度等信息并进行人工建模。这种方式制作出的模型数据精度较低,纹理与实际效果偏差较大,并且生产过程需要大量的人工参与;同时数据制作周期较长,造成数据的时效性较低,因而无法真正满足用户需要。而倾斜摄影测量技术以大范围、高精度和高清晰的方式全面感知复杂场景,通过高效的数据采集设备及专业的数据处理流程生成的数据成果直观反映地物的外观、位置和高度等属性,为真实效果和测绘级精度提供保证;同时有效提升模型的生产效率,采用人工建模方式一两年才能完成的一个中小城市建模工作,通过倾斜摄影建模方式只需要三至五个月时间即可完成,大大降低了三维模型数据采集的经济代价和时间代价(见图7-5)。

图7-5　无人机倾斜摄影三维实景建模

(3)空中全景摄影。空中全景摄影技术是国际测绘领域近些年发展起来的一项高新技术,是摄影测量与遥感未来的一个重要发展方向,它颠覆了以往只能从地面拍摄的局限,通过在同一飞行平台上搭载多台传感器,同时从多个不同的角度采集影像,将用户视角提高至空中,合成的全景影像范围更大,空中俯瞰的效果更为震撼,更符合人眼视觉的真实直观世界。目前广泛应用于城市级旅游景点宣传、房地产推介、电子导航地图、智慧城市(工程)、智慧交通、智慧水利、生态与环境治理等领域(见图7-6)。

无人机空中全景摄影主要使用的机载遥感任务设备包括轻小型全景相机系统。

图7-6　无人机空中全景影像示例

(4)自然灾害、突发事件应急处理应用。在自然灾害、突发事件中,要用常规的方法进行测绘地形图制作,往往达不到理想效果,且周期较长,无法实时进行监控。比如,在2008年汶川地震救灾中,由于震灾区是在山区,且环境较为恶劣,天气比较多变,多以阴雨天为主,利用卫星遥感系统或载人航空遥感系统,无法及时获取灾区的实时地面影像,不便于进行及时救灾。而无人机的航空遥感系统则可以避免以上情况,迅速进入灾区,对震后的灾情调查、地质滑坡及泥石流等实施动态监测,并对汶川的道路损害及房屋坍塌情况进行有效的评估,为后续的灾区重建工作等方面提供了更有力的帮助。无人机测绘测量在突发事件处理中的应用取得了很好的效果,并取得了出乎意料的成功(见图7-7)。

无人机遥感在自然灾害、突发事件应急处理的应用主要采用摄影测量技术,更多地使用快速生产制作的数字正射影像 DOM 和数字高程模型 DEM,使用的主要遥感任务设备、数据处理软件和作业流程与无人机摄影测量基本相同。

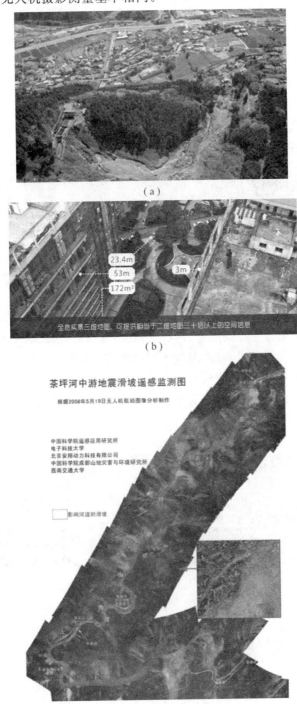

图 7-7　无人机自然灾害、突发事件应急处理应用示例

(a)地质灾害现场照片;(b)公安安防无人机遥感应用;(c)地质灾害现场数字正射影像图 DOM

(5)资源变化检测及违章违法监控。无人机遥感技术在我国资源变化检测及违章违法监控应用比较广泛,如国土资源管理行业的土地利用现状变化检测和违章用地监控、城市管理中的违章建筑监控和工程建设中违法建筑等,主要通过多期无人机遥感影像比较发现变化对象或监控对象。

无人机遥感技术还能够及时获取感兴趣区域中新发现古迹、新建街道、大桥、机场、车站以及土地、资源利用情况等最新、最完整的地形地物和影像资料,对地区、各部门在综合规划、田野考古、国土整治监控、农田水利建设、基础设施建设、厂矿建设、居民小区建设、环保和生态建设等方面提供详实的辅助决策基础资料,提高规划成果质量和决策水平。

无人机遥感在资源变化检测及违章违法监控方面,可根据任务的不同需求选择使用不同遥感任务设备和处理软件。

7.8　其他新兴应用

近些年来,无人机遥感的应用不断扩展,一些新兴的应用场景开始进入公众视野。

(1)虚拟教学。WGDC 2017 地理信息开发者大会上,一段全站仪虚拟教学的视频吸引了很多人驻足观望。

这种虚拟教育的方式将大数据三维可视化和全息虚拟现实结合到一起,通过激光设备或摄影测量设备采集实景三维数据,对三维数据进行优化转换和细节还原,通过特定算法,借助专业设备让体验者通过实景全息,达到身临其境的教学效果。

众所周知,地理测绘教学在实践环节中易受训练设备、天气条件和实训环境的影响,实际操作开展的困难较大,而虚拟现实技术将虚拟环境教学与现实环境教学打通,加深了学生对测绘技术的理解,强化了教学效果。

(2)古建筑三维建模。2016 年 5 月中旬,行业内某企业受美国著名影视制作公司 MacGillivray Freeman Films 的邀请,曾参与了大型纪录片《Dream Big》的中国区——长城段的影片拍摄,并承担了针对长城的激光雷达数据收集任务。

该纪录片拍摄过程中,无人机首先对长城进行激光雷达扫描并收集长城正射和倾斜摄影,然后对扫描数据进行处理和建模,对影像进行拼接建模。据称,这些影像场景与数据资料将会在《Dream Big》纪录片中逐一呈现。

通过无人机遥感技术将现代与传统智慧完美结合,利用厘米级精度的激光雷达传感器,可真实还原古建筑风貌,帮助人们探索古建筑背后所蕴含的故事。

(3)精准扶贫。2016 年 9 月份,全国地理信息精准扶贫应用现场会召开,要求测绘地理信息全行业积极推广基于地理信息的精准扶贫应用典型做法和工作经验,着力推动地理信息在精准扶贫中的应用。

其中,资料收集是制作扶贫工作用图开发和地理信息服务平台的基础,包括脱贫村村域范围的地形图 DLG 数据、村庄建成区 DLG 地形图数据、脱贫村内土地利用现状图、行政村界数据和脱贫村所在县的行政区划图等。

同时,需要无人机倾斜摄影技术对部分脱贫村进行倾斜摄影航飞的现场调查调绘,保证工作的高效性、全面性和准确性。目前,基于地理信息技术的精准脱贫已经在河北省、湖北省等多地取得了明显成绩。

(4)精准营销。目前,商业、零售业的大数据企业正在和地理信息行业企业展开积极合作。大数据企业自身技术优势明显,但在地理维度工作处理中有所欠缺。

举例而言,地理信息技术可以将企业合作伙伴或者会员的注册文字转换成地理编码,通过计算机机器学习的模型,对地址进行切割和标注,通过和外界数据的结合,包括小区类型数据、地图底层数据,进而对人体进行画像分类,为企业精准营销、精细化运营提供决策性指导。

虽说地理编码和数据标签是地理大数据的基本功,但将其运用到炉火纯青的程度也实在不易。目前,这项基本功已经被广泛应用到保险、零售和房地产等多种行业中。

(5)共享单车。被誉为中国"新四大发明"的共享单车如雨后春笋,一时间各种颜色的共享单车出现在大街小巷,简直可称之为"彩虹大战"。

要知道,共享单车和地图应用的契合度极高,以位置信息为核心提供服务,其骑行导航服务能够为用户提供路线服务,并可通过用户轨迹形成大数据,优化运营。

同时,地理围栏也可解决共享单车爆发带来的乱停乱放问题。对于政府和企业划定的禁停区,开发者可通过地理围栏手段,创建禁停区的多边形地理围栏,通过对单车定位和禁停区位置的对比,避免乱停车现象,减少公共资源的浪费,带来良好的社会秩序和城市面貌。

(6)自动驾驶。测绘地理信息为自动驾驶领域中的应用提供基础位置信息服务,想要实现自动驾驶就要满足其对高精度地图的需求,这样就不可避免地涉及地图测绘以及路径规划等地理信息可完成的相关工作。

《速度与激情8》电影中车辆自动驾驶的场景令人印象深刻。但在现实中,目前自动驾驶还有两大主要难题需要解决:一是国家政策对导航地图数据公开的限制;二是各类高精度地图还难以满足自动驾驶车辆对厘米级的定位导航需要。

思考与练习

1.简述无人机应急图像的应用。
2.简述无人机在行业应用中的特点。
3.简述无人机遥感应用的发展方向。

第8章 管理规范与技术标准

国内已有大量高校、科研单位及企业对无人机标准化工作进行了有益尝试,但尚未形成专门针对轻小型无人机遥感的标准体系。2004—2014 年,我国已颁布实施了 40 余部军用无人机标准,主要围绕军用无人机的需求定制,多数标准对于轻小型无人机遥感系统针对性不强,不足以支撑我国轻小型无人机遥感的发展。本章从轻小型无人机遥感的角度,对国内关于无人机及其子系统、遥感作业及信息处理、无人机遥感管理及应用的现行标准进行梳理。

8.1 相关标准综述

我国研发应用无人机技术已有 40 多年的历史,依托国内数家无人机研发单位、高校等,包括无人机总体设计、飞行控制、组合导航、遥控遥测、图像传输、中继数据链路系统、发射回收、信息对抗和任务设备等在内的诸多技术得到了高速发展。

针对轻小型无人机遥感,应当加速开展轻小型无人机遥感专用标准体系研究,完善适合我国国情和发展需要的专用技术标准体系,编制相应的管理规范,实现新产品设计的系列化、标准化,从而有效地保证产品研制质量,促进我国轻小型无人机遥感的规范化和有序发展。

8.1.1 轻小型无人机遥感标准体系

近年来,轻小型无人机遥感标准制定工作引起了人们的高度关注。中国民航局、国家测绘科学院、中国航空综合技术研究所、中国科学院光电研究院和中国电子技术标准化研究院已开展了有关标准化课题的研究,初步提出了无人机标准体系的框架,也制定了一批无人机的专用标准及管理规定,如《民用无人机空中交通管理办法》《民用无人驾驶航空器系统驾驶员管理暂行规定》《低空数字航空摄影测量外业规范》《无人机航摄安全作业基本要求》《低空数字航空摄影测量内业规范》等,但标准体系仍不完善,依旧缺乏在无人机的研制、生产和使用过程中起到针对性指导作用的标准,在轻小型无人机遥感方面标准更显薄弱。

轻小型无人机遥感标准需要侧重轻小型无人机以及轻小型遥感系统,需要对现有技术、装备和设备做出适当的规范及要求,也需要为后续的发展留有一定的可操作空间。具体来说,轻小型无人机遥感标准体系应该包含无人机平台、飞控系统、导航系统、航路规划系统、通信系统、遥感任务载荷系统、遥感作业信息处理、数据传输系统、轻小型无人机遥感管理及应用等方面的标准。

8.1.2 国外标准现状

目前美国、欧洲等国家和地区针对无人机的研究和应用早于我国,已经开始制定民用无人机的相关标准,但尚未形成完整的体系,大部分国家和地区和我国相同,仍处于探索阶段,但仍可以借鉴欧美等国家和地区的部分已经颁布的相关规范来制定我国的标准。下面简要介绍美国、英国和欧洲的情况。

(1)美国。美国联邦航空局 FAA 于 2015 年 2 月 16 日发布了《小型无人机管理规章草案》,在全球民用航空界引起了轰动。自 2005 年起,FAA 就计划起草适用于 25 kg 以下的小型无人机专用规章,该草案的提出已经是小型无人机融入美国国家空域的一个里程碑。该草案的发布可视为美国小型民用无人机普及应用的实质性探索,其简化了无人机的性能要求,放宽了无人机的监控和管理,旨在让无人机行业迅速发展,并符合经济和社会发展的需求。

(2)英国。英国民航局于 2012 年 8 月发布了最新一版的 CAP722《无人机系统在英国空域的使用条例》。该条例是英国民航局在英国领空内对无人机使用的指导准则,也是整个英国无人机行业的参考标准,并被全世界模仿、学习与实施。这份文件强调了在英国操作无人机前需要注意的适航性和操作标准方面的安全要求,并对民用无人机采取比较宽松的态度。

(3)欧洲。由于欧洲目前尚未制定统一的无人机规范,因此目前欧洲境内的无人机需要遵守各个国家单独制定的规范。例如,根据法国法律,未经航空局批准,任何飞越法国领空的无人机都是违法的;根据德国法律,无人机重量不得超过 25 kg。欧盟委员会希望构建一套适用于欧盟的无人机监管框架。

8.1.3 国内标准现状

我国无人机的研发历史虽已有 40 余年,但是无人机领域的标准化工作却起步较晚,且发展缓慢。目前,无人机专用产品规范、通用要求等指导性文件尚未形成完整的标准体系,自 2004—2014 年,我国已颁布实施 40 余部无人机研制的应用相关标准,形成了相对完整的军用无人机标准体系,对于民用无人机的生产和制造具有一定的借鉴意义,但是缺乏针对民用无人机,尤其是轻小型无人机及遥感的标准。民用相关标准可参见表 8-1。

表 8-1　现有规范及标准

现有民用规范及标准	适用范围	适用性
CH/Z 3003—2010 低空数字航空摄影测量内业规范	航空遥感任务载荷	尺寸较大、技术旧
CH 1016—2008 中华人民共和国测绘行业标准	遥感测绘作业	缺乏轻小型无人机相关
CH/Z 3004—2010 低空数字航空摄影测量外业规范	航空遥感作业	缺乏轻小型无人机相关
DZ/T 0203—1999 航空遥感摄影技术规程	航空遥感作业	缺乏轻小型无人机相关
CH/T 8021—2010 数字航摄仪检定规程	航空遥感作业	缺乏轻小型无人机相关
CH/Z 3001—2010 无人机航摄安全作业基本要求	无人机航空摄影作业	缺乏轻小型无人机相关
CH/T 3007.1—2011 数字航空摄影测量测图规范	航空遥感信息处理	航高较高、比例尺较大
DD 2010-05 中国地质调查局地质调查技术标准	航空遥感信息处理	航高较高、比例尺较大
GB/T 7930—2008 地形图航空摄影测量内业规范	影像遥感信息处理	航高较高、比例尺较大

续表

现有民用规范及标准	适用范围	适用性
GB/T 15968—2008 遥感影像平面图制作规范	航空遥感信息处理	航高较高
GB/T 15967—2008 地形图航空摄影测量数字化测图规范	影像遥感信息处理	航高较高
CCAR-21-R2 民用航空产品和零部件合格审定规定	通用航空器生产	不针对轻小型遥感
CCAR-145-R3 民用航空器维修单位合格审定规定	通用无人机管理	不针对轻小型遥感
民用无人驾驶航空器系统驾驶员实践考试标准	民用无人机驾驶员	实践中完善

这些标准主要针对大中型无人机,以通用性要求为主,不涉及具体产品规范,对于民用轻小型无人机缺乏明确指导意义,尤其不适用于轻小型无人机遥感系统。

由于缺乏轻小型无人机遥感的专用标准,技术人员在设计生产过程中主要参考有限的国外资料,只能借鉴无人机、有人驾驶飞机的有关标准规范,但由于轻小型无人机遥感的特殊性,如执行遥感作业任务、遥感作业航路规划等方面都有着不同于普通无人机的特性,使得这些标准规范在使用过程中,内容不够完整且缺乏针对性,许多实际问题的解决只能凭借长期积累的工作经验。

随着轻小型无人机技术的快速发展,无人机的型号研制任务将更加紧迫,新型号和新技术的出现必然对标准化工作提出新的要求。因此,开展轻小型无人机技术标准化研究,建立系统完整的标准体系,对体系中的缺项进行补充完善,制定或修订一批急需的标准,规范型号的研制流程,切实指导研制工作,为轻小型无人机遥感的发展奠定扎实的技术基础,已成为目前轻小型无人机遥感标准化技术领域亟待解决的问题。

8.1.4　国内外代表性标准介绍

近十多年来,无人机发展很快,在国际上展开了争夺技术优势的竞争,全世界参与研制装备无人机的国家和地区呈现大幅度增长的趋势。在从事研究和生产无人机的国家中,技术水平领先的国家和地区主要有美国、西欧和以色列等。目前,国内外成熟标准主要有以下几种。

(1)美国材料与试验协会标准。美国材料与试验协会中有专门关于"无人驾驶空中飞行器"的分协会组织,该组织致力于研究无人机系统的设计、性能、质量验收测试和安全检测等相关的问题,工作范围包括无人机系统标准和指导性资料的发展。该标准中,与无人机相关标准有以下几项。

1)《无人机发现与规避系统的设计与性能规范》:该规范主要适用于无人机发现与避让系统,内容包括无人机发现与避让系统的设计与性能要求,用以支持对有人驾驶飞行器和其他无人系统的相互探测及规避。

2)《无人机系统设计、制造和测试标准指南》:该指南列出了指导无人机设计、制造和测试的现有标准,使无人飞行器的设计员和制造单位在确定适用于他们产品的指导文件和标准时可以作为参考,并按照工业标准和最优规程设计、制造及测试无人机系统。

3)《无人机系统标准术语》:该标准定义了关于无人机系统的重要概念和术语,目的在于确立各名词术语的分界和特征,以指导无人机系统其他标准的制修订工作。

4)《微型无人机操作指南》:该标准适用于微型无人机的研究及商业操作,为微型无人机的安全操作提供指南,给操作员划出明确的安全等级。

5)《无人机飞行员和操作员的发证和定级》：该标准将无人机的飞行员证书划分为学生飞行员、娱乐飞行员、私人飞行员、商业飞行员和航线运输飞行员等级别，使飞行员证书的操作具体化，在全行业领域主张飞行安全和标准化。以上这些标准对于无人机设计制造和安全飞行等技术领域均有涉及，对于今后我国无人机的适航性设计，以及飞行操作和操作员资格等方面标准的发展将起到一定的促进作用。

（2）美国军用标准。美国与无人机有关的军用标准有《液体火箭发动机弹射式发射器》《火箭和靶机降落伞回收系统设计通用设计要求》《动力推进的空中靶机的设计和制造通用规范》《MA-1型靶机飞行控制系统》等。

（3）英国国防部防御系列标准。在英国国防部防御系列标准中，有部分关于无人机的内容。该防御标准的内容丰富，涵盖面广，几乎涉及无人机的各个分系统，基本构成了一个完整的标准体系。同时，该系列标准在无人机的电磁兼容性、可靠性、维修性和使用气候条件等方面都有专门的章节，而目前我国在这些方面的标准还是空白，这些内容也将为我国制定具体的无人机型号标准规范提供丰富的素材，对国内无人机军民标准的修订工作具有重要的指导意义和参考价值。

（4）中国民用无人机标准尝试。2015年1月7日，国鹰航空科技有限公司、海鹰航空通用装备有限责任公司、深圳市乾坤公共安全研究院和西北工业大学深圳研究院等28家单位、企业发起成立"无人机产业联盟"。该无人机产业联盟联合制定的《民用无人机系统通用技术标准》于2015年6月17日在深圳发布。该标准包括应用范围、分类与代号、组成与主要技术参数、试验方法、检验规则和包装运输存储等7大部分。该联盟计划发布《固定翼无人机系统通用技术标准》《多翼无人机系统通用技术标准》《多用途无人机系统通用技术标准》《公共安全无人机系统通用技术标准》《农业植保机无人机系统通用技术标准》。

8.2 无人机遥感管理及应用

有关轻小型无人机遥感的相关管理规定比较少，针对轻小型无人机遥感领域仍是空白，需要尽快制定相关管理规定，并设立管理机构。

8.2.1 相关规定

民航局、中国航空器拥有者及驾驶员协会陆续颁布了一系列针对普通无人机的规定。这些规定的部分管理办法和思路可以应用到轻小型无人机遥感领域，具有一定的参考价值，但超视距部分、专用于无人机遥感部分的相关规定还需要进一步细化。科技部国家遥感中心指导中国电子技术标准化研究院正在开展体系研究，并取得了阶段性成果。

轻小型无人机属于民用无人机，故轻小型无人机遥感的空中管理办法及驾驶员或操控手的管理应在服从于民用无人机相关管理办法的整体框架下，然后针对性地对轻小型无人机的设计、制造和单机检查环节加强审查、监管和颁证进行规定，对其飞行及空域和操控手进行针对性地规定和管理。

（1）《民用无人机空中交通管理办法》。2009年6月26日，中国民用航空局空中交通管理局颁发MD-TM-2009-002《民用无人机空中交通管理办法》。该办法对民用无人机飞行活动进行管理，是规范空中交通管理的办法，保证了民用航空活动的安全，指定了民用无人机空中交通管理的有关规定。该文件作为我国现阶段民用无人机控制交通管理办法,对无人机的空域管理、空中交通管理、无线电频率和设备的使用等方面给出了明确的要求。

(2)《关于民用无人机管理有关问题的暂行规定》。2009 年 6 月 4 日,中国民用航空局颁发了 ALD2009022《关于民用无人机管理有关问题的暂行规定》。作为对民用无人机的过渡性管理办法,该规定要求民用无人机申请人办理临时国籍登记证和 I 类特许飞行证,并要求结合实际机型特点,按照现行有效的规章和程序的适用部分对民用无人机进行评审。制定的现阶段评审的基本原则是进行设计检查,但不进行型号合格审定,不颁发型号合格证;进行制造检查,但不进行生产许可审定,不颁发生产许可证;进行单机检查,但不进行单机适航审查,不颁发标准适航证。

(3)《民用无人机驾驶航空器系统驾驶员管理暂行规定》。2013 年 11 月,民航局颁布咨询通告 AC-61-FS-2013-20《民用无人驾驶航空器系统驾驶员管理暂行规定》。该咨询通告属于临时性管理规定,针对目前出现的无人机及其系统的驾驶员实施指导性管理,建立我国完善的民用无人机驾驶员监管措施。

(4)《民用无人驾驶航空器系统驾驶员训练机构审定规则》。2014 年,中国航空器拥有者及驾驶员协会 AOPA 颁布了《民用无人驾驶航空器系统驾驶员训练机构审定规则》。该规则规定了颁发民用无人机驾驶航空器系统驾驶员训练机构临时合格证、驾驶员训练机构合格证、相关课程等级的条件和程序以及相关合格证持有人应当遵守的一般运行规则。

8.2.2　无人机管理

关于无人机的前期管理涉及制造、营销和维修等过程,后期管理涉及空域审批、调度管理、入网监管、综合保障系统、质量验收和技术标准支撑等方面,涉及多个行业,对于具体的操作规程、人员要求也应有相应的标准。

(1)准入及管理。目前,无人机航空器系统的准入、管理和审批是国际性的难题,各国对于无人机的管理仍然处于探索阶段。欧美出台的相关文件和草案,对轻小型无人机系统来说,放宽了对无人机本身的适航性以及运营人的资质要求,更多的是对安全性的要求。

(2)生产及制造。CCAR-21-R2《民用航空产品和零部件合格审定规定》第四章中的相关规定,对生产方、检验系统、实验过程和验收等环节做出了具体的要求,这些要求在制定轻小型无人机生产制造标准时可以参考。

(3)维修及保养。国内尚无针对轻小型无人机维修及保养的相关条例及规范。CCAR-145-R3《民用航空器维修单位合格审定规定》针对维修单位的资格审定、职责、权利和要求进行了详细的规定。轻小型无人机在维修和保养时,与普通民用航空器对维修单位资质、职责、权利和要求等方面的要求类似,但是轻小型无人机系统组成相对简单,规范的部分内容应作适当调整和简化。另外,针对遥感设备维修保养、轻小型无人机维修保养等方面,需要更加具体、针对性地规定。

(4)作业申报及审批。由于遥感作业具有一定的危险性、政治敏锐性,但目前缺乏该领域的规范和条例,所以需要成立专门的监管部门,对于使用轻小型无人机开展的遥感作业,需要进行统一的申报、审批,加强对于遥感作业的监管。

相关监管工作应当包括遥感人员及单位资质审核、作业空域申报、作业计划申报、审批作业申请和实际作业情况监控等,需要由某一具体部门制订合理、高效的审批流程,对相关从业人员、单位加强培训,促进行业规范发展。

8.2.3 从业人员管理

(1)无人机驾驶员。中国航空器拥有者及驾驶员协会(AOPA)颁布了《民用无人驾驶航空器系统驾驶员管理暂行规定》征求意见稿,旨在加强对无人机驾驶员的人员管理,提出在不妨碍民用无人机多元发展的前提下,加强对民用无人机驾驶人员的规范管理,促进民用无人机产业的健康发展。该规定中无人机驾驶相关规定可以直接借鉴,但超视距部分、无人机遥感航路规划等专门针对无人机遥感部分的相关规定,仍然需要进一步细化,且行业内也暂无相关可参考的规定、要求。

(2)遥感作业人员。针对遥感作业人员,需要按照相关规定具备一定的遥感作业资质。目前这方面主要借鉴 CH 1016—2008《中华人民共和国测绘行业标准——测绘作业人员安全规范》,该规范内容详细且相对完善,对从业人员资质、作业注意事项都做出了明确的要求,对于无人机遥感系统的相关标准制定具有一定的指导价值。

(3)维修人员。CCAR-145-R3《民用航空器维修单位合格审定规定》针对维修、管理和支援人员进行了规定,对于轻小型无人机系统标准的制定具有一定的借鉴意义。

8.3 遥感作业的标准与规程

当前,在遥感作业方面,国内现有的相关标准规范主要是由国家标准化管理委员会、国家测绘局和地质调查局等部门颁发的针对遥感作业的标准规范。其中,在高分辨率和低空航空摄影的标准中,部分安全规范和操作规范的条款适用于轻小型无人机遥感作业规范,而低分辨率和高空航空摄影的规范对此基本不适用;而对于相应的应急预案,现有的标准中几乎没有适用的内容,亟待制定全新的标准来进行指导。

8.3.1 遥感作业法规与安全须知

对于遥感作业的法规与安全规范,目前的相关规范标准主要有地质矿产部、国家测绘局等部门颁布的《航空遥感摄影技术规程》和《中华人民共和国测绘行业标准——测绘作业人员安全规范》《低空数字航空摄影测量外业规范》等规范,其中大部分对于遥感作业安全做出的规范具有普遍性,适用于制定轻小型无人机遥感作业的相关标准。

关于使用航空摄影进行遥感作业的技术流程和技术规范,主要可以参考 DZ/T0203—1999《航空遥感摄影技术规程》中第 3 款的相关规定:根据用户和航摄执行单位共同商定的有关具体技术要求,制订航摄计划。

针对在遥感作业中需要注意的安全问题和相关须知,目前有针对性的标准规范较少,可以参考 CH 1016—2008《中华人民共和国测绘行业标准——测绘作业人员安全规范》(以下简称为"安全规范")中对相关问题的解释和规定:依据国家法律法规的要求,充分考虑测绘生产主要工序和环境中可能存在的涉及人身安全和健康的危害因素,而规定应采取的防范和应急措施,主要依据《森林防火条例》《草原防火条例》《中华人民共和国消防法》《中华人民共和国安全生产法》《中华人民共和国道路交通安全法》制定。其中规定了相关的术语,如"安全"指"没有危害、不受威胁、不出事故";"测绘生产单位"是指"测绘生产法人单位";"作业单位"是指"承担测绘的部门、中队、分院"等。同时,该安全规范对测绘安全有总体要求。

对于不同测绘阶段和不同的测绘地区,《安全规范》中还分别做出了明确的要求。其中给出了对于测绘的一般要求,包括行车、住宿等阶段的安全须知以及铁路公路、沙漠戈壁和沼泽等不同区域的安全须知。

CH/Z 3004－2010《低空数字航空摄影测量外业规范》第 3 条规定了控制点精度要求、航摄资料要求、其他作业方法要求和准备工作具体细则;第 4 条规定了像片控制点的布设相关细则,包括选点条件、全野外布点方式、区域网布点方式和特殊情况布点等;第 5 条规定了基础控制点的测量方法;第 6 条规定了像片控制点的测量方法;第 7 条规定了调绘的基本要求和先外后内与先内后外两种方法;第 8 条规定了检查验收和上交成果的基本要求和实施细则。该规范对于无人机遥感作业的具体流程有甚为详细的规定,可以作为主要的参考资料。

无人机遥感的商、民用需求和使用频率不断增长,而我国在相关空域管理法规、人员培训和基础设施建设及保障方面,与急剧膨胀的无人机遥感市场空域开放需求不相适应,制约了无人机遥感事业的发展。由于轻小型无人机体积小、有效载荷低、无法安装无线电应答设备,雷达发射截面积又很小,也难以被雷达探测到,因此很难对轻小型无人机进行监管;与美国等发达国家相比,空域管理是我国当前中低空域全面开放的难点所在。这涉及多方面因素,需要在法规、制度和体制上改革和创新,进行开放空域划设、利用、监控及保障设施配置,并确保国土防空的安全。

现有标准中缺乏对于操作无人机进行遥感测绘时应注意的安全事项的规定,如高压电线、较高的建筑物附近或人员密集的城镇区域进行测绘时的安全防护措施等。在制定新标准时,需要参照以上对于测绘安全已有规定的标准,制定出具有针对性的无人机遥感测绘安全规范。

8.3.2　遥感作业操作规范

目前对于遥感作业操作规范,相关规范标准主要有地质矿产部、国家标准化管理委员会和国家测绘局等部门颁发的《遥感影像平面图制作规范》《航空遥感摄影技术规程》《数字航摄仪检定规程》《无人机航摄安全作业基本要求》等规范,没有专门针对轻小型无人机遥感作业的操作规范。这些规范中,部分对于航摄的相关操作规范和要求适用于轻小型无人机遥感作业,而针对高分辨率和高空摄影的部分,标准不再适用。

DZ/T0203－1999《航空遥感摄影技术规程》中,第 4 款规定了遥感作业前的准备工作,其中包括检查和准备相关仪器、选择相应设备和具体指标等。第 5 款规定了飞行质量和摄影质量的要求细则。第 8 款规定了所用器材和成果资料的保管方式的诸多细节内容。

GB/T 15968－2008《遥感影像平面图制作规范》中,第 4 款规定了包括图像选择、资料收集和对仪器的要求等准备工作的细则。

CH 1016－2008《中华人民共和国测绘行业标准——测绘工作人员安全规范》中规定了在不同作业环境(如城镇区域、铁路公路区域、沙漠戈壁区域、沼泽区域、人烟稀少地区、高原高寒地区、涉水渡河或水上等)下测绘人员应当遵守的操作规范和章程。

CH/T 8021－2010《数字航摄仪检定规程》中规定了航摄仪的检定要求,包括基本技术要求,实验室检定项目、条件及方法,野外标准场空对地检定、地对空检定的方法和检定结果的处理细则等。

CH/Z 3001－2010《无人机航摄安全作业基本要求》中,第 4 条规定了无人机航摄的技术准备工作细则;第 5 条规定了实地踏勘和场地选取细则;第 6 条规定了飞行检查与操控细则;第 10 条规定了设备使用与维护细则。

GB/T 15967—2008《1:500,1:1 000,1:2 000 地形图航空摄影测量数字化测图规范》第 6.4 款主要规定了制作数字化测图的作业规程,包括作业准备、像片定向、数据采集作业、生成图形文件和绘图文件等步骤的详细规定。

GB/T 7930—2008《1:500,1:1 000,1:2 000 地形图航空摄影测量内业规范》第 3 条规定了 1:500,1:1 000,1:2 000 地形图航空摄影测量中的精度和误差要求。

8.3.3　遥感作业应急预案

目前,对于遥感作业的应急预案尚无已经颁布实施的标准或法规,与之相关的内容仅有国家测绘局颁布的 CH 1016—2008《测绘作业人员安全规范》中的小部分条款。

CH 1016—2008《测绘作业人员安全规范》中规定了测绘过程中突发意外事件时的应急预案,如 5.1 条出测、收测前的准备工作中,包括但不限于掌握人员身体健康情况以避免作业人员进入与其身体状况不适应的地方、对疫区和可能散发毒性气体地区的应对措施、在不同作业环境(如城镇区域、铁路公路区域、沙漠戈壁区域、沼泽区域、人烟稀少地区、高原高寒地区、涉水渡河和水上等)下遇到各种对作业人员产生不利影响的突发状况和恶劣天气时的具体应对措施等。该部分内容可作为制订遥感作业预案的主要参考依据。

在沙漠、戈壁地区作业时,应做好对缺水、突发天气变化如沙漠寒潮和沙暴等意外情况的应急预案,并准备好相应的应急物品。对于遥感作业人员,应当使其熟知可能发生的各种意外事件并熟悉对应的应急预案,作业之前可进行必要的培训、演练,使其掌握必要的自保技能。

8.4　遥感信息处理的标准与规范

遥感信息处理是对遥感作业获得的信息进行加工处理并得到有效信息的技术,是遥感最关键的环节之一,能否得到真实有效的信息将直接关系到遥感任务是否有效完成。因此,必须要保证遥感信息处理的过程严格按照相应的规范或标准执行;同时,也应制定完备、精确的信息处理规范,来保证实际操作时有章可循。遥感信息处理包括数据预处理与精处理、信息提取与综合和数据管理等几个步骤,下面分别对其标准现状进行介绍。

8.4.1　数据预处理与精处理

对于遥感作业的数据处理部分,相关标准主要有国家测绘局和国家标准化委员会等部门颁布的《低空数字航空摄影测量内业规范》《遥感影像平面图制作规范》《1:500,1:1 000,1:2 000 地形图航空摄影测量内业规范》等几部法规,其中关于地形图编辑、产品分类和数字产品的技术指标要求等内容仍适用于轻小型无人机遥感作业的数据处理,而其中对于晒像、底片处理等部分的规定,由于技术的进步已不再适用。

CH/Z 3003—2010《低空数字航空摄影测量内业规范》第 3 条规定了产品分类、技术指标要求和作业方法的要求;第 4 条规定了影像预处理的具体细则。

GB/T 15968—2008《遥感影像平面图制作规范》第 5 条规定了图像修正、镶嵌、制作和输出的方法与要求细则;第 6 条规定了对图像整饰、注记的相关方法。第 7 条规定了检查、验收的原则和要求;第 8 条规定了平面图复制的方法和要求。

GB/T 7930—2008《1:500,1:1 000,1:2 000 地形图航空摄影测量内业规范》中第 7 条规定了数字化测图的编辑步骤和要求,对居民地、点状起伏、交通、管线、水系、境界、等高线、植被和注记等内容均有详细的规定,适用于轻小型无人机的测图。

8.4.2　信息提取与综合

遥感应用的关键在于专题信息能否及时、准确地从遥感影像中获得。只有通过不断创新和改进信息提取方法,才能发挥遥感技术的优势,为遥感技术的深度应用铺平道路。

在无人机遥感的遥感数据的处理上,主要存在的问题是目前的无人驾驶飞行器遥感系统多使用小型数字相机作为机载遥感设备,与传统的航片相比,存在像幅较小、影像数量多等问题,所以应针对其遥感影像的特点以及相机定标参数、拍摄时的姿态数据和有关几何模型,对图像进行几何和辐射校正,并制定出对此具有针对性和指导性的标准。

对于遥感信息的提取与综合,现有标准中针对性的内容较少,相关内容在数据管理和数据预处理与精处理两节中均已列出。因此,在制定新的标准或规范时,可以根据专家的意见增添对该项有针对性的内容。同时,考虑到遥感信息的保密级问题,对于不同的遥感结果,其处理方式也应有所不同,需根据实际情况遵照对应的标准和规范进行信息处理。在制定标准时需要考虑涉密等安全问题,并做出全面的规范。

8.4.3　数据管理

对于遥感得出的原始数据和经过处理后得到的蕴含有重要信息的数据,必须根据相关条例加以管理。目前我国关于此项内容的规范尚停留在对于成果进行整理的技术性指导层面,而未深入到如何利用和管理相关的重要数据及其信息。因此,在此方面需要制定具有针对性和指导性的法规或标准。

我国现有的相关标准规范主要有国土资源部、地质调查局与地质矿产部颁发的《航空遥感摄影技术规程》《物探化探遥感勘查技术规程规范编写规定》《中国地质调查局地质调查技术标准》《低空数字航空摄影测量内业规范》和《数字航空摄影测量》等,其中遥感成果、验收和相关制图规范等内容适用于轻小型无人机遥感的数据管理;由于有些规范或标准制定的时间较早,其中对于像片、底片等内容的规定已不符合当今技术现状,在制定新规程或标准时应有所更新。

CH/Z 3003—2010《低空数字航空摄影测量内业规范》第 7 条规定了低空遥感时数字线化图制作要求;第 8 条规定了数字高程制作要求;第 9 条规定了数字正射影像图制作方法;第 10 条规定了数字线化图(B 类)制作要求;第 11 条规定了数字正射影像图(B 类)的制作要求。

DZ/T 0195—1997《物探化探遥感勘查技术规程规范编写规定》规定了物探化探遥感勘查技术规程及工作规范文本编写的基本要求、内容构成及其编写格式,适用于编写物探化探遥感的各种方法及各类勘查工作的规程规范。

DD 2010-05《中国地质调查局地质调查技术标准》第 5.5 款规定了地质遥感勘查的基本要求、制图和资料处理等细节内容。

CH/T 3007.1—2011《数字航空摄影测量 测图规范第一部分:1:500,1:1 000,1:2 000 数字高程模型数字正射影像图数字线化图》中第 7 条规定了数字正射影像图生产的相关要求;第 8 条规定了数字线化图生产的相关要求。

参 考 文 献

[1]宁津生,陈俊勇,李德仁,等.测绘学概论[M].3版.武汉:武汉大学出版社,2006.

[2]冯仲科.测量学原理[M].北京:中国林业出版社,2002.

[3]国家测绘局人事司,国家测绘局职业技能鉴定指导中心.测量基础[M].哈尔滨:哈尔滨地图出版社,2001.

[4]程鹏飞,成英燕,文汉江,等.2000国家大地坐标系实用宝典[M].北京:测绘出版社,2008.

[5]孔祥元,郭际明,刘宗泉.大地测量学基础[M].武汉:武汉大学出版社,2005.

[6]党亚民,张传银,陈俊勇,等.现代大地测量基准[M].北京:测绘出版社,2015.

[7]张正禄,李广云,潘国荣,等.工程测量学[M].武汉:武汉大学出版社,2005.

[8]孙家炳,倪玲,周军其,等.遥感原理与应用[M].武汉:武汉大学出版社,2012.

[9]张祖勋,张剑清.数字摄影测量学[M].2版.武汉:武汉大学出版社,2012.

[10]苟胜国,卜会然,杨丽颖,等.高分辨率卫星立体影像水电测绘应用研究报告[R].贵阳:中国电建集团贵阳勘测设计研究院有限公司电力基金科研课题,2015.

[11]段连飞,章炜,黄瑞祥.无人机任务载荷[M].西安:西北工业大学出版社,2017.

[12]姜坤.武器怎么工作——无人机[M].北京:化学工业出版社,2017.

[13]杨浩.城堡里学无人机原理、系统与实现[M].北京:机械工业出版社,2017.

[14]符长青,曹兵.多旋翼无人机基础[M].北京:清华大学出版社,2017.

[15]宇辰网.无人机引领空中机器人新革命[M].北京:清华大学出版社,2017.

[16]左建章,关艳玲,李军杰.高精度轻小型航空遥感系统集成与实现[M].北京:测绘出版社,2014.

[17]AUSTIN R.无人机系统——设计、开发与应用[M].北京:国防工业出版社,2016.

[18]陈静波,汪承义,孟瑜,等.新型航空遥感数据产品生产技术[M].北京:化学工业出版社,2016.

[19]廖小罕,周成虎.轻小型无人机遥感发展报告[R].北京:科学出版社,2015.

[20]国家能源局.水电工程测量规范(NB/T 35029—2014)[S].北京:中国电力出版社,2014.

[21]中华人民共和国住房和城乡建设部,中华人民共和国国家质量监督检验检疫总局.工程测量规范(GB 50026—2007)[S].北京:中国计划出版社,2008.

[22]中华人民共和国水利部.水利水电工程测量规范(SL 197—2013)[S].北京:中国水利水电出版社,2013.